GEF海河流域水资源与
水环境综合管理项目

水资源与水环境综合管理规划
编制技术

袁彩凤　主编

中国环境出版社·北京

图书在版编目（CIP）数据

水资源与水环境综合管理规划编制技术/袁彩凤主编.
—北京：中国环境出版社，2015.1
ISBN 978-7-5111-2173-8

Ⅰ．①水⋯　Ⅱ．①袁⋯　Ⅲ．①水资源管理—规范
化—研究　Ⅳ．①TV213.4

中国版本图书馆 CIP 数据核字（2014）第 305443 号

出 版 人	王新程	
策划编辑	王素娟	
责任编辑	连　斌	
责任校对	尹　芳	
封面设计	宋　瑞	

出版发行　**中国环境出版社**
　　　　　（100062　北京市东城区广渠门内大街 16 号）
　　　　　网　　址：http://www.cesp.com.cn
　　　　　电子邮箱：bjgl@cesp.com.cn
　　　　　联系电话：010-67112765　编辑管理部
　　　　　　　　　　010-67162011　生态（水利）图书出版中心
　　　　　发行热线：010-67125803，010-67113405（传真）

印　　刷	北京中科印刷有限公司	
经　　销	各地新华书店	
版　　次	2015 年 5 月第 1 版	
印　　次	2015 年 5 月第 1 次印刷	
开　　本	787×1092　1/16	
印　　张	16	
字　　数	372 千字	
定　　价	66.00 元	

前　言

"上善若水，水善利万物而不争"，从古至今，人们一直赞美着水，没有水的世界是不可想象的。水是生命之源，是支撑一个区域农业文明、工业文明、社会文明、政治文明、生态文明等各种文明的基础。目前我国涉水管理部门繁杂，形成了"多龙治水"的局面，导致水资源与水环境管理脱节，产生了水资源利用不合理和生态环境与经济社会的发展不协调等突出问题。

水资源与水环境的综合管理是实现水资源公平、持续利用，减轻水污染状况的有效调控措施之一，已成为当今世界关注的热点。2004 年在全球环境基金（GEF）资助下，我国设立了"海河流域水资源与水环境综合管理项目"，该项目旨在提高海河流域水资源与水环境的综合管理水平，减轻流域水污染状况，提高水资源利用效率和效益，修复生态环境，有效缓解水资源供需矛盾，减轻流域陆源对渤海的污染，改善海河流域及渤海水环境质量。

项目主要建设内容包括水资源与水环境综合管理、知识管理（KM）开发和遥感监测 ET 系统建设、天津市滨海新区污水管理、项目管理和培训四个部分。其中水资源与水环境综合管理主要由战略研究、综合管理规划和战略行动计划、示范项目建设三部分构成。水资源与水环境综合管理规划（IWEMPs）与战略行动计划（SAP）包括海河流域级水资源与水环境综合管理战略行动计划、漳卫南运河子流域级水资源与水环境综合管理战略行动计划及 3 个示范项目县（市）综合管理规划、天津市市级及 3 个项目县（区）水资源与水环境综合管理规划、北京市 5 个重点区县水资源与水环境综合管理规划、河北省 5 个重点县水资源与水环境综合管理规划。

编制水资源与水环境综合管理规划是 GEF 海河流域项目核心内容之一，是实现水资源与水环境耦合的主要措施，项目共涉及 13 个县级水资源与水环境综合管理规划，新乡县属于漳卫南运河子流域 3 个示范项目县之一，本书课题组借鉴国际先进经验，利用 SWAT 技术、ET 理念、KM 管理系统，通过"自上而下"和"自下而上"的工作方式，开展基线调查、情景分析和管理方案选择，制定了符合新乡县的水量和水质目标，编写了《河南省新乡县水资源与水环境综合管理规划》，该规划新乡县政府已以新政文[2011]79 号文批准实施。

本书根据《河南省新乡县水资源与水环境综合管理规划》编制过程，系统整理了编制水资源与水环境综合管理规划的基础研究和技术方法、编写指南以及新乡县水资源与水环境综合管理规划研究版和批复版实例，以期对各位同行在实际工作中有借鉴作用。但水资源与水环境综合管理规划涉及面广，加之编者水平的限制，书中难免存在一些缺点和错误，殷切希望广大读者给予批评指正。

编　者

2014 年 10 月

目　录

第一篇　基础与方法

第二篇 技术指南

第三篇　实践与应用
——河南省新乡县水资源与水环境综合管理规划（研究稿）

第一篇

基础与方法

第1章　水环境功能区划分

1.1　划分概念及意义

水环境功能区划是依据国民经济发展规划和水资源综合利用规划，结合区域水资源开发利用的现状和未来需求，科学合理地在相应水域划定具有特定功能、满足水资源合理开发利用和保护要求并能够发挥最佳效益的区域（即水功能区），并确定各水域的主导功能及功能顺序，制定使水域功能不遭破坏的水资源保护目标和水环境质量目标。通过各功能区水资源保护目标和水环境质量目标的实现，保障水资源的可持续利用。

水环境功能区划的目的就在于按照不同水功能的目标要求进行水污染控制和水环境管理，在合理开发利用水资源的同时，注重水资源的保护与管理，使有限的水资源发挥最大的经济、社会和环境效益。

1.2　划分原则

（1）可持续发展原则

水环境功能区划应与区域水资源开发利用规划及社会经济发展规划相结合，根据水资源的可再生能力和自然环境的可承受能力，科学合理地开发利用水资源，并留有余地，保护当代和后代赖以生存的水环境，保障人体健康，促进人与自然的协调发展。

（2）统筹兼顾、突出重点的原则

水环境功能区划将流域作为一个大系统，充分考虑上下游、左右岸、近远期以及社会经济发展需求对水环境功能区划的要求，统筹兼顾，达到水资源的开发利用与保护并重。重点问题重点处理，在划定水功能区的范围和类型时，必须以城镇集中饮用水水源地为优先保护对象。

（3）前瞻性原则

水环境功能区划要体现社会经济发展的超前意识，结合构建和谐社会的要求，尤其是要满足全面建设小康社会中广大人民群众对水环境质量的需求。区划引入本领域和相关领域研究的最新技术，并为经济社会发展需求留有余地。

（4）实用可行原则

水环境功能区划的分区界限尽可能与行政区界一致，其水环境功能与社会经济发展规划相协调，水质目标与水污染物总量指标相匹配，总量指标与水环境容量相协调，以便于管理。区划是规划的基础，区划方案的确定既要反映实际需求，又要考虑经济社会发展，要切实可行。

（5）水质水量并重原则

在进行水环境功能区划时，既要考虑开发利用对水量的需求，又要考虑其对水质的要求。不仅对城镇及重点污染源的主要污染物要确定允许排放量，而且要从节约利用水资源角度，对污水排放量合理控制。

（6）统一规范、分级控制原则

制定统一的工作程序，包括统一数据来源、统一操作平台、统一方法、统一标准等。

1.3 区划方法

（1）水域勘察

水域勘察主要包括河流、湖库位置；闸、坝等水利工程位置；用水部门及用水情况；主要污染源分布及污水排放口位置；城镇人口及主要工矿企业分布情况；各河段用水范围内的工、农、渔、林用水情况及其产值、产量情况等。

（2）划分水域单元

水域单元以自然水域（河、湖、库、淀、塘等）为基础，河段的划分主要考虑闸、坝等水利工程位置及主要排污口和用水取水口等的分布情况，并同时考虑行政区划的边界及河流的自净作用，一般河段划分不宜过长，对于长距离无排污口的河段，其河段划分长度则适当延长。

（3）初划结果

初步把每一个水域单元作为一个功能区，统计其功能区名称、上下断面、水域范围、功能区类型等，并对各行政辖区之间的初划水环境功能区进行上、下游和左、右岸等各方面初步协调。

（4）综合分析

根据初划方案，通过对环境容量测算、水域水质目标拟定、工业企业和城市生活主要污染物排放量及削减量预测、水污染防治措施制定等综合分析，确定最终的功能区划结果。

1.4 区划步骤

水环境功能区划遵循"技术准备—定性判断—定量计算—综合决策"的过程，主要步骤如下：

（1）技术准备阶段

①收集和汇总现有的基础资料、数据。内容包括：区域自然环境调查，如气候、地质、地貌、植被以及水文、流量、流速和径流量等；城镇发展规划调查，如人口数量与分布，工业区、农业区和风景区布局等；污染源和水污染现状及治理措施调查，如污染源数量和排放口位置、污染物种类和排放量、水体水质及季节变化、水污染治理措施等；水质监测状况调查，如监测位置、断面分布、监测项目和采样频率等；水资源利用情况调查，如水

厂位置、各部门用水量及对水质的要求，以及各用水部门间、上下游用水矛盾与否；生态需水量调查；水利设施调查，如工农业和生活取水、调水、蓄水、防洪、水力发电和通航水位等；区域经济发展状况调查；政策和法规调查等。②确定工作方案。初步划分工作范围与工作深度；对需要补测的项目，制订必要的现场监测方案；所需专业与行政管理合理组合。

（2）定性判断阶段

①分析使用功能及其影响因素。分析水体现状使用功能，对水环境现状进行评价，确定影响使用功能的污染因子和污染时段；分析污染源优先控制顺序，将现状功能区中水质要求不符合标准的水域，依据污染因子列出相应污染源；提出规划功能及相应水质标准，预测污染物排放量的增长与削减。②提出功能区划分的初划方案或多种供选方案。

（3）定量计算阶段

①确定设计条件。设计条件必须在定量计算前进行，其主要包括设计流量、设计水温、设计流速、设计排污量、设计达标率与标准、设计分期目标。②选择水质模型及计算。③计算混合区范围。在削减排污量方案费用较高、技术不可行时，为了保证功能区水质符合要求，可以考虑改变排污去向至低功能水域，或减少混合区范围以及利用大水体稀释扩散能力。在这些情况下，如开辟新取水口均应进行混合区范围计算。④优化模拟。对功能区达到各个环境目标的技术方案及投资进行可行性分析。

（4）综合决策阶段

①通过对水环境功能区的综合评价，确定切实可行的区划方案。②拟订分期实施方案。

第2章 控制单元划分

2.1 划分的内涵

控制单元由水域和陆域两部分组成，其中水域是根据水体的生态功能和水环境功能等，结合行政区划、水系特征等划定的；陆域为排入水体所有污染源所处的空间范围。因此，控制单元使得复杂的流域系统性问题分解成相对独立的单元问题，通过解决各单元内水污染问题和处理好单元间关系，实现各单元的水质目标和流域水质目标，达到保护水体生态功能的目的。

2.2 划分要素

基于水环境质量管理控制单元划分的要素主要包括三个部分：汇水区域、污染源、水质目标。

汇水区域是流域水质目标管理一个基本出发点，也是流域的水系和汇流特征。在控制单元内，仍需要坚持这一基本出发点，将影响控制单元的主控断面的汇流区作为控制单元的汇水区域。在人类活动频繁的区域、城市排水体系、运河等会改变自然汇水区的形状和面积的区域，需要结合具体情况进行人工判定。

污染源是指汇流区域内所有能够影响控制单元水质目标的污染源，包括点源和非点源。污染源的相关信息主要包括污染源的主要类别、污染源结构以及污染源所处位置、污染物负荷、排放方式和规律、排放去向、污染源与入河排污口之间的空间关系等，此外还包括污染源采取的治污技术、工艺水平等信息。

水质目标反映了水环境功能区的水质要求，确定了控制单元最终要实现的水质改善程度。水质目标的实现程度是通过控制断面的水质情况反映出来的，控制断面水质情况是对水质目标管理实施效果进行监控和评估的依据。一个控制单元至少有一个控制断面，也可以有多个控制断面，各控制断面均可以分别追溯影响断面的污染源和汇水区域，但应有一个主控断面，可以反映所有影响控制断面水质的污染源，实现对控制单元总量的监控与评估。

2.3 划分原则

控制单元划分的基本原则包括分水岭原则、行政管理隔离原则、清洁边界原则、水体类型隔离原则、等级性原则，便于管理原则。

（1）分水岭原则

分水岭原则是指以流域或子流域界作为控制单元之间的隔离边界，控制单元内污染源负荷与其他控制单元没有交换，受纳水体中的污染物全部来自于控制单元。

（2）行政区边界原则

行政区边界原则是指在控制单元划分时充分考虑到行政区边界，使得在数据统计分析、项目设计、公众参与、目标管理方案实施与监控等方面便于管理，易于操作。

（3）清洁边界原则

清洁边界原则主要用于处理区域内多个控制单元之间的关系。主要考虑区域内的水环境功能区划边界和例行监测断面分布，控制单元两端尽量均为高功能边界，即以水质目标较高的清洁水域作为控制单元之间的边界，以便于进行独立规划，这样可不受上下游影响，也不会引起跨界纠纷。

（4）水体类型原则

水体类型原则是将河流—湖泊、河流—水库、河流—河口的交界断面作为控制单元的边界，以便于不同水体规划的衔接。

（5）等级性原则

等级性原则是指控制单元可进一步细分为次级或多个次级控制单元。每一级控制单元都有其明确的控制目标、控制指标，以及可行的管理手段。但需注意的是，控制单元的尺度和资料条件应能够满足建立起污染物"产生量—排放量—入河（湖、库）量—河流水质"之间响应关系，能够实现水平衡、物质平衡计算，能够保证实现具体产业结构调整、行政管理、污染控制和生态保护措施的有效实施，能够保证多个控制单元水质目标管理和能够支撑综合流域水质目标管理。

（6）便于管理原则

控制单元划分结果应有利于简化污染源管理，便于明确环境质量责任人。此外，在很多情况下，陆域控制单元之外的污染源通过管道或者其他途径将污水排放到本区域，或者本控制单元的污染物被输送到其他区域，这种情况，在控制单元划分过程中应予以考虑。

2.4　划分指标

控制单元划分主要包括需要考虑以下几类指标：

自然地理指标。流域基本特征，包括流域范围、面积、河流长度；地形（DEM 数字高程）；水文站分布等。

水生态和水环境指标。包括流域水环境功能区划、水功能区划、水质控制断面分布。

社会经济指标。包括行政区划、土地利用等。

2.5　划分方法

2.5.1　数据收集

获取区域基础地理信息数据，包括 DEM 数据、流域界限、行政区划、水环境功能分区图、水功能区划图、流域水质控制断面分布、水文站分布等。

2.5.2　数据的处理

运用 GIS 技术，结合 SWAT 模型对各种基础地理信息数据进行分析，获取区域内的流域界限、行政界线，并划分出子流域和水文响应单元。

2.5.3　控制单元划分

根据控制单元划分原则，在保证行政区划完整性以及水系完整性的基础上将行政区划图和 SWAT 模型划分子流域及水文响应单元进行叠加。同时，根据流域的水文站点分布、污染源分布、水环境功能区划、水功能区划、社会经济发展状况等资料进行控制单元划分的微调。将相同行政区内执行相同水质目标的相临控制单元进行合并，将相同行政区内执行不同水质目标的控制单元和不同行政区内执行相同水质目标的控制单元进行合理的再分配，尽可能做到控制单元不跨行政界线。

2.5.4　控制单元划分的论证

控制单元划分结果形成后，一般要经过相关专家进行论证，并与流域水环境与水资源管理部门进行对接，根据专家意见和管理部门意见，对控制单元再做进一步的微调，最终形成流域控制单元的划分结果。

2.5.5　控制单元命名

为了使控制单元的名称能够清楚的体现其所属的河流及其流经的地理位置。本规划对控制单元的命名采用"××河××段（行政区）"的格式。

第3章　环境容量核定

水环境容量的核定是水污染物实施总量控制的依据，也是水环境管理的基础，对区域经济的可持续发展和水资源的可持续利用具有重要意义。

3.1　水环境容量概述

3.1.1　水环境容量概念

通常将水环境容量定义为"水体环境在规定的环境目标下所能容纳的污染物量"。环境目标、水体环境特性、污染物特性是水环境容量的三类影响因素。水环境容量的大小不仅取决于自然环境条件以及水体自身的物理、化学和生物学方面的特征，而且与水质要求和污染物的排放方式有密切关系。它是以环境目标和水体稀释自净规律为依据的。以环境功能区划目标作为环境目标是自然环境容量；以环境管理标准值作为环境目标是管理环境容量。

在理论上，水环境容量 W 可以分为两部分，见式（3-1）。

$$W=K+R \tag{3-1}$$

式中：K——稀释容量，指水体通过物理稀释作用使污染物达到规定的水质目标时所能容纳的污染物的量；

R——自净容量，指水体通过物理、化学、物理化学、生物作用等对污染物所具有的降解或无害化能力。

3.1.2　水环境容量特征

水环境容量具有资源性、区域性和系统性三个基本特征。

资源性是指水环境容量是一种有限的可再生自然资源，其价值体现在对排入污染物的缓冲作用，即容纳一定量的污染物也能满足人类生产、生活和生态系统的需要。但当污染负荷超过水环境容量时，其恢复将十分缓慢与艰难。

区域性是指由于受到各类区域的水文、地理、气象条件等因素的影响，不同水域对污染物的物理、化学和生物净化能力存在明显的差异，从而导致水环境容量具有明显的地域性特征。

系统性是指一般的河流、湖泊等水域又处于大的流域系统中，流域之间又形成大生态系统，因此，在确定局部水域水环境容量时，必须从流域的角度出发，合理协调流域内各水域的水环境容量，同时要兼顾流域整体特征。

3.1.3　水环境容量影响因子

影响水环境容量的因素很多，概括起来主要有以下 4 个方面：

水域特性。水域特性是确定水环境容量的基础，主要包括：几何特征（岸边形状、水底地形、水深或体积）；水文特征（流量、流速、降雨、径流等）；化学性质（pH、硬度等）；物理自净能力（挥发、扩散、稀释、沉降、吸附）；化学自净能力（氧化、水解等）；生物降解（光合作用、呼吸作用）。

水环境功能要求。目前，我国各类水域一般都划分了水环境功能区，对不同的水环境功能区提出了不同的水质功能要求。不同的功能区划，对水环境容量的影响很大，水质要求高的水域，水环境容量小；水质要求低的水域，水环境容量大。

污染物质特性。不同污染物本身具有不同的物理化学特性和生物反应规律，不同类型的污染物对水生生物和人体健康的影响程度不同。因此，不同的污染物具有不同的环境容量，但具有一定的相互联系和影响，提高某种污染物的环境容量可能会降低另一种污染物的环境容量。

排污方式。水域的环境容量与污染物的排放位置与排放方式有关，因此，限定排污方式是确定环境容量的一个重要确定因素。

3.2　模型选择

水环境容量的计算是环境污染总量控制和水环境规划的重要环节和技术关键。只有了解和掌握水域的水环境容量，才能求得水域的容许纳污量，才能分配允许负荷总量和应削减量，实施总量控制。计算水环境容量所使用的方法是建立各类水质模型，再根据水质模型进行反推求得。

水质模型根据维数可分为零维、一维、二维和三维水质模型。若把湖库、海湾看成均匀混合或认为河流的径污比在 10 以上，不考虑降解时，就可以把问题简化为零维处理。若只需考虑一个方向上的浓度变化时，则用一维模型。在大型水域中，若考虑排污口混合区分布时，则必须使用二维水质模型。

3.2.1　零维水质模型

污染物进入河流水体后，在污染物完全均匀混合断面上，污染物的指标无论是溶解态的、颗粒态的还是总浓度，其值均可按节点平衡原理来推求。节点平衡是指流入该断面或区域的水量（或物质量）总和与流出该断面或区域的水量（或物质量）总和相等。零维模型常见的表现形式为河流稀释模型。

对于单点源情况，根据节点平衡原理，河水、污水的稀释混合见式（3-2）。

$$Q_E C_E + Q_P C_P = (Q_E + Q_P) C \qquad (3-2)$$

式中：C——完全混合后的污染物浓度，mg/L；

Q_P——上游来水设计流量，m^3/s；

C_P——上游来水设计污染物浓度，mg/L；

Q_E——污水排放设计流量，m^3/s；

C_E——污水排放设计污染物浓度，mg/L。

令式（3-2）中混合后的污染物浓度 C 等于水质标准 C_S，则河流零维问题单点源污水排放的允许纳污量 W_C 可以按式（3-3）计算。

$$W_C = 0.086\,4 \times Q_E C_E = 0.086\,4 \times \left[C_S \left(Q_p + Q_E \right) - Q_p C_p \right] \tag{3-3}$$

式中：W_C——河流允许纳污量，t/d。

由于污染源作用可以线性叠加，即多个污染源排放对控制点或控制断面的影响等于各个点源单独作用的总和。当上游有多个点源且排污口相距较近时，最上游排污口与控制断面之间河道的允许纳污量可以按式（3-4）计算。

$$W_C = 0.086\,4 \times \left[C_S \left(Q_P + \sum_{i=1}^{n} Q_{Ei} \right) - Q_P C_P \right] \tag{3-4}$$

式中：Q_{Ei}——第 i 个排污口的污水排放量，m^3/s；

n——排污口个数。

3.2.2　一维水质模型

如果污染物进入水体后，在一定范围内经过平流输移、纵向离散和横向混合后充分混合，或者根据水质管理的精度要求，允许不考虑混合过程，假定在排污口断面瞬时均匀混合，则不论水体属于江、河、湖、库任一类，均可按一维问题概化计算条件。

根据质量守恒原理，单一水质组分（假定为一级降解反应）的稳态见式（3-5）。

$$u_x \frac{\partial c}{\partial x} = M_x \frac{\partial^2 c}{\partial x^2} - Kc \tag{3-5}$$

在忽略离散作用时，式（3-5）简化为：

$$u \frac{\partial c}{\partial x} = -Kc \tag{3-6}$$

对式（3-6）沿河流纵向积分可得：

$$C = C_0 \cdot e^{-Kx/u} = \frac{Q_E C_E + Q_P C_P}{Q_E + Q_P} \cdot e^{-K\frac{x}{u}} \tag{3-7}$$

式中：u——河流平均流速，m/s；

x——沿程距离，km；

K——污染物降解系数，d^{-1}；

C——沿程污染物浓度，mg/L；

C_0——$x=0$ 处河段的水质浓度，即排入河流的污水与河水完全混合后污染物的浓度，mg/L。

对于可降解污染物，假定其降解速率符合一级反应动力学规律，若同时考虑河流水体的稀释作用和自净作用，排污口与控制断面之间河道的允许纳污量可按下面公式计算。

对于点源排放，令混合后水质浓度 C 等于水质标准 C_S，由式（3-8）可计算河流的允许纳污量

$$W_C = 0.086\,4 \times Q_E C_E = 0.086\,4 \times \left[C_S \left(Q_p + Q_E \right) \exp \left(K \frac{x(t)}{86.4u} \right) - Q_p C_p \right] \quad (3\text{-}8)$$

式中：W_C——允许纳污量，t/d；

x——排污口到控制断面的距离，km；其他符号意义同前。

3.2.3 二维水质模型

当水中污染物浓度在一个方向上是均匀的，而在其余两个方向是变化的情况下，一维模型不适用，必须采用二维模型。河流二维对流扩散水质模型通常假定污染物浓度在水深方向是均匀的，而在纵向、横向是变化的，水质模型见式（3-9）。

$$C(x, z) = \frac{m}{hu\sqrt{\pi E_y \frac{x}{u}}} \exp \left(-\frac{z^2 u}{4 E_y x} - K \frac{x}{u} \right) \quad (3\text{-}9)$$

式中：$C(x, z)$——排污口对污染带内点（x, z）处浓度贡献值，mg/L；

m——河段入河排污口污染物排放速率，g/s；

u——污染带内的纵向平均流速，m/s；

E_y——横向扩散系数，m²/s；

x——敏感点到排污口纵向距离，m；

z——敏感点到排污口所在岸边的横向距离，m；

K——污染物降解系数，s⁻¹；

C_0——上游来水中污染物浓度，mg/L；

π——圆周率。

对于点源排放，令混合后水质浓度 C 等于水质标准 C_S，由式（3-10）可计算河流的允许纳污量。

$$[w] = 86.4 \exp \left(\frac{z^2 u}{4 E_y x_1} \right) \left[C_s \exp \left(K \frac{x_1}{86.4u} \right) - C_0 \exp \left(-K \frac{x_2}{86.4u} \right) \right] h \cdot u \sqrt{\pi E_y \frac{x_1}{1\,000u}} \quad (3\text{-}10)$$

式中：x_1、x_2——排污口至上下游控制断面距离，km。

3.3 参数推求

3.3.1 入河排污口概化

（1）基本方法

根据《全国水环境容量核定技术指南》中的相关要求，入河排污口根据式（3-11）进

行概化。

$$L = (Q_1C_{1L1} + Q_2C_{2L2} + ...Q_nC_nL_n)/(Q_1C_1 + Q_2C_2 + ...Q_nC_n) \qquad (3-11)$$

式中：L——概化排污口距下游控制断面的距离，km；

Q_n——第 n 个排污口某年废水排放量，m^3/s；

C_n——第 n 个排污口某年污染物排放浓度，mg/L；

L_n——第 n 个排污口距离下游控制断面的距离，km。

（2）概化思路

根据控制单元的划分情况，一般一个控制单元概化为一个入河排污口，对于控制单元内存在 2 条或 2 条以上河流的情况，根据河流的数量确定概化入河排污口的个数，即有几条河流就概化为几个入河排污口，每个排污口的污染物排放量根据河流所流经的行政区域来确定。

（3）概化原则

入河排污口概化的原则为：

①以控制单元内县区以上的污染源普查为基准，每个县区作为一个概化单元。

②县区年度废水排放量小于 1 000 万 t 概化到其他县区，每个虚拟的入河排污口年废水排放量应大于 2 000 万 t。

③每个控制单元一般概化为 1～3 个入河排污口。

3.3.2　入河系数确定

点源污染物入河系数是指污染物自点源排放口经过一定途径输送后，至入河排污口时的入河量占污染源排放量的比例。入河系数可以采用理论计算和调查收集两种方法得到。

1）理论计算法：由入河污染物总量与污染物排放总量的比值得到，但是关键参数入河污染物总量没有数据资料可以收集。

2）调查收集法：根据《全国水环境容量核定技术指南》，入河排污口需要对应到水环境功能区，以便于陆域污染源和水环境质量相衔接。调查收集法入河系数确定方法如下：

①依据企业排水口和城市污水处理厂排水口到入河排污口的距离（L）远近，确定入河系数。参考值如下：$L \leqslant 1$ km，入河系数取 1.0；$1 < L \leqslant 10$ km，入河系数取 0.9；$10 < L \leqslant 20$ km，入河系数取 0.8；$20 < L \leqslant 40$ km，入河系数取 0.7；$L > 40$ km，入河系数取 0.6。

②入河系数修正

a. 渠道修正系数：通过未衬砌明渠入河，修正系数取 0.6～0.9；通过衬砌暗管入河，修正系数取 0.9～1.0。

b. 温度修正系数：气温在 10℃ 以下时，入河系数乘以 0.95～1.0；气温在 10℃ 和 30℃ 之间时，入河系数乘以 0.8～0.95；气温在 30℃ 以上时，入河系数乘以 0.7～0.8。

可以看出，根据《全国水环境容量核定技术指南》给出的参考值，污染源入河系数一般为 0.5～0.8，有的甚至高达 0.9。

调查收集法需要调查入河排污口的位置、排污方式等，采用现场调查结合排污渠道、气温修正方法得到，需要耗费大量的人力、物力和时间。

3.3.3 衰减系数确定

衰减系数的确定有多种方法，主要有资料收集法、公式计算法、水团追踪实验法。

①资料收集法：收集相关研究成果。

②公式计算法：由上下游控制断面的距离、河流流速、水质、流量、排污口位置、废水排放量、污染物排放浓度数据，根据水质模式确定。

③水团追踪实验法：由上下游控制断面的距离、河流流速、水温、排污口位置、废水排放量、污染物排放浓度、实验水质监测数据，根据水质模式确定。

由于入河排污口数据资料的缺乏，目前采用公式计算法和水团追踪实验法的制约因素较大，可采用资料收集法来确定衰减系数。

3.4 设计条件

根据已出现过的各种环境条件和污染条件，如水文、水温、流速、流量、水质、排污浓度和排污量等，考虑各种可预测到的未来变化范围，寻求最不利于控制污染的自然条件，并提出这种自然条件下的环境目标条件及其他约束条件。

设计条件的内容主要包括自然条件、排污条件、目标条件和约束条件等。时期、时段和保证率是建立这些条件必不可少的三要素。建立设计条件的过程是对污染源及水质目标这一输入、响应系统的分析过程，是对污染最严重时期、时段，主要污染指标及相应污染源已有资料的匹配和精度水平的分析过程，也是对多年资料的统计参数和经验频率的分析过程。具体内容归纳如下：

①设计自然条件。其主要包括设计水量、水温、流速、上游设计断面及其水质浓度、横向混合系数和纵向混合系数等。

②设计排污条件。其主要包括设计排污流量、浓度、排放地点、排放方式和排放强度等。

③设计目标条件。其主要包括设计污染控制因子、控制区段与断面、水质标准及达标率等。

④设计约束条件。其主要包括与确定总量控制指标及控制方案有关的约束性因素，如经济投资约束条件、工业布局及城市规划约束条件等。

3.5 核定方法

3.5.1 核定方法选择

水环境容量的基本计算方法有两种，即总体达标计算法和控制断面达标计算法。

（1）总体达标计算法

总体达标计算法的优点为计算结果和污染源位置没有关系，人为影响小；计算简便，易操作。总体达标计算法的缺点为计算结果值偏大，需进行不均匀系数值修正。

（2）控制断面达标计算法

控制断面达标计算法的优点为能够保证控制断面的水质达标，特别适合于饮用水水源地的保护，以及国控、省控、市控等重要水质控制断面水质达标的管理。控制断面达标计算法的缺点为：①要事先明确每个排污口的位置，在对未来污染源的把握上，一般不确定性因素较多，故这种方法在操作上有难度。②当控制断面上游有多个排污口时，控制断面水质达标时的水环境容量值有多个解，使得该方法在操作上有难度。③控制断面水质浓度正好达标，意味着控制断面至排污口这一段河道的水质均超标，与功能区水质管理稍有出入。

（3）选取原则

水环境容量的基本计算方法选取原则为：对于重要控制断面，采用控制断面水质达标的方法进行水环境容量的计算；对于一般水体，采用总体水质达标的方法进行水环境容量的计算。

3.5.2 河流水环境容量分析系统

2004年为了配合全国水环境容量核定工作的开展，原国家环保总局环境规划院开发了《河流水环境容量分析系统》软件，2008年进行了更新（见图3-1）。软件是在Excel的基础上用VBA开发的，具有很强的可操作性和可移植性。该软件能够应用零维、一维及二维水质模型分析预算河流水环境容量，预算对象主要是一个水环境功能区。若相邻的水环境功能区级别相同、衰减系数变化不大，也可将多个水环境功能区连成一条完整河流进行分析预算。

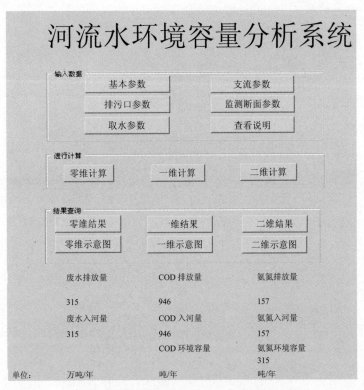

图3-1 水环境容量软件分析系统示意图

　　《河流水环境容量分析系统》软件的计算思路为：按照选择的水质模型，预算整个控制单元的沿程污染物浓度变化规律。若预算模拟结果超过该控制单元水质要求，则通过削减每一个排污口的排污量重新预算，直到预算结果满足水质标准要求为止。

第4章 基于 ET 的水资源管理

4.1 ET 的概念

ET 是蒸发蒸腾量（Evapotranspiration）的简写，是蒸发（Evaporation）和蒸腾（Transpiration）量的总称，由植被截流蒸发量、植被蒸腾量、土壤蒸发量和水面蒸发量构成，是水分从地表转入大气的一个过程，是自然界水循环的重要组成部分。影响 ET 的因素较多，包括太阳辐射、空气温度和湿度、风速以及土壤和植被种类等。

通过减少蒸腾蒸发（ET），实现"真实"节水。"真实节水"的含义是减少水分的蒸发蒸腾，通过用先进的科学手段监测、管理水资源，最大限度地减少无效蒸腾蒸发量。

4.2 基于 ET 的水资源管理理论内涵

基于 ET 的水资源管理与传统的水资源管理是有区别的。传统的水资源管理注重取水管理，节水的效果主要由减少取水量来衡量，取水的减少量等同于节约的水量。因此在进行水资源规划时，主要在区域间和部门间分配各种可利用的水源，缺乏对 ET 总量的分配和控制。其结果是，发达地区或者强势部门通过提高水的重复利用率和消耗率，在不突破许可取水量的限制的条件下，将消耗更多的水量（增加 ET），在流域/区域水资源条件（流域/区域总的可消耗 ET）基本不变的情况下，这就意味着欠发达地区或者弱势部门如农业、生态等部门可使用的水资源将被挤占。越是在水资源紧缺的地区，这种矛盾越是突出。因此，按照传统水资源管理理念，水资源利用的公平性并不能真正得到保证，生态系统的安全也并不能真正得到保障。所以，只有对 ET 进行控制才能真正实现流域/区域水资源的可持续利用。对 ET 进行控制，不仅需要从流域/区域整体对 ET 进行控制，还需要对局部区域的 ET 进行分别控制。否则，即使整个流域/区域 ET 得到控制，由于局部的 ET 控制没有实现，也可能会造成局部的水资源问题。

与传统取水控制一样，对 ET 的控制并不意味着社会发展停滞不前。在不突破流域/区域 ET 总量的前提下，通过调整 ET 在时空上和部门间的分配，通过提高各部门 ET 的利用效率，减少低效和无效 ET，增加高效 ET，仍然能够促进经济发展和社会进步。

基于 ET 的水资源管理理念包括两层含义：①控制 ET 总量。从流域/区域整体控制住总的 ET 量，确保流域/区域总 ET 不超过可消耗 ET，实现水资源的可持续利用。②提高 ET 效率。从流域/区域整体提高水资源生产水平，促进社会经济持续发展。基于 ET 水资源管理首先要根据水资源本底条件确定流域/区域可消耗 ET 量，然后从广义水资源角度出发，在综合考虑自然水循环的"地表—地下—土壤—植被"四水转化过程中产生的 ET 和社会水循环的"供水—用水—耗水—排水"过程中产生的 ET 的基础上，进行各区域、各部门 ET 的分配，确保区域总 ET（自然 ET 和社会 ET）不超过可消耗 ET 的要求。

4.3　国内外研究应用状况

国外针对 ET 的研究较早，1802 年道尔顿提出综合考虑风、空气温度、湿度对蒸发影响的道尔顿蒸发定律，为近代蒸发理论的创立奠定了坚实基础。自此蒸发的理论计算才具有明确的物理意义。1948 年 Penman 以能量平衡和空气动力学理论为基础建立 Penman 公式，全面考虑了能量平衡、空气饱和差、风速等可能影响蒸发的要素，得到了广泛应用。20世纪 70 年代以后，随着数学、计算机技术和卫星技术的发展，遥感技术为地面蒸发量的估算提供了新途径。Seguin 和 Itier 等利用卫星红外线资料计算地面辐射温度与空气温度差估算出大尺度区域蒸腾蒸发量，开创了遥感估算区域蒸发量的先例。此后，使用遥感测 ET 值在国外取得了很多成果。1982 年 David 等首次提出节水中的可回收水和不可回收水概念，不可回收水的消耗主要是蒸发量和流入海水或流入咸体水的量。1996 年 Keller 等提出了"真实"节水系列概念，强调整个水循环中不可回收水量中的节水。

国内针对 ET 的研究主要为沙金霞以馆陶县水资源为研究对象的研究，阐述了基于 ET 的水资源管理理念的内涵，并借助分布式水文模型，分析了不同部门的节水潜力，得出了研究区域水权的分配结果及水环境的控制规划。汤万龙从宏观上构建了基于 ET 的流域水资源管理模式，包括用水分配模型、用水调整模型、区域用水转换模型、流域上下游水资源与水环境综合管理模型，并重点分析和提出了农业节水措施。余向勇针对海河流域水资源短缺和水环境污染与恶化等复杂问题，借鉴缺水地区以控制耗水（ET）为基准的节水减污生态恢复，提出了一套水资源与水环境综合管理规划的初步设想和基本方法。桑学锋分别从基于 ET 的水资源水环境综合研究规划研究的理念、模型及实践等角度阐述了耗水对水资源的影响。赵瑞霞把基于 ET 管理的以供定需的水资源配置方式应用于河北省临漳县，实现了区域水资源的可持续发展。甘治国提出蒸腾蒸发是循环中的重要环节，是区域水平衡中的消耗项和重要支出项，并以 ET 为约束来调整社会经济的发展，从机理上避免了传统水资源供需不平衡的缺点，也方便以后和水资源管理相结合，最终有利于水资源配置的实施。李彦东运用 SABLE 模型和中国科学院遥感所开发的 ETWatch 模型对海河流域的 ET 模拟，并提出以控制 ET 值来保障水资源的持续利用。另外，对蒸发的计算方法和蒸发对流域、作物与水资源的影响国内学者也做了很多研究和应用。周祖昊、王浩提出了广义 ET 的概念，并提出确定目标 ET 制定—方案设置—情景模拟—方案评价—方案推荐 5 个步骤，为基于 ET 的水资源规划提供了思路。杨薇以山西省潞城市为例，并结合基于水量平衡法的最大可用 ET 值进行了水资源的供耗平衡分析，结果表明全市范围各镇的最大可用 ET 都不能满足通过遥感测得的实际 ET 值，进而对各乡镇属于资源性缺水还是工程性缺水进行了详细分析。宋志斌对项目区和对照区的不同作物及同一作物在不同耕作方式下的 ET 值进行计算分析，并通过 SWAT 模型情景模拟分析对比方案。其目的都是为了减少水的无效蒸发，从而达到节约用水，减少地下水开采量，实现水资源可持续利用。

目前基于 ET 的水资源和水环境综合管理规划才刚刚起步，传统的水资源管理注重取水控制，基于"真实节水"对 ET（耗水）总量进行控制的理论、方法及技术措施体系尚在研究之中。水资源与水环境综合规划主要从水资源配置过程中考虑环境问题的角度出发开展了一些工作，没有真正体现水资源和水环境综合管理的理念。只有从水循环过程及伴随水循环的污染物迁移转化过程中内在作用关系的角度出发，将水资源合理配置与污染治理紧密联系起来，才能真正实现水资源量和质的科学管理。

4.4　基于 ET 的水管理工具开发和应用

基于 ET 的水管理，主要以遥感监测的 ET 数据、产量数据、土壤墒情数据和作物分布图等为基础，结合农业用水量的监测数据，开发基于 ET 水管理工具，实现不同行政级别对用水和耗水的动态管理，实现遥感监测 ET 数据在农业水管理中的应用，为 ET 定额分配、作物种植结构调整、节水潜力分析等提出基于 ET 的水管理方法，提高 ET 监控能力和水资源水环境综合管理水平。基于 ET 的水管理工具的应用，主要包括以下内容：

（1）基于遥感 ET 的基本数据统计

包括 ET 数据的频率分析计算、耗水量统计分析、作物产量和水分生产效率统计。

（2）节水潜力分析

利用遥感监测 ET 数据和农业用水调查统计数据，对已采用节水措施的农田进行节水效果评价，估算不同土地利用类型和不同作物类型的节水潜力。

（3）ET 定额分配

首先确定综合目标 ET，再以综合目标 ET 为基础，确定不同土地利用类型和主要作物的 ET 定额。

（4）种植结构调整

在遥感监测的 ET 分布和水量平衡分析基础上，提出适宜的土地利用规划和作物种植结构调整方案。

第 5 章　情景分析法

5.1　情景分析法概述

5.1.1　相关概念

情景分析法是根据发展趋势的多样性，通过对系统内外相关问题的系统分析，设计出多种可能的未来前景，然后对系统发展态势作出自始至终的情景与画面的描述。情景分析法本质上是描述和分析未来发展路径的一种定量与定性相结合的方法，是描绘和分析未来可能状态和实现路径的方法。包含未来可能发展态势的确认，各态势的特性及发生可能性描述和各态势的发展路径分析三部分内容。

5.1.2　特点与功能

5.1.2.1　情景分析法的特点

近年来，国内外也在诸多领域运用了情景分析法，并通过将情景分析与其他各种相关技术、方法相结合运用于实际，提高了预测效果与决策制定效率。情景分析法具有以下特点：

①情景分析能够分阶段的展示多维的未来。未来的本质决定了未来存在多种可能的发展，情景分析的根本作用是探索多维的未来情况及其发展的过程。该方法能够使评价人员突破传统思维模式，站在战略高度，超越过去和现在对系统未来的发展进行展望。情景分析可以同时考虑复杂系统中各种结构性不确定因素的未来趋势，解析复杂系统多种可能的结构，从而建立不同阶段的多种不同情景，为水资源与水环境的预测分析服务。

②情景分析能够识别复杂系统内外各类别、各层次的驱动力，并探索因子间的因果关系。情景分析所展示的多维未来由驱动未来发展的各种因子构成，包括结构性不确定因子。该方法能够深入认识水资源与水环境综合管理规划所涉及的复杂系统，对其结构层次进行划分，并在此基础上识别系统内部和外部不同类别的驱动因子。因此，情景分析能够充分的将未来的不确定性纳入分析中，得到相对全面的预测结果。同时，情景分析不是简单的堆砌不确定因子，而是通过对未来事件的因果发展过程进行探索，得到复杂系统发展的路径及在不同目标年的情况，建立符合逻辑的情景。该方法在水资源与水环境综合管理规划中可以反映未来事件的原因与结果，清晰的解释从系统内外部驱动力到最终的环境影响之间的联系。

③情景分析能够剖析不确定因子的根源。情景分析认为无论未来有多少种可能，它都

是植根于过去和现在的，因此该方法重视通过历史和现状分析来把握不确定因子的根源，进而探索这些因子可能的未来状态。该方法促使水资源与水环境综合管理规划的编制人员在深入考察历史事件及相关信息、数据的基础上，分析复杂系统发展的规律，研究各种因子的路径依赖现象，在此基础上建立系统发展的未来情景才能够更加合理地反映地区特点。这种分析保证了情景是真实可行的，基于情景进行影响预测得到的结论可信度将更高。

5.1.2.2 情景分析法的功能

情景分析法的功能主要在于通过识别不确定因素、关键驱动力量和未来的可能性，改变管理者和决策者的心智模式，辅助战略选择，使单位能识别预警信号，采取有效措施应对未来。第一，情景分析提供给决策者们不同的未来展望，以此来提高决策者们对未知事物的发掘，帮助人们克服内在的感知迟钝。第二，情景分析向决策者们展示未来发展趋势，并实现战略选择的结果，由此人为地缩短了反馈延迟，加速组织学习的进度。第三，情景分析法能有效地处理管理团队间的高度一致和高度分歧两种情况，避免组织中盛行群体思想或个人意见分歧。

5.2 情景分析法的应用

情景分析法适用于以下情形：未来发展具有较强的不确定性；对未来有较多不同的看法，且各有道理；事物发展将可能经历明显的"跳跃"，所处行业已经出现或可能出现新的变化；企业无法找到或创造新的机遇；战略思维质量较差；企业想拥有共同的战略框架，同时保留多样性；在未来发展中有人为因素影响较为明显的众多因素的影响；影响未来发展的因素信息量太大，且项目分散，范围太广，同时获取这类信息的费用昂贵；过去曾有大量"突发性"现象出现，并造成了重大损失。

因此情景分析法在水资源与水环境综合管理规划中是适用的，能够帮助水资源与水环境综合管理规划的编制人员看到并分析对未来发展有重要影响却容易被传统方法忽视的内容，克服趋势外推等传统预测方法的缺点。

5.3 情景分析法的步骤

情景分析是一套包含了多种方法的程序，而非单一的方法，其核心程序是建立情景和制定基于情景的战略规划两部分。情景分析包括以下三个主要阶段。

5.3.1 准备阶段

主要任务包括组织情景分析团队；确定情景分析的主题，明确所分析系统的边界及时空范围、尺度；识别情景分析的相关方，并进行相关方分析；拟定情景分析技术方案及相关方参与计划。

5.3.2 开发情景阶段

主要任务包括对系统进行历史和现状分析，识别与所关注议题相关的因子和事件及对因子间因果逻辑关系的理解（含不确定因子）；研究系统内部及外部环境，促进对系统的驱动力；综合关于未来的信息，组成多个可能的未来图景；通过不同手段对这些未来图景加以表达，形成多个合理的情景。

5.3.3　基于情景的分析阶段

主要任务包括两种，一是将建立的情景提供给决策者和相关方，帮助决策者重新审视拟定的政策或策略，或者协助其进行新的战略规划；二是以情景为基础进一步开展科学研究，为研究系统的未来状态提供科学依据。

第6章 模拟水资源与水环境综合管理相关模型

水量水质联合配置的研究在近年得到了重视，从配置模拟计算的角度分析，水量水质联合配置存在三个层次。第一个层次是基于分质供水的水量配置；第二个层次是在水循环基础上添加污染排放和控制等要素，实现在水量过程模拟基础上的水质过程分析，进而进行水量配置；第三个层次就是对动态联合水量和水质实现时段内紧密耦合的动态模拟。目前的研究主要还集中在第一个层次，对于第二个层次有所涉及，但是还不够系统，需要作更深层面的研究，到第三个层次才真正属于水资源与水环境综合管理的范畴。

计算机技术的发展，推动了水环境模型研究的不断深入，并出现了大量应用模型软件。由于水环境模型不仅要模拟水动力过程，还要描述各类化学物质在水环境中的运移转化，其中涉及许多物理、化学和生物过程，所以水环境模型大都比较复杂。根据研究对象可将水环境模型分为地表水模型、地下水模型及非点源模型等。

6.1 SWAT 模型

SWAT（soil and water assessment tool）是由美国农业部农业研究中心开发的流域尺度模型。模型开发的目的是在具有多种土壤、土地利用和管理条件的复杂流域，预测长期土地管理措施对水、泥沙和农业污染物的影响。SWAT 模型经历了不断的改进，很快便在水资源和水环境领域中得到广泛认可和普及。Bera 和 Borah 称之为在以农业和森林为主的流域具有连线模拟能力的最有前途的非点源污染物模拟模型。模型主要模块包括气候、水文、土壤温度和属性、植被生长、营养物、杀虫剂和土地管理等。

6.1.1 模型基本原理

SWAT 用于模拟地表水和地下水的水质和水量，预测土地管理措施对具有多种土壤、土地利用和管理条件的大面积复杂流域的水文、泥沙和农业化学物质产量的影响，主要含有水文过程子模型、土壤侵蚀子模型和污染负荷子模型。

水量平衡在 SWAT 流域模拟中十分重要，流域的水文模拟可以分为两个主要部分。第一部分为水文循环的陆地阶段，控制进入河道的水、泥沙和营养物质以及杀虫剂的量。第二部分为水文循环的河道演算阶段，可以定义为水和泥沙等在河道中运动至出口的过程。

6.1.1.1 水文循环的陆地阶段

SWAT 模型水文循环陆地阶段主要由以下部分组成：气候、水文、泥沙、作物生长、土壤温度、营养物、杀虫剂和农业管理。模拟的水文循环基于水量平衡方程见式（6-1）。

$$SW_t = SW_0 + \sum_{i=1}^{t} (R_{day} - Q_{surf} - E_a - W_{seep} - Q_{gw})_i \qquad (6\text{-}1)$$

式中：SW_t——土壤最终含水量，mm；

SW_0——土壤前期含水量，mm；

T——时间步长，d；

R_{day}——第 i 天降雨量，mm；

Q_{surf}——第 i 天的地表径流，mm；

E_a——第 i 天的蒸发量，mm；

W_{seep}——第 i 天存在于土壤剖面底层的渗透量和测流量，mm；

Q_{gw}——第 i 天地下水出流量，mm。

6.1.1.2 水文循环的河道演算阶段

一旦 SWAT 模型确定了主河道的水量、泥沙量、营养物质和杀虫剂的负荷后，会使用与 HYMO 相近的命令结构来演算通过流域河网的负荷。为了跟踪河道中的物质流动，SWAT 模型会对河流和河床中的化学物质转化进行模拟。

SWAT 模型水文循环的演算阶段分为主河道和水库两个部分。主河道的演算主要包括河道洪水演算、河道沉积演算、河道营养物质和杀虫剂演算等；水库演算主要包括水库水量平衡演算、水库泥沙演算、水库营养物质和农业演算。

6.1.2 模型的特点

6.1.2.1 基于物理过程

SWAT 模型不使用回归方程来描述输入变量和输出变量之间的关系，而是需要流域内天气、土壤属性、地形、植被和土地管理措施的特定信息。水流验算、泥沙输移、动植物生长和营养物质循环等相关物理过程都可以在 SWAT 模型中直接模拟。其优点是可以在无观测资料的流域进行模拟，不同输入数据（如管理措施的变化、气候和植被等）对水质或其他变量的相对影响可以进行量化。

6.1.2.2 输入数据易获取

虽然 SWAT 可以模拟十分专业化的过程，如细菌输移等，但是运行模型所需要的基本数据可以较为容易地从政府部门得到。

6.1.2.3 运算效率高

对于大面积流域或者多种管理决策进行模拟时不需要进行过多的时间和投入。

6.1.2.4 连续时间模拟

能够进行长期模拟。目前所需要解决的是有关污染物逐渐积累和对下游水体影响的问题，为了研究这类问题，有时模型需要输出几十年的结果文件。

6.1.2.5 模型将流域划分为多个亚流域进行模拟

当流域内不同面积的土地利用和土壤类型在属性上的差异足够影响水文过程时，在模拟中使用亚流域是非常有用的，将流域划分为亚流域，可以对流域内不同面积进行模拟。

6.1.3　模型在国内外的应用

（1）国内外研究进展

在国外特别是美国，SWAT 模型普及较早，很多工作都进行了比较深入的研究。Santhi 等和 Bouraoui 等分别对美国 Bosque 河流域和土耳其的 Medjerda 河流域进行了非点源情景模拟。Santhi 等对美国得克萨斯州的 West Fork 流域执行水质管理规划前后的两个情景模拟，来评价该规划对非点源污染的长期影响。Fohrer 等发现地表径流对土地利用变化最为敏感。Hernandez 等认为 SWAT 模型可以很好地反映土地覆盖变化条件下的多年降雨—径流关系。Weber 等和 Lenhart 等分别在德国 Aar 河流域和 Dill 流域应用 SWAT 模型对 PorLand 模型生成不同土地利用情景进行模拟。Behera 等对 Kapgari 流域的非点源污染关键区进行了识别。Srinivasan 等成功模拟了 Richland-Chambers 流域的径流和泥沙输移量，指出 SWAT 模型可以通过情景分析来检测流域的生态脆弱区，并提出了减少土壤流失的最佳措施。在地中海流域，Céline 等应用 SWAT 模型成功地模拟了由于人类活动而导致湿地干涸所产生的水文效应，但无法准确模拟这种变化对地下水所产生的影响，主要原因在于 SWAT 模型的地下水模型与地表水模型之间是独立运行的。

国内学者在黄河流域、海河流域、黑河流域、渭河流域等做了不同方面的模拟研究，证明了该模型（SWAT）对流域模拟的实用性。在对 ET 的模拟方面也有很大进展，罗慈兰对房山区的 ET 模拟，并与遥感 ET 的结果比较，表明模型模拟的结果比较满意。于磊等针对华北地区严重缺水情况，构建了肥乡县 SWAT 模型，并进行了肥乡县作物结构调整、灌溉制度改变和改变灌溉水源等农业管理措施情景下蒸散发（ET）的变化情况，进行了不同情景真实节水分析。研究结果对于农业地区进行水资源真实节水管理具有一定的借鉴意义。同样在海河流域和漳卫南运河流域也建立了关于农业的 SWAT 模型，对作物结果调整并分析其 ET 情况，为海河的真实节水提供依据。徐宗学建立了漳卫南运河流域的水量水质综合管理 SWAT 模型，其结果表明，经过 ET 和流量的同时率定能够达到比较满意的精度，并得出随着灌溉水量的减少，农田蒸散发成比例减少，蒸散发的减少量约占灌溉水量减少量的70%左右的结论。张雪刚将地表水 SWAT 模型与地下水 MODFLOW 模型进行耦合计算，并将其应用于徐州市张集地区的地下水模拟计算。结果表明，SWAT 模型与 MODFLOW 模型的耦合计算能准确模拟和预测该地区的地下水水情及其地表水和地下水之间的相互作用。陈军锋等的研究表明，当土地覆被由没有植被覆盖转变为有林地全部覆盖时，径流深减小，蒸发量增加。张蕾娜通过模拟6种土地覆被情景下的径流结果，发现还草比还林增加径流。朱利和张万昌研究了气候变化对 SWAT 模型水文响应的影响，结果指出降水增加或气温降低都会导致径流增加，而降水增加或气温增加都会导致实际蒸发的增加。万超等应用率定之后的 SWAT 模型对3个不同的水平年进行模拟计算，得到了潘家口水库上游流域非点源污染负荷的时空特征及主要影响因素，发现农田化肥的施用量和施用时间对年内非点源污染负荷量有重要的影响。郝芳华等应用 SWAT 模型对官厅水库的非点源污染进行了定性分析和定量计算，得出非点源污染负荷与降水量成正比。

（2）目前研究中存在的问题

尽管 SWAT 模型在世界范围内得到广泛应用，我国在应用 SWAT 模型方面也积累了一定经验，但欲达到更精确的模拟效果，扩大应用领域，还有诸多有待改进、完善之处。模型忽略了 HRUs 之间的空间关系，无法精确地反映物质在景观间的运输。目前 SWAT 对非点源污染模拟多集中在营养物（N、P）上，细菌迁移模拟模块需进一步完善。SWAT 也应扩展其他污染物的模拟功能，如石油、重金属、内分泌干扰物等。模型中土壤、地形和产汇流特点及模型自带土壤和植物数据库与我国的差异在很大程度上影响了模型效率和精度。

6.2　EFDC 模型

EFDC（Environmental Fluid Dynamics Code）模型是作为模拟河流、湖泊、水库、河口、海洋和湿地等地表水系统的三维水质数学模型，由 Fortran 语言编制而成。最初是由佛吉尼亚吉尼亚海洋科学研究所（Virginia Institute of Marine Science for Estuarine and Coastal Applications）开发的，是一个开放式的软件。此后，美国国家环保署（EPA）对 EFDC 模型进行了二次开发。目前，EFDC 模型已经成为美国国家环保署最为推崇的模型之一，并广泛应用于各个大学、政府和环境咨询机构。在 80 多个模型的研究中获得了成功的应用，如水动力和水质模拟、沉积物模拟、电厂冷却水排放模拟、水库及其流域营养物质模拟预测、沼泽地大型湿地模拟等。

6.2.1　模型基本原理

EFDC 模型的计算方法和原理与美国陆军工程团的 Chesapeake 河口模型和 Blumberg-Mellor 模型有诸多相似的地方。EFDC 模型对非等密度流体运用三维、垂直静压力、自由表面、紊流平均的动量平衡方程。模型在水平方向采用正交曲线坐标和笛卡尔坐标系，垂直方向采用 sigma 坐标。输运方程结合了紊流长度、紊流动能、温度和盐度四种变量。针对溶解物和悬浮物，模型同时计算欧拉输运—地形变化方程。在满足质量守恒的条件下，EFDC 模型可以在浅水区域采用漫滩数值模拟。除此之外，模型还有许多流量控制的功能选项，例如输水管道、泄洪道和堰坝。

对于动量方程，在空间上 EFDC 采用 C 网格或交错网格，运用二阶精度的有限差分格式。水平扩散方程在时间方面运用显格式，在空间方面运用隐格式。水平输运方程采用 Blumberg-Mellor 模型的中心差分格式或者正定迎风差分格式。水平边界条件包括流入物质的浓度，迎风向物质的流出以及指定气候条件下的物质释放，热输运方程采用大气热交换模型。

6.2.2　模型的特点

EFDC 是一个多功能的水质模型，应用范围广且计算能力很强。它可以定量模拟环境特征、污染负荷与水质间的动态响应关系，具有水环境质量的情景预测能力，为流域的容量总量控制和工程评估提供技术支持。EFDC 具有通用性好、数值计算能力强、数据输出应用范围广等特点。尤其水动力模块的模拟精度已达到相当高的水平。同时该模型对输入数据的要求也非常高，比如，气象、地形、水质等数据。对底质行为、藻类活动规律等也要求有相当的认识才能使水质模拟的精度得到较大提高。

6.2.3　模型在国内外的应用

　　EFDC 由于其先进性和可靠性，已被美国及其他国家和地区广泛应用于数百个不同水域的水动力学、水质、泥沙和污染物研究。Casulli 和 Cheng 运用漫滩格式模拟了旧金山海湾和威尼斯湖的潮流过程。Hamrick 和 Moustafa 将漫滩数值模拟应用于沼泽地的湿地研究。在这些研究中都存在一个问题，缺少详细的实测数据对模型的校正，因此无法检验漫滩格式。Ji Zhen-gang 等以 EFDC 水动力模型为基础，对加利福尼亚州摩洛湾地区浅水河口干湿网格进行了模拟和研究。在之前的干湿网格研究中，最常见的问题是缺少实测数据对模型的校正以及对干湿网格设计的验证。而此研究中，加强了这方面的应用。对比模型结果与实测低潮线和高潮线，说明模型对干燥区和潮湿区模拟得很好。Sangman Jeong 等运用EFDC 对韩国锦江下游的海水入侵特征进行了分析，应用结果表明高浓度的盐水可以从河口拦水坝近距离观察到，距离河口拦水坝越远盐水浓度越低。这也说明 EFDC 数值模拟的精度很高。Liu Xiao-hai 等在美国 Apalachicola 海湾地区利用 EFDC 和沉积物模型的耦合研究了由暴风引起的沉积物再悬浮以及输移。

　　近年来，国内对于 EFDC 模型的应用研究正逐步开展。中国水利水电科学研究院水力学所应用该模型对全国范围内水电建设中的水库进行了水质预测及富营养化分析，对火、核电站冷却水工程在河道、水库、河口、海岸等受纳水体的温排放和低放射性废液排放等水环境问题进行了二维、三维模拟研究。陈昇晖对滇池水动力及水质进行了模拟研究，结果表明，模型的水动力模块模拟结果与实际情况较接近，水质模块的模拟结果尚可接受，模型实用程度的提高有赖于基础数据的积累。齐裙等为考察长江水系武汉段河床的冲淤变化，利用该模型对长江水系武汉段水动力过程进行了三维数值模拟，并得出较好模拟结果。陈景秋等以 EFDC 水动力模型为基础，建立了重庆两江汇流水动力模型，就汇流比对流场影响和滨江路对流场影响等进行模拟，结果证明了该模型可用于模拟和分析天然河流水动力场的分布以及变化情况，对于预测洪水、城市建设、航道管理等有重要意义。王建平等通过 EFDC 模型与 WASP 模型及 GIS 系统结合，对密云水库及其流域营养物进行了研究，为密云水库运行管理、富营养化防治以及流域生态系统保护提供了决策支持。严以新等对长江口南港 COD 动力学模型进行了研究，得出其 COD 分布趋势。

6.3　MIKE SHE 模型

　　SHE 模型是由丹麦水利研究所（Danish Hydraulic Institute，DHI），英国水文研究所（Institute of Hydrology）和法国 SOGREAH 咨询公司联合研制，在 Freeze 等人的探索性工作基础上发展而来，是知名度最大、应用最广泛的分布式水文模型之一，它能够模拟水文循环的所有重要过程。模型将研究流域分成若干方格或矩形格，这些网格是模型最基本的计算单元，网格之间在进行模拟时通过不同的水分物理方程建立联系，采用有限元的方法解决地表水、地下水运动的数学模拟问题。

　　MIKE SHE 是进行大范围陆地水循环研究的工具，侧重地下水资源和地下水环境问题分析、规划和管理。软件主要包括一维非饱和带，二维、三维饱水带水量模拟模型和对流弥散模型、水质模型（包括水文地球化学模型如吸附和解吸、生化反应过程，农作物生长模型与氮、磷循环专业模块）。MIKE SHE 还可以与 MIKE11 模型耦合计算，并包含坡面流、蒸散发模型，模型运算采用不同时间步长技术。MIKE SHE 是目前世界上综合性和功能最强、最优秀、应用范围最广的综合模型软件。

6.3.1 模型基本原理

由于流域下垫面和气候因素具有时空异质性，为了提高模拟的精度，MIKE SHE 通常将研究流域离散成若干网格（grid），应用数值分析的方法建立相邻网格单元之间的时空关系。在平面上它把流域被划分成许多正方形网格，这样便于处理模型参数、数据输入以及水文响应的空间分布性；在垂直面上，则划分成几个水平层，以便处理不同层次的土壤水运动问题。网格划分视流域面积大小、下垫面的状况以及要求模拟的精度而定。在 MIKE SHE 模型中一个流域被沿水平方向划分成一系列的相互联系单元（grid），各自具有不同的物理参数，而在垂直方向又被划分成若干层（zone），包括冠层、不饱和层和饱和层。它所反映的流域水文过程主要包括降水（含降雨和降雪）、蒸散发、含植物冠层截留、地表汇流、河道汇流、非饱和壤中流和饱和地下径流等过程，每一个子过程分别进行计算建模。

6.3.2 模型的特点

MIKE SHE 模型功能上体现三维空间特性，包括了陆地全部的水循环过程，同时对地下水资源和地下水环境问题分析、规划和管理是它的一大特色。它的具体应用范围囊括了流域或局部区域不饱和带、饱和带（二维、三维）地下水水资源计算，优化调度和规划，地表、地下水的联合计算和调度，供水井井网优化，湿地的保护、恢复和生态保护，氮、磷等常规污染组分、重金属、有害放射性物质迁移，酸性水渗流等复杂问题的模拟、追踪和预报，地下水运动过程中的地球化学反应、生物化学反应的模拟分析，污染含水层水体功能的恢复与治理，农作物生长对水分和污染物质在非饱和带运移的影响等综合研究，而且可实现与 DHI 系列其他软件的联合运用，拓展性更好，应用范围非常广泛。

MIKE SHE 的应用领域和范围包括：环境影响评估；洪泛区研究；湿地的管理和修复；地表水和地下水的相互影响；地下水和地表水的连续使用；分析气候和土地利用对含水层的影响；使用动态补给和地表水边界进行含水层脆弱性测绘；使用数据收集整理系统 DAISY，对农业活动的影响进行研究，包括灌溉、排水以及养分和农药的管理等。对比其他分布式水文模型和软件，MIKE SHE 具有鲜明的特点和优势，具体表现为：

（1）高度灵活性

包括简单和高级过程描述，充分提高计算效率；灵活的模块结构，只需模拟必要的过程；轻松链接区域性和局部性的模型。

（2）MIKE SHE 通用性

可链接 ArcGIS 进行 GIS 高级应用，包括可代替过程描述，用于不同应用；包含一个与 MODFLOW 和 MODFLOW-HMS 的接口。

（3）简单操作性

MIKE SHE 带有一个新的先进的用户界面，可以链接原始数据而不是输入数据；包含一个动态数据树，可以精确浏览所有数据；带有自动的数据和模型验证程序；支持复杂输出，包括动画演示。

6.3.3　模型在国内的应用

国内的研究相对晚于国外，但是近期也有比较典型的成果发表出来。比如，2006 年，周佳等在研究节水农业背景条件时提出 SHE 模型，为研究人类活动对于流域的产流、产沙及水质等影响提供了理想化的工具，但对资料的完整性和详备度要求较高，不适合基础资料较差的地区。2007 年刘金涛等对模型在流域水资源开发利用的应用进行了研究，认为其对资料要求较高，模型的建立和应用主要限于小尺度的流域。2008 年，张志强等应用 MIKE SHE 进行了土地利用和覆盖与气候变化的研究。2009 年王盛萍等以 MIKE SHE 模型为工具，以位于西北黄土高原甘肃省天水市吕二沟流域的实测次降水—径流为输入数据对模型进行校正后，采用多尺度检验的方法探讨分析了单元格及步长变化对水文的影响。结果表明单元格变化对峰值及模拟径流总量有影响。2009 年，黄粤等以开都河流域土地覆被和气候变化为主线，模拟径流量变化过程，探讨 MIKE SHE 模型在大量缺少资料地区水文日过程模拟中的适用性。2010 年，王盛萍等又采用 MIKE SHE 与修正的土壤侵蚀模型 MUSLE 耦合，对黄土高原典型小流域侵蚀产沙进行了空间分布模拟与评价。结果表明沟道重力侵蚀是影响 MIKE SHE 与 MUSLE 耦合模拟流域出口侵蚀产沙总量精度的重要因素之一。

6.4　WASP 模型

WASP（Water Quality Analysis Simulation Program）是由美国国家环保局环境研究实验室研发，应用范围广泛的水质模拟程序。是研究常规污染物（包括溶解氧、生物耗氧量、营养物质以及海藻污染）和有毒污染物（包括有机化学物质、金属和沉积物）在水体中的迁移和转化规律，适用于河流一维不稳定流、湖泊和河口三维不稳定流的稳态和非稳态的水质分析模拟程序。WASP 水质模型具有描述水质现状、提供特定位置水质预测和提供一般性水质预测三个方面的作用。

WASP 包括 DYNHYD 和 WASP 两个独立的计算程序，两个计算程序既可以联合运行，也可以独立运行。DYNHYD 是模拟水动力学的程序；WASP 是模拟水中各种污染物的运动与相互作用的水质程序。

6.4.1　模型基本原理

WASP 水质模块的基本方程是一个平移——扩散质量迁移方程，它能描述任一水质指标的时间与空间变化。在方程里除了平移和扩散项外，还包括由生物、化学和物理作用引起的源漏项。对于任一无限小的水体，水质指标 C 的质量平衡式见式（6-2）。

$$\frac{\partial C}{\partial t} = -\frac{\partial}{\partial x}(U_x C) - \frac{\partial}{\partial y}(U_y C) - \frac{\partial}{\partial z}(U_z C) + \frac{\partial}{\partial x}\left(E_x \frac{\partial C}{\partial x}\right)$$

$$+ \frac{\partial}{\partial y}\left(E_y \frac{\partial C}{\partial y}\right) + \frac{\partial}{\partial z}\left(E_z \frac{\partial C}{\partial z}\right) + S_L + S_B + S_K \tag{6-2}$$

式中：C——水质指标浓度，mg/L；

S_L——点源和非点源负荷，正为源、负为汇，g/（m³·d）；

S_B——边界负荷，包括上游、下游、底部和大气环境，g/（m³·d）；

S_K——动力转换项，g/（m³·d）；

U_x，U_y，U_z——流速，m/s；

E_x，E_y，E_z——河流纵向、横向、垂向的扩散系数，m²/s。

6.4.2　模型的特点

WASP 的主要特点：①基于 Windows 开发友好用户界面；②能够转化生成 WASP 可识别的处理数据格式；③具有高效的富营养化和有机污染物的处理模块；④计算结果与实测的结果可直接进行曲线比较。

6.4.3　模型在国内外的应用

自 20 世纪 80 年代 WASP 模型提出以来，已在国内外得到了广泛应用。Rodriguez 等选用 EFDC 和 WASP 构建 Brunswick Harbor 耗氧物质 TMDL（日最大排污量）管理体系。Mobile Bay、Murderkill River、Lake Michigan 的 TMDL 管理模式研究中均选用 WASP 作为水质模拟工具。Butler Creek 流域粪大肠菌的 TMDL 管理研究中，由 SWMM 模型提供流量和污染负荷数据，导入 WASP5 软件后进行水质预测。Hoybye 等通过校验 Kakhovka 水库实测数据与 WASP 计算结果，认为水质最主要的影响因素是水库周围营养物质的增长速率和入库量。Rough River 生态修复项目中采用 WASP 进行 DO 模拟。Jae 在 Yeongrang Lake 降雨—径流污染负荷研究中分析径流污染对湖水的影响，WASP 模拟结果与实测值相关性较好。Stow 等在 Neuse River Estuary 藻类模拟研究中比较了 NEEM、WASP、Neu-BERN 3 个模型的有效性，结论是 WASP 在河流整体、上游、中游 3 项的有效性高于其他 2 个模型。Jeong 等将 EFDC 与 WASP 联合使用于 Namgang 水库的常规污染物模拟。Xiong 在 Mobile Bay 沉积物研究中分别选用 EFDC 和 WASP 作为水动力和水质模拟模型。Barr-Milton Reservoir 富营养化研究将 SWAT 水动力和营养盐模拟结果作为边界条件输入 WASP 软件进行富营养化过程分析。

国内对 WASP 的研究和应用始于 20 世纪 90 年代，现有研究主要集中在预测工程实施效果、模型适用性及敏感度分析、湖库富营养化过程模拟、水环境容量计算和构建水环境管理决策支持系统等方面。廖振良等应用 WASP5 对苏州河环境综合整治一期工程中有关工程和方案实施效果进行了模拟计算。杨家宽等采用 WASP6 模拟汉江襄樊段 BOD$_5$、NH$_3$-N、DO 的平均相对误差分别为 10.7%、11.0%、5.6%，并率定了复氧系数、硝化速度系数和 BOD$_5$ 衰减系数，在此基础上，模拟了南水北调中线工程实施对汉江襄樊段水质的影响。张荔等采用试错法在 WASP6 软件中计算渭河陕西段 COD$_{Cr}$ 水环境容量。于顺东等通过模拟美国 Brandywine Rivers 水体中 DO 浓度变化分析 WASP 灵敏度，得到"水温、BOD_5 衰减速率、流量是影响模拟结果的主要参数"的结论。王旭东等在对白洋淀水域富营养化模拟过程中，引入浮游动物生长动力学方程及其对浮游植物变化、氮磷循环、溶解氧平衡的影响，提高了 EUTRO 模块模拟精度。史铁锤等以 WASP 估算环太湖河网的 COD 和 NH_3-N 的水环境容量，并建立点源和非点源 TMDL 管理模式。欧阳丽等将 WASP 应用于三峡水库回水区香溪河库湾氮、磷的水环境容量计算。孙文章等在东昌湖验证了 WASP 的有效性，BOD_5、DO、TN、TP 4 项指标的模拟值与实测值的误差在 4.16%～12.99%。王文杰等以 WASP 氮、磷循环为基础，采用有限体积法配合通量向量分裂格式建立了二维水量水质耦合数学模型，其应用结果证明该耦合模型有较高的可靠性和实用性。

6.5　MODFLOW 模型

MODFLOW（the modular finite difference groundwater flow mode）是由美国地质调查局（USGS）开发的，用来模拟地下水流动和地下水中污染物迁移等特性的计算机程序。MODFLOW 基于达西定律和地下水质量平衡的三维地下水模拟模型，使用有限差分方法，采用模块化的程序结构。

Visual MODFLOW 是由加拿大 Water-loo 水文地质公司在 MODFLOW 软件的基础上应用现代可视化技术开发研制的，于 1994 年 8 月首次在国际上公开发行，该系统是目前国际上最流行且被各国一致认可的三维地下水流和溶质运移模拟评价的标准可视化专业软件系统。这个软件包由 MODFLOW（水流评价）、MODPATH（平面和剖面流线示踪分析）和 MT3D（溶质运移评价）三大部分组成，并且具有强大的图形可视界面功能。

6.5.1　模型基本原理

MODFLOW 是 个二维有限差分地下水流动模型，它基于以下基本方程：
常密度地下水的三维流动基本方程见式（6-3）。

$$\left[K_{xx}\frac{\partial h}{\partial x}\right]+\frac{\partial}{\partial_y}\left[K_{yy}\frac{\partial h}{\partial y}\right]+\frac{\partial}{\partial_z}\left[K_{zz}\frac{\partial h}{\partial z}\right]-\omega=S_s\frac{\partial h}{\partial t} \tag{6-3}$$

式中：K_{xx}、K_{yy}、K_{zz}——沿 X、Y、Z 坐标轴方向上的渗透系数，LT^{-1}；

　　　　h——测压管水头，L；

　　　　ω——在非平衡状态下通过均质、各向同性土壤介质单位体积的通量，即地下水的源和汇，T^{-1}；

　　　　S_s——孔隙介质的储水率，L^{-1}；

　　　　t——时间，T。

对于地下水三维稳定流动，MODPATH 的质量平衡方程可用有效空隙率和渗流流速表达式见式（6-4）。

$$\frac{\partial(nV_x)}{\partial_x} + \frac{\partial(nV_y)}{\partial_y} + \frac{\partial(nV_z)}{\partial_z} = \omega \qquad (6\text{-}4)$$

式中：V_x、V_y、V_z——线性流动流速矢量在坐标轴方向的分量，LT^{-1}；

n——含水层有效空隙率，%；

ω——由含水层内部单位体积源和汇产生的水量，T^{-1}。

污染物输运模型 MT 3D 的基本方程见式（6-5）。

$$\frac{\partial c}{\partial t} = \frac{\partial}{\partial x_i}\left[D_{ij}\frac{\partial c}{\partial x_i} \right] - \frac{\partial}{\partial x_i}(V_iC) + \frac{q_s}{Q}C_s + \sum R_k \qquad (6\text{-}5)$$

式中：C——地下水中污染物浓度，CL^{-1}；

t——时间，T；

x_i——沿坐标轴各方向的距离，L；

D_{ij}——水力扩散系数；

V_i——地下水渗流速度，LT^{-1}；

q_s——源和汇的单位流量，L^{-1}；

C_s——源和汇的浓度，CL^{-1}；

Q——含水层孔隙率，%；

$\sum R_k$——化学反应项。

6.5.2 模型主要特点

MODFLOW 可以模拟潜水、承压水和隔水层中的稳定流与瞬变流的情况。许多影响因素和水文过程，如河流、溪流、排水沟、水库、作物蒸散量、降雨和灌溉入渗补给等，都可以用 MODFLOW 来模拟。MODFLOW 提供了求解地下水流有限差分公式的很多种方法，如强隐式迭代法 sip、逐次超松弛迭代法 sor、预调共轭梯度迭代法 pcg2、Ssor 等。用户可以根据自己研究的实际情况，选择适合的有效求解方法。由于实际地质及水文地质条件的差异，选择不同的求解程序包所得的结果是不一样的。MODFLOW 在求解过程中，引入了应力期（Stress Period）概念，它将整个模拟时间分为若干个应力期，每个应力期又可再分为若干个时段（Time Step）。在同一个应力期，各时间段既可以按等步长，也可以按一个规定的几何序列逐渐增长。而在每个应力期内，MODFLOW 规定所有的外部源汇项的强度应保持不变。这样做不但简化规范了数据文件的输入，而且使得物理概念更为明确。

除了具有以上特点之外，MODFLOW 还可方便地以平面和剖面两种方式彩色立体显示计算模型的剖分网格、输入参数和输入结果。它的最大特点是将数值模拟评价过程中的各个步骤天衣无缝似地连接起来，从开始建模、输入和修改各类水文地质参数与几何参数、运行模型、反演校正参数，一直到显示输出结果，使整个过程从头至尾系统化、规范化。

6.5.3　模型在国内的应用

国内有很多学者利用 Visual MODFLOW 软件对不同地方的地下水系统进行了数值模拟。马腾、王焰新运用 Visual MODFLOW 对我国南部某大型铀尾矿库进行了铀迁移的数值仿真模拟研究，并对治理和不治理情况进行了对比研究，结果表明，如果不治理，会对地下水造成较大污染，治理以后，地下水中铀的浓度和扩展范围都是可控的。周念清等运用 Visual MODFLOW 对宿迁市地下水资源进行评价，对地下水水位水量进行模拟和预报，制定了合理开采方案，有效地控制了漏斗区水位下降，为合理开发地下水资源提供了依据。查力、毕丹等运用 Visual MODFLOW 对北京地铁 10 号线大红门站的水流情况进行了模拟和预测，保证了工程项目的顺利进行。杨青春、卢文喜等运用 Visual MODFLOW 建立了吉林省西部地下水数值模型，通过数值模拟计算和预测，得出了该区的多年平均地下水补给量和可采资源量，为地下水资源的合理开发利用提供了科学依据。张春志利用 MODFLOW 对白沙河—城阳河下游水源地水质进行了研究，建立了水源地水质模型，并对水质进行了预测，并提出了 MODFLOW 在地下水水质预测中存在的问题。李国敏等针对海水入侵问题对广西涠洲岛进行了动态模拟，为涠洲岛地下水透镜体的开采规划和控制海水入侵提供了依据。张勇、薛禹群等通过对多孔介质的合理和必要的简化，采用平均化方法，对液相组分宏观动量守恒方程进行求解，推导出高浓度条件下的达西定律，为解决沿海地区海水入侵、浅地表高浓度污水运移等环境水文地质问题提供了途径。

以上主要水环境模型的应用条件及对比见表 6-1。

表 6-1　国内外主要水环境模型应用条件的比较

模型	模型类型	主要应用领域	主要特点
SWAT	非点源	径流、水质模拟	基于物理过程； 输入数据易获取； 运算效率高； 能够进行长期模拟
EFDC	地表水、地下水	水动力和水质模拟、沉积物模拟、电厂冷却水排放模拟、水库及其流域营养物质模拟预测、沼泽地大型湿地模拟等	通用性好； 数值计算能力强； 数据输出应用范围广
MIKE SHE	地表水、地下水	环境影响评估；洪泛区研究、湿地的管理和修复；地表水和地下水的相互影响；地下水和地表水的连续使用；分析气候和土地利用对含水层的影响；使用动态补给和地表水边界进行含水层脆弱性测绘；使用数据收集整理系统 DAISY，对农业活动的影响进行研究，包括灌溉、排水以及养分和农药的管理等	高度灵活性； MIKE SHE 通用性； 简单操作性

模型	模型类型	主要应用领域	主要特点
WASP	地表水	河流一维不稳定流、湖泊和河口三维不稳定流的稳态和非稳态的水质分析模拟	基于 Windows 开发友好用户界面； 包括能够转化生成 WASP 可识别的处理数据格式； 具有高效的富营养化和有机污染物的处理模块； WASP 计算结果与实测的结果可直接进行曲线比较
MODFLOW	地下水	模拟潜水、承压水和隔水层中的稳定流与瞬变流的情况，以及河流、溪流、排水沟、水库、作物蒸散量、降雨和灌溉入渗补给等许多影响因素和水文过程	求解方法众多； 引入了应力期概念； 以平面和剖面两种方式彩色立体显示； 建模运算过程系统化、规范化

第7章　多目标决策分析

在现实生活和实际工作中，无论个人、企业还是政府部门，都会遇到各种各样的需要做出恰当的判断并做出合理选择的问题。这些问题其中的一个重要特征就是同时涉及对多个目标的诉求。水资源与水环境综合管理规划的某些决策问题，虽然可以概括、简化，一定程度上将其处理为单一目标的数学规划问题，并以相应的优化方法求解，进行规划方案的选择确定，但基于多目标决策的概念方法将能更好地体现水资源与水环境综合管理规划决策问题多目标的本质特征，更有效地支持水资源与水环境综合管理规划决策问题的分析过程。

7.1　多目标决策分析概述

7.1.1　相关概念

系统方案的选择取决于多个目标的满足程度，这类决策问题称为多目标决策，或称为多目标最优化。多目标决策分析与传统单目标优化的最大区别在于其决策问题中具有多个互相冲突的目标。通常多目标决策问题中，一组意义明确的多个冲突目标可表达为一递阶结构，或称目标体系。

这个目标体系是分层展开的，最高层是决策问题的总体目标，代表着决策者希望达到的总要求或状态，它反映了客观事物错综复杂的综合特性。一般总体目标表达相对概括抽象，通过逐层分解，可以得到体现总体目标的下层目标或子目标，下层目标比上层目标表达具体精确。为了便于考察目标，易于决策，需对最底层目标给出相应的属性描述，以反映目标的概念特征。有些目标属性，可以精确定义，从而能被有效地度量；有些目标属性，则往往难以精确定义，因而只能定性地进行判断估计。无论何种情况，目标属性都应满足两个基本性质：可理解性，即目标属性值足以标定相应目标的实现满足程度；可测性，即可按照某种方式对决策方案进行目标属性赋值。

7.1.2　多目标决策问题的构成要素

在使用多目标决策方法解决实际问题时，通常要从以下五个方面着手进行分析，即决策人、评价指标体系、属性集合、决策环境和决策规则，它们也被称为多目标决策问题的五要素。

决策人：决策人是由一个或一组人形成的决策主体，他们以决策环境中的各类信息为基础，根据自己的价值倾向直接或间接地提供其对各个候选方案的价值判断，并一起做出最终的决定。

评价指标体系：目标是决策主体希望达到状态的抽象化表示，为了阐述清楚目标的各个细则，在实践中一般对目标按其概念粒度进行细化，形成若干子目标的层次化结构。

属性集合：属性一般与最小粒度的决策目标相对应，是各方案对具体的项目目标满足或实现程度的直观描述，这些描述一般就是对基本目标满足程度的直接度量值。

决策环境：决策环境是多目标决策问题的基础，它确定了决策问题的理论边界和基本组成。

决策规则：在决策问题中，决策人都期望能够选出最优的可行方案并将之付诸实践。而选择的前提是对各方案在属性集成的综合效用进行打分排序，这种对方案进行排序的方法就称为决策规则，也可以称之为决策算法。

7.1.3 确定评价准则权重的方法

权重是决策者对各评价指标相对重要程度的度量，它一方面能够反映决策者对考察目标的侧重点，另一方面也可以体现不同评价准则间的差异度，还可以反映决策者对各目标属性值的信任度。在决策问题中引入指标权重的概念可以将多目标决策转化为单目标决策问题求解，它的前提是假设各子目标或评价准则之间可以互相弥补。

在国内外的科学研究和实际应用环境中，确定评价指标权重系数的方法有数十种。根据计算权重系数时原始数据形式和计算的过程，可以将这些方法分为三类，即主观赋权法、客观赋权法和主客观综合集成赋权法。

7.2 多目标决策分析方法

当前，存在不少多目标决策分析方法可供水资源与水环境综合管理规划的决策分析选用。但在实践中，最可行的多目标决策分析仍是基于一组目标对若干待定方案进行评价比较的形式。这不仅易于体现水资源与水环境综合管理规划多目标决策分析的逻辑过程，而且能很好地适应规划决策问题的非结构化特征。以下介绍这类决策分析形式的几种常用方法：矩阵法、层次分析法和 PROMETHEE 算法。它们可单独使用，也可相互结合或作为其他决策方法的基础。

7.2.1 矩阵法

矩阵法是处理有限方案多目标决策问题最简单而直观的评价分析方法。设某一决策问题，x_1，x_2，$\cdots$，x_n 是决策问题的 n 个目标（属性），A_1，A_2，$\cdots$，A_m 是满足以 n 个目标要求的 m 个可行方案，在此基础上，则可建立决策评价矩阵表，见表 7-1。

表 7-1 决策矩阵表

	x_1	x_2	$\cdots$	x_j	$\cdots$	x_n	V_j
	w_1	w_2	$\cdots$	w_j	$\cdots$	w_n	
A_1	V_{11}	V_{12}	$\cdots$	V_{1j}	$\cdots$	V_{1n}	V_1
A_2	V_{21}	V_{22}	$\cdots$	V_{2j}	$\cdots$	V_{2n}	V_2
A_i	V_{i1}	V_{i2}	$\cdots$	V_{ij}	$\cdots$	V_{in}	V_i
A_m	V_{m1}	V_{m2}	$\cdots$	V_{mj}	$\cdots$	V_{mn}	V_m

决策矩阵中，V_{ij} 代表方案 A_i 对目标 x_j 的实现程度，即该方案在目标 x_j 下的属性值，w_j 为各目标的相对重要性评价值，V_i 为各方案 A_i 在目标属性下的综合评价结果。运用矩阵法进行多目标的方案评价筛选，主要包括 3 个基本内容。

7.2.1.1　方案对目标实现程度的确定

备选方案在给定目标下实现程度的确定即 V_{ij} 的确定，一般 V_{ij} 的确定分为两种情况：

①通过直接计算或估计得出属性值，如方案的投资费用、水质效果等。

②通过建立分级定性指标，经判断得出属性值。如方案实施的技术难度、公众的可接受性等。

由于属性单位不同，数量级上也存在差异，难以对方案的不同目标属性进行比较分析，这通常需要把属性值规范化，即把各属性值无量纲化并统一变换到（0，1）范围内。常用的规范化方法有：

（1）向量规范化

这种变换可把所有属性值无量纲化，但不能保证属性的最大或最小值都与 1，0 相对应，见式（7-1）。

$$z_{ij} = \frac{V_{ij}}{\sqrt{\sum_{i=1}^{m} V_{ij}^2}} \tag{7-1}$$

（2）线性变换

当属性值均为越大越好或越小越好的情况

越大越好类型，见式（7-2）。

$$z_{ij} = \frac{V_{ij}}{\max_j V_{ij}} \tag{7-2}$$

越小越好类型，见式（7-3）。

$$z_{ij} = 1 - \frac{V_{ij}}{\max_j V_{ij}} \tag{7-3}$$

（3）其他变换

越大越好类型，见式（7-4）。

$$z_{ij} = \frac{V_{ij} - \min_j V_{ij}}{\max_j V_{ij} - \min_j V_{ij}} \tag{7-4}$$

越小越好类型，见式（7-5）。

$$z_{ij} = 1 - \frac{\min_j V_{ij} - V_{ij}}{\max_j V_{ij} - \min_j V_{ij}} \tag{7-5}$$

根据具体问题不同可采用不同形式的变换。

7.2.1.2 权重系数的确定

在多目标决策问题中，不同目标间的相对重要性或偏好一般可通过权重系数来反映。权重系数是多目标决策问题中价值观念的集中体现，它的确定直接影响到规划方案的选择。某种程度上说，多目标决策分析的关键就在于权重系数的确定。确定权重系数大体可分为非交互式和交互式两类。非交互式是指在获得决策方案前通过分析人员与决策者等有关人员的协调对话，先获得一组权重值分布，然后据此进行方案选择。交互式则指在决策分析过程中，通过决策分析人员与决策者等不断交流对话，在获得决策方案的同时确定权重系数值的做法。无论何种方式，常见的具体确定权重系数方法主要有以下几种。

①专家法或德尔菲法。专家法或德尔菲法的基本思想是通过调查统计获得权重，即按照预先设计的一套程序，通过对若干有经验的专家（决策者）的调查获得权重分布信息，经过分析人员的汇总、整理，然后将结果反馈给专家，多次反复，逐步缩小各种不同结果的偏差，从而获得最终权重结果的办法。

②其他方法。除广泛采用的专家法外，其他还有特征向量法、平方和法等。这些方法总体来看更侧重于对所收集信息的处理计算。它们要在对问题目标重要性两两排序的调查基础上，对这种两两比较的结果进行处理。具体计算的思路类似于下面的层次分析法，实际上，层次分析法本身就可用来确定权重系数。

7.2.1.3 评价结果的确定

V_i 表达了任一备选方案在多个目标下的综合评价结果，通过 V_i 的大小比较即可对备选方案进行选择决策。V_i 的确定主要是根据每一方案对全部目标的贡献（属性值 V_{ij}）和各目标间的相对重要性（W_j），构造或选择一种相应的算法求得。最简单的算法是加性加权法，其计算过程的一般形式见式（7-6）。

$$V_i = \sum_j^n W_j Z_{ij} \tag{7-6}$$

式中：W_j——目标 j 的权重系数；

Z_{ij}——方案 i 在目标 j 下的属性规范值。

这里需注意，Z_{ij} 的计算需和 V_i 的排序规则相匹配。若是按 V_i 最大进行方案的优劣排序，当目标中既含越大越好也含越小越好两种类型的目标时，在对属性值规范化时必须注意采用相宜的方法，使其最优值都统一为 1，以便进行比较。

此外，确定 V_i 还有其他对属性进行综合的算法，如乘积的方法。各种算法的使用应根据具体条件加以选择。

7.2.2 层次分析法

7.2.2.1 概述

层次分析法是运筹学家 Satty 于 20 世纪 70 年代提出来的一种决策评估方法，也是实际决策项目中应用最广泛的方法。它采用层次结构的形式来描述复杂的决策问题，通过两两对比的方式将定性问题定量化。客观赋权法采用定量分析的方法，分析评价指标间的相关关系来对各评价指标的相对重要程度进行度量。它适用于结构比较复杂、目标较多且不宜量化的决策问题。由于该方法思路简单，运算方便，能够与人们的价值判断推理相结合，使其得到迅速广泛的应用。

层次分析法解决问题的基本步骤如下：

①明确问题，建立目标、备选方案等要素构成的层次分析结构模型。

②对隶属同一级的要素，根据评价尺度建立判断矩阵。

③根据判断矩阵，计算确定各要素的相对重要程度。

④计算综合重要度，确定评价方案的优先顺序，提供决策支持。

7.2.2.2 层次分析法简介

①建立层次分析结构模型。运用层次分析法进行决策分析，首要工作是建立所分析问题的多层次结构模型，即根据具体决策问题的性质和要求，将问题的总目标及备选方案正确合理地进行层次划分，确定各层要素组成。一般，层次结构模型中最上层表示决策问题的目的或总目标，中间层次多为由目的或总目标分解的具体子目标，或实现预定目标的策略约束、准则指标等；底层为决策问题的备选方案，或相应的评价对象。

②建立判断矩阵。判断矩阵是指相对于层次结构模型中某一要素，由其隶属要素两两比较的结果构成的矩阵，它是应用层次分析法的基础，也是进行相对重要度计算的重要依据。层次分析法要求按层次结构模型自上而下逐层建立判断矩阵，例如，对任一层次的某个要素 C 及其隶属的几个要素 A_1, A_2, $\cdots$, A_n，以 C 为评价目标，进行 A_1, A_2, $\cdots$, A_n 重要性的两两比较，所得判断矩阵见表 7-2。

表 7-2　判断矩阵

C	A_1	A_2	$\cdots$	A_j	$\cdots$	A_n
A_1	a_{11}	a_{12}	$\cdots$	a_{1j}	$\cdots$	a_{1n}
A_2	a_{21}	a_{22}	$\cdots$	a_{2j}	$\cdots$	a_{2n}
$\vdots$	$\vdots$	$\vdots$		$\vdots$		$\vdots$
A_i	a_{i1}	a_{i2}	$\cdots$	a_{ij}	$\cdots$	a_{in}
$\vdots$	$\vdots$	$\vdots$		$\vdots$		$\vdots$
A_n	a_{n1}	a_{n2}	$\cdots$	a_{nj}	$\cdots$	a_{nn}

判断矩阵中元素 a_{ij} 代表要素 A_i 与 A_j 就评价目标 C 而言的相对重要程度值，假定 W_i、W_j 分别为 A_i 和 A_j 在 C 下的权重，则 a_{ij} 可看成 W_i 与 W_j 的比值，即

$$a_{ij} = \frac{W_i}{W_j} \tag{7-7}$$

一般，对任意两个要素 A_i、A_j 进行两两比较，确定相对重要性时，所依据的分级评价准则可按表 7-3 定义判断：

表 7-3　分级评价准则

评价尺度	评价准则定义
1	A_i 和 A_j 同等重要
3	A_i 比 A_j 略微重要
5	A_i 比 A_j 明显重要

评价尺度	评价准则定义
7	A_i 比 A_j 特别重要
9	A_i 比 A_j 极其重要
2、4、6、8	介于上述相邻评价准则的中间状态

由表可知，若 A_i 与 A_j 同等重要，则

$$a_{ij} = \frac{W_i}{W_j} = 1 \tag{7-8}$$

若 A_i 比 A_j 明显重要，则

$$a_{ij} = \frac{W_i}{W_j} = 5 \tag{7-9}$$

反之，A_j 比 A_i 明显重要，则

$$a_{ij} = \frac{W_i}{W_j} = \frac{1}{a_{ij}} = \frac{1}{5} \tag{7-10}$$

③单要素下的权重排序。在判断矩阵基础上，就可计算一组要素，A_i，A_2，…，A_n 关于其上层某要素 C_j 的重要程度排序，即权重 W_i（$i=1$，2，…，n）。根据矩阵理论，W_i 正是其判断矩阵最大非零特征根对应的特征向量分量，这可采用矩阵特征向量数值方法计算，如常见的方根法或和积法。

例如方根法计算过程见式（7-11），式（7-12）和式（7-13）。

$$W_i' = \left(\prod\nolimits_{j=1}^{m} a_{ij} \right)^{\frac{1}{m}} \tag{7-11}$$

$$W' = \sum\nolimits_{j=1}^{m} W_j' \tag{7-12}$$

$$W_i = W_i' / W' \tag{7-13}$$

多数情况下，对要素 A_i 与 A_j 的比较结果 a_{ij} 只能是对客观事物的近似判断估计。如果这种判断存在偏差，将会导致判断矩阵的特征值计算出现的偏差，即权重 W_i 的偏差。因此，只有判断矩阵满足一定条件，才可认为权重计算较好地反映了对评价对象的认识。对判断矩阵进行的检验称为一致性检验，一致性检验的指标可按式（7-14）计算。

$$CI = \frac{\lambda_{\max} - n}{n - 1} \tag{7-14}$$

式中：$\lambda_{\max}$——判断矩阵的最大特征根，它可以根据 W_i 按式（7-15）计算。

$$\lambda_{\max} = \sum\nolimits_{i=1}^{n} \frac{(AW)_i}{nW_i} \tag{7-15}$$

式中：$(AW)_i$——判断矩阵与权重构成的向量的第 i 个分量。

一般情况下，若 $CI \leqslant 0.1$，即可认为判断矩阵所得到的 W_i 是可接受的，否则，应对判断矩阵进行调整。

④全要素下的综合权重排序。全要素下的权重排序是指以上一层所有要素为基础，下层各要素的相对优先排序。若已知某层要素为 C_1，C_2，…，C_m，该层各要素在其上层全

要素下的综合权重为 W_{a1}，W_{a2}，$\cdots$，W_{am}，其下层要素为 A_1，A_2，$\cdots$，A_n，各要素 A_i 在其上层某要素 C_j 下的权重为 W_{ij}（$i=1, 2, \cdots, n$），则对 C_1，C_2，$\cdots$，C_m 全部要素，A_1，A_2，$\cdots$，A_n 的综合权重分布见式（7-16）。

$$\sum_{j=1}^{m} W_{a_j} W_{1j}, \ \sum_{j=1}^{m} W_{a_j} W_{2j}, \ \cdots, \ \sum_{j=1}^{m} W_{a_j} W_{nj} \tag{7-16}$$

全要素下的综合权重计算过程是由最高层到最底层逐层进行的。其最终结果就是全部备选方案实现预定目标的优先序估计。类似地，对于综合排序结果同样也需要进行一致性检验。

层次分析法的关键在于判断矩阵的建立，为了获得合理的比较判断结果，可结合专家调查法进行。

在过去 20 年中，国内外学者对层次分析进行了非常深入和广泛的研究，并针对其中存在的问题进行了许多改进和变形。层次分析法由于其易于理解，已经被应用于不同的决策问题，如资源分配、武器控制、物料采购、人力资源选择、项目选择、市场营销、投资组合选择、模型选择等。

7.2.3　PROMETHEE 法

PROMETHEE 法是 Preference Ranking Organisation Method for Enrichment of Evaluations 的简称。Brans 等于 1982 年提出了 PROMETHEE-I 和 PROMETHEE-II 多目标决策算法。PROMETHEE 通过使用两两比较和定义级别高于关系来选择最佳方案。具体而言，PROMETHEE 方法计算各方案效用的流入量、流出量及净流量，并以此帮助决策者作出最后的选择。其中流出量表示一个方案优于方案集中其他方案的程度，而流入量则反映其他方案优于该方案的程度。PROMETHEE-I 只能得到方案集 X 上的偏序，而 PROMETHEE-II 方案则可以提供方案集上的完全序。PROMETHEE-II 排名是以流入量和流出量之差，即净流量为基础对方案集进行评价比较的。方案的净流量越大，其综合效用也就越高。PROMETHEE 最新发布的版本是 PROMETHEE-V，但是 PROMETHEE-II 是最常用的版本，因为其方法容易理解和便于实施。

PROMETHEE 优先函数的本质是描述属性值与目标达到程度的关系。即使为同一类型的评价属性，如效益型属性，不同的属性值与方案优劣之间的关系仍相当复杂。因此有必要根据目标与属性值的特点，选择适当的评价准则，确定相应的优先函数。从功能上来讲，PROMETHEE 方法在各个属性上定义的优先函数相当于数据或决策矩阵在每个决策属性上的标准化。PROMETHEE 方法定义了六种评价准则：常用准则（usual criterion）、拟准则（quasi-criterion）、具有线性优先关系的准则（criterion with linear preference）、分级准则（level-criterion）、具有无差异区间的线性优先关系准则（criterion with linear preference and indifference area）和高斯准则（Gaussian criterion）。PROMETHEE 方法的计算步骤如下。

①确定每个指标的优先函数，优先函数的概念就是在指标 f_i 下，对象 A_i 优于另一个对象 A_r 的程度，其形式如下。

效益型指标，见式（7-17）。

$$P_j(d_{ir}) \atop (0 \leqslant P_j \leqslant 1) = \begin{cases} 0 & if(d_{ir} < 0) \\ F(d_{ir}) & if(d_{ir} \geqslant 0) \end{cases} \tag{7-17}$$

成本型指标，见式（7-18）。

$$P_j(d_{ir}) \atop (0 \leqslant P_j \leqslant 1) = \begin{cases} 0 & if(-d_{ir} < 0) \\ F(d_{ir}) & if(-d_{ir} \geqslant 0) \end{cases} \tag{7-18}$$

式中：$d_{ir} = x_{ij} - x_{rj}$（$i, r = 1, 2, \cdots, m$；$j = 1, 2, \cdots, n$）；

F——决策者根据自身的偏好结合实际要求为每个指标选择的优先函数，一般从 Brans 推荐的六种优先函数中选择。

②确定评价指标的相对权重，确定指标权重 $W = (w_1, w_2, \cdots, w_n)$，$w_i$（$1, 2, \cdots, n$）表示指标 i 的相对重要性度量。

③确定优先性指数，见式（7-19）。

$$\pi(A_i, A_r) = \sum_{j=1}^{n} w_j P_j(d_{ir}) \ (i, r = 1, 2, \cdots, n) \tag{7-19}$$

式中：$\pi(A_i, A_r)$——决策者同时考虑所有指标时，对方案 i 与方案 r 的优先强度的描述。

④确定每个备选方案的流出量，见式（7-20）。

$$\varphi^+(A_i) = \frac{1}{m-1} \sum_{r=1}^{m} \pi(A_i, A_r) \tag{7-20}$$

式中：$\varphi^+(A_i)$——对象 A_i 的流出量，即表示其级别优于其他对象的可能性。一般而言，其值越大，该对象的优势也就越显著。

⑤确定每个备选方案的流入量，见式（7-21）。

$$\varphi^-(A_i) = \frac{1}{m-1} \sum_{r=1}^{m} \pi(A_r, A_i) \tag{7-21}$$

式中：$\varphi^-(A_i)$——方案 A_i 的流入量，即表示其他对象级别优于 A_i 的可能性。相应的其值越小表示对象的优势越显著。

⑥计算各方案间的优先级关系。通过以上计算我们可以得到方案的流出量和流入量，运用 PROMETHEE-II 方法定义的规则可以得到方案间的完全优先关系，见式（7-22）。

$$\varphi(A_i) = \varphi^+(A_i) - \varphi^-(A_i) \tag{7-22}$$

PROMETHEE 法在处理多属性的排序问题时，效果非常好。该方法在银行业、工业区位、统筹规划、水资源、投资、医药、化学、医疗、旅游等的应用都得到了比较好的结果。在工业区位的划分中，该方法可以很好地辅助决策者评估项目；在统筹规划中，该方法可以很好地辅助决策者合理的配置资源；在水资源与水环境综合管理规划中，该方法可以很好地辅助决策者来评估自己方案的有效性。在政府推动的一些动态管理等领域中，该方法也都取得了巨大的成功。这些成功都是基于 PROMETHEE 法的数学特性以及它在应用时优异的耦合性。

第二篇

技术指南

第 1 章　水资源与水环境综合管理规划概述

1.1　规划理念

　　水资源与水环境综合规划理念包括两层含义：①水资源与水环境综合规划要考虑两者之间相互影响的关系。从供水来说，由于不同用户对水质的要求不同，所以水资源配置需要综合考虑用户要求和水体水质条件，实现分质供水、优水优用。而要达到水体水质要求，污染物排放应该按照水体水质要求进行严格控制，确保水质安全。从污染控制来说，一方面需要根据不同水体对水质的要求，按照环境容量大小进行削减，实现目标总量控制基础上的达标排放；另一方面，在水资源配置过程中要考虑生态用水，留足环境容量（安全余量），以使得污染削减的代价切实可行。这两方面需综合考虑，找到最佳平衡点。②水资源规划与水环境规划要基于水循环与污染迁移转化过程。水循环和伴随水循环的污染物迁移转化过程密不可分，这是水资源具有量和质双重属性的基础，也是水资源与水环境综合规划的基础。因此，只有在充分分析水循环过程与污染物迁移转化过程的基础上，才能保证水资源与水环境规划的科学性。

1.2　规划原则

　　水资源与水环境的开发、利用、治理、配置、节约和保护等活动，应以水资源的可持续性、高效性、公平性和系统性为原则进行科学综合规划。

　　（1）可持续性原则

　　区域发展模式要适应当地水资源条件，水资源开发利用必须保证区域的耗水平衡和水生态平衡，实现水资源的可持续利用。

　　（2）高效性原则

　　通过采取各种措施增加生活、生产和生态过程的水量并提高其有效程度，增加对降水的直接利用；减少水资源转化过程和用水过程中的无效蒸发，提高水资源利用效率及效益，增加单位供水量对农作物、工业生产和 GDP 的产出；减少水污染，增加有效水资源量，特定水质等级的水只能用于符合供水标准的用途。

　　（3）公平性原则

　　加强地区之间、近期和远期之间、用水目标之间、用水人群之间水量和水环境容量的公平分配。

（4）系统性原则

统一分配地表水和地下水、当地水和过境水、原生性水资源和再生性水资源、降水性水资源和径流性水资源，不仅要将耗水平衡和水环境容量平衡联系起来，还要将区域内的水资源循环转化过程和国民经济用水的供、用、耗、排过程联系起来，用系统的原则来指导水资源的合理利用。

1.3 规划思路与技术路线

规划编制主要采取自上而下和自下而上的方法，通过调查、分析区域的水资源、水环境现状及水管理状况，确定节水、减污的具体目标指标，提出相应的政策、管理措施，并通过情景模拟，分析政策措施的合理性，最终确定适宜的规划方案，为建立水资源与水环境综合管理体制与机制、实现区域水资源与水环境的可持续发展利用奠定基础。规划编制主要包括信息采集现状分析、趋势情景预测分析、规划目标确定、模型构建、方案制定与方案优选、确定重点项目、规划实施效益分析、制定保障措施、规划实施九个步骤。

（1）现状分析

开展区域自然社会经济调查、水资源量调查、用水和耗水（ET）调查、水生态调查、污染源和水质调查，评价分析水资源和水环境状况以及存在的问题。

（2）趋势情景预测分析

根据现状分析的结果，结合相关规划，设定不同的情景，运用对应的方法，对水资源与水环境情况进行预测并进行趋势分析。

（3）规划目标确定

根据现状分析和预测结果，初步确定区域的水资源和水环境综合管理目标，并明确现状与目标之间的差距，规划目标要求具备确定性、定量性、可行性、相关性和时效性，包括建立区域水资源水环境综合管理机制目标，水环境质量目标，满足水体纳污能力的污染物总量控制目标，满足生产、生活和生态用水要求的地表水可利用量，地下水实现零超采、节水与 ET 目标。

（4）构建规划模型

利用水资源与水环境综合管理规划模型，根据基于 ET 的水资源与水环境综合规划的原则、目标要求，构建体现基于 ET 的水资源规划理念和水资源与水环境综合规划理念的规划模型，提出基于水循环与污染迁移转化动态耦合模拟基础上的决策思路。

（5）方案制定与方案优选

根据区域的社会经济发展状况以及水资源和水环境保护技术水平，制定工业节水与污染控制方案集、生活节水与污染控制方案集、畜禽养殖节水与污染控制方案集、农业节水控制方案集、地下水开采控制方案集、河道综合整治方案集，综合形成备选的规划方案集。利用规划模型和多目标决策方法，在情景模拟的基础上，根据基于 ET 水资源与水环境综合规划的原则和规划目标，对各种备选方案进行比选，提出各方都满意的推荐方案。

（6）规划重点项目

根据规划方案，提出进行水资源与水环境综合管理的重点工程项目和资金需求。

（7）规划实施效益分析

根据规划方案和工程项目，结合规划目标，从经济、社会、环境等角度分别说明规划实施后对区域的发展带来的效益。

（8）保障措施

从规划实施管理、机构能力建设、政策制度安排、资金筹集方式、公众参与、动态监测与评估等方面说明确保规划顺利实施的保障措施。

（9）规划实施

规划编制完成后，征求当地相关部门和下一级行政区政府意见以及公众意见后，提交政府并获得最终的批准。

规划技术路线图如图 1-1 所示：

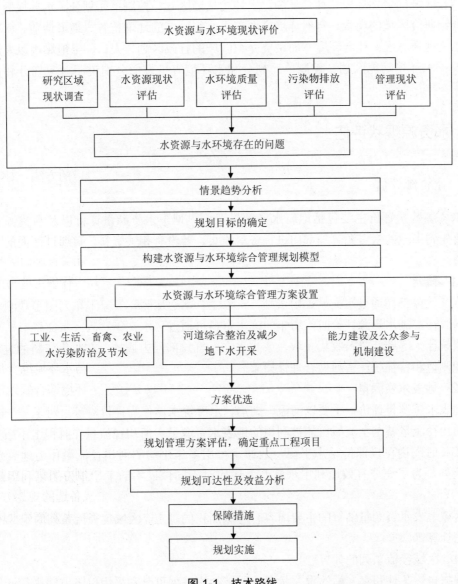

图 1-1 技术路线

第2章 水资源与水环境现状综合评估方法

2.1 现状调查

结合区域的自然环境、社会环境、水环境功能区划、控制单元划分、水环境容量五个方面介绍研究区域的现状。自然环境方面着重介绍区域的地理位置、地形地貌、气候条件以及水文地质状况；社会环境方面主要介绍区域的行政区划、人口、土地利用以及经济发展状况；水环境功能区划、控制单元划分和水环境容量方面分别说明对应划分和核算结果。

2.2 水资源现状评估

2.2.1 水资源评估

水资源数量评价主要包括地表水资源量评价、地下水资源量评价以及水资源总量评价。首先到当地的水资源管理部门进行资料收集，若没有相关资料，可通过下面的方法进行计算。

2.2.1.1 降水

水文气象部门通过水文站、雨量站、气象站、雷达探测、气象卫星云图等观测获取降水资料。在实施水资源评价时，历年的降水资料可通过《水文年鉴》、《水文资料》、《水文特征值统计》等统计资料收集获取，或到水文、气象部门去摘抄。在收集资料的过程中，要对观测值和特征统计资料做合理性检验。

2.2.1.2 地表水资源量

地表水资源量评价，主要以河流、湖泊、水库等水体作为评价对象。对于一个流域来说，河川径流量就是全流域可能被利用的地表水资源量。河川径流量在时程上不断变化，但在较长时间内可以保持动态平衡，故通常可用多年平均的河川径流量作为地表水资源量。此外，为了充分有效地利用水资源，还应对不同保证率的干旱年份的可利用量做出评价。

区域地表水资源量估算的主要内容有区域面积的确定、区域年径流系列的组成及统计参数的计算等。

（1）区域径流系列的计算

根据自然条件和水文站的设置状况，区域径流系列可分别采用以下方法进行计算：

①区域内河流上、下游的自然地理条件较一致，且有一个或几个代表性较好的水文站控制本区域的大部分面积，可按面积比求出历年的年径流量，组成径流量系列。

②区域内仅有一个控制站，其上游与下游的降水量相差较大，但下垫面却相差不大，可采用代表站法来计算区域的年径流量。

③区域内的水文站控制面积很小，或区域由几个独立的水系组成，且仅个别水系有水文站时，可采用年降水—径流函数关系法，由历年的降水量推算出历年的径流量。

④区域内无控制站，降水资料也缺乏时，可先采用等值线法，根据年径流量均值等值线查算得到区域的均值，然后再在邻近地区寻找有实测径流资料的相似流域，用均值比法修正相似流域的历年径流量系列，再移到无资料区域，作为本区域的径流量系列。

（2）山丘区的地表水资源量计算

在天然条件下，山丘区的河川径流量通常就是水资源总量（此指闭合流域），地表水资源量即地表径流量。

将历年的河川径流过程分割为地表径流 R_s 和地下径流 R_g，便得到 R_s 和 R_g 两个系列，分别对径流量 R、地表径流量 R_s、地下径流量 R_g 和降水量 P 进行统计分析，并求出 $R{\sim}P$、$R_s{\sim}P$、$R_g{\sim}P$ 的统计关系曲线及相应参数，由此可推求各种频率下的水资源总量、地表水资源量和地下水资源量。

（3）平原区的地表水资源量计算

在天然条件下，平原区的地表水资源量也可用地表径流量来表示。但由于平原区水资源开发利用活动剧烈且水资源转化频繁，因此平原区的水资源量计算比较复杂。

在水资源转化强烈的地区，地表水以河渠渗漏、田间渗漏的形式转化为地下水，同时还有地下水向河川径流的补给。因此，水资源总量计算公式见式（2-1）。

$$W = R_s' + P_g' \tag{2-1}$$

式中：R_s'——扣除渗漏量后的地表径流量；

　　　　P_g'——地下水得到的总补给量。

其中地下水得到的补给总量包括降水入渗补给量 P_g、地表水体（指河道、湖泊、水库等）的渗漏补给量 $Q_水$、渠系渗漏补给量 $Q_渠$ 和田间渗漏补给量 $Q_田$。

故水资源总量可转化为式（2-2）。

$$W = R_s' + P_g + Q_水 + Q_渠 + Q_田 \tag{2-2}$$

（4）计算单元的水资源量分析

对于区域内某一计算单元来说，其上端接受上一个计算单元的输入，下端又向下一个计算单元输出，因此本单元的水资源量是由本地产水量和客水两部分组成。

客水一般指流入本单元的非本地产生的河川径流。客水的共同特征是全部是由计算单元外的区域降水所形成的产水量，对客水的分析就是对上游河川径流的分析估算。客水在上游水资源量估算时已经计入，在估算本单元水资源量时不再计入，但在进行水资源供需分析时，可考虑作为可利用的水资源。

本地产水量的分析，因没有独立的单元流量过程线，故不能采用以上介绍的方法。从理论上讲，将每年的下断面径流量减去上断面径流量，得到计算单元的径流量系列，即可按前述方法作频率分析，但误差很大。

在平原区的计算单元中，水文比拟法是主要的分析工具。在本单元内或邻近地区，寻找代表流域或水平衡计算单元，分析流域模型的结构和参数，建立水文模型；或者分析降水—径流关系、河渠渗漏经验公式等，把它们移用到该计算单元。

（5）区域水资源量的汇总

通常在进行水资源评价时，先估算出最上游的各计算单元和区间的水资源量，再向高一级水资源分区汇总，即分析估算更大区域的水资源量，最后汇总到各水资源一级分区。

2.2.1.3　地下水资源量

地下水资源量评价，主要从地下水的补给量、储存量、可开采量三方面进行评价。评价方法是根据水文地质条件，划分水文地质单元，对各项补给量、排泄量进行水量平衡计算。

目前，常用的地下水研究方法有水量平衡法、相关分析法、数值法等。在实际应用中，应根据研究区的水文地质条件、技术条件等选择合适的评价方法。

（1）水量平衡法

水量平衡法，又称水均衡法，是根据水量平衡原理来计算地下水开采量和水位变化的方法。根据水量平衡原理，对于一个平衡区（或水文地质单元）的含水层组来说，地下水在补给和消耗的动态平衡过程中，任一时段补给量和消耗量之差，等于该时段内单元含水层储存水量的变化量。

若把地下水的开采量作为消耗量考虑，可建立开采条件下的水量平衡方程，见式（2-3）和式（2-4）（该方程适用于潜水含水层）。

$$(Q_k - Q_c) + (W - Q_w) = \pm \mu F \frac{\Delta H}{\Delta t} \tag{2-3}$$

$$W = P_g + Q_渠 + Q_田 + Q_e + Q_水 - E_g \tag{2-4}$$

式中：Q_k——侧向补给量，m^3/a；

Q_c——侧向排泄量，m^3/a；

W——垂向补给量，m^3/a；

Q_w——开采量，m^3/a；

P_g——降水入渗补给量，m^3/a；

$Q_渠$——渠系渗漏补给量，m^3/a；

$Q_田$——田间渗漏补给量，m^3/a；

Q_e——越流补给量，m^3/a；

$Q_水$——地表水体（指河道、湖泊、水库等）渗漏补给量，m^3/a；

E_g——潜水蒸发量，m^3/a；

μ——含水层的给水度；

F——平衡区的面积，m^2；

Δt——平衡时段，a；

ΔH——Δt 时段内的水位变幅，m。

若在平衡期确定了允许的地下水位变幅值后，水量平衡方程可写成预测开采量的公式（假设是在开采过程中，则 ΔH 为负值），即式（2-5）。

$$Q_w = (Q_k - Q_c) + W + \mu F \frac{\Delta H}{\Delta t} \tag{2-5}$$

若在平衡期确定了允许开采量，可利用水量平衡方程计算地下水位变幅，即式（2-6）。

$$\Delta H = \frac{\Delta t}{\mu F}[(Q_k - Q_c) + (W - Q_w)] \tag{2-6}$$

根据以上原理，可分析出评价区在一定时段内地下水的补给量、排泄量及地下水位升降等要素，可以在此基础上评价地下水资源的盈亏和开采的合理程度。

（2）相关分析法

相关分析法也称回归分析法，是根据开采地下水的历史资料或不同水位降深的抽水试验资料，用数理统计的方法找出开采量与降深或其他自变量之间的相关关系，并依据这种相关关系外推来预测开采量的一种方法。

在地下水开采过程中，开采量与降深、开采时间、开采面积及水文气象等因素有关。开采量与这些影响因素之间的关系一般有函数关系、没关系和近似关系三种。前两种关系分别称为完全相关和零相关，是相关分析中的两种极限关系，而第三种介于前两种关系之间，称为统计相关。

（3）数值法

在地下水资源评价中常用的数值方法有两种，即有限差分法和有限单元法。

两者有许多相似之处，如都要对评价区进行空间剖分，将其分为若干网格（方形、矩形或三角形）；都要写出单元网格的地下水动力学偏微分方程，将地下水动力学方程线性化，得出线性方程组，再联立求解线性方程组。

所不同的是在网格剖分及偏微分方程线性化方法上有所差别。

2.2.1.4 水资源总量

在水资源总量计算中，由于地表水和地下水相互联系和相互转化，使河川径流量中包含了一部分地下水排泄量，而地下水补给量中又有一部分来自于地表水体的入渗，故不能将地表水资源量和地下水资源量直接相加作为水资源总量，而应扣除两者之间相互转化的重复水量，即式（2-7）。

$$W = R + Q - D \tag{2-7}$$

式中：W——水资源总量；

R——地表水资源量；

Q——地下水资源量；

D——地表水和地下水相互转化的重复水量。

2.2.2 水资源开发利用现状调查与评估

结合统计资料，调查总用水量及其组成，包括生活、生产和生态用水量等；针对地下水的不同埋藏深度,调查分析浅层、中层和深层地下水的开采量以及地下水的超采区分布。

根据调查结果,评估区域的水资源利用状况和地下水超采状况,分析存在的问题。

2.2.3 水资源现状耗水平衡分析

2.2.3.1 地面监测 ET 技术

（1）水面蒸发

影响水面蒸发的因素主要有两类:一是气象因素,如气压、温度、风速、湿度、降水等;二是自然地理因素,如水质、水深、水面和地形等因素。

水面蒸发量的计算方法主要有三种。

①器测法——利用蒸发器直接测量出水面蒸发量。蒸发器的类型可分为埋入式、地面式、漂浮式和大型蒸发池等几类。

器测法计算公式见式（2-8）。

$$E_{器} = P - \Delta W \qquad (2-8)$$

式中：$E_{器}$——器测蒸发量,mm;

$\quad P$——降水量,mm;

$\quad \Delta W$——器内水位差,mm。

由于蒸发器受地方环境影响和气候影响,观测的蒸发量与实际水面蒸发量并不一致,需要经过修正才能代表天然水体的蒸发量,其修正公式见式（2-9）。

$$E_{水} = K E_{器} \qquad (2-9)$$

式中：$E_{水}$——水面蒸发量,mm;

$\quad K$——折算系数。

②水量平衡法—— 一般只用于较长时段计算。对于任何水休,在任意时段内都有水量平衡方程式见式（2-10）。

$$E = I + P - O - F - \Delta W \qquad (2-10)$$

式中：E——蒸发量,mm;

$\quad I$——入流量,mm;

$\quad P$——降水量,mm;

$\quad O$——出流量,mm;

$\quad F$——渗漏量,mm;

$\quad \Delta W$——蓄水变化量,mm。

③水气输送法。假设一个稳定的、均匀的并且是紊动的气流越过无限的自由水面,可以认为流态仅沿垂直方向变化（至少在靠近水面处）,则水汽输送量（单位时间通过单位面积的水汽量）和水汽含量在输送方向上的梯度有关。

关系式见式（2-11）。

$$E' = -\rho K_w \frac{dq}{dz} \qquad (2\text{-}11)$$

式中：E'——水汽垂直通量（即水面蒸发率），g/（cm^2·s）；

ρ——湿空气密度，g/cm^3；

q——比湿，g/g；

z——水面垂直向上的距离，cm；

K_w——水汽紊动扩散系数，cm^2/s。

根据气象动力学原理对该式进行推导，可得出水汽通量法的基本公式，见式（2-12）。

$$E' = 0.622 \frac{K_w \rho v^2}{K_m P} \times \frac{e_1 - e_2}{u_2 - u_1} \qquad (2\text{-}12)$$

式中：E'——水汽垂直通量（即水面蒸发率），g/（cm^2·s）；

v——风的剪切速度，cm/s；

K_m——紊动黏滞系数，cm^2/s；

P——环境大气压，hPa；

e_1、e_2——高程 z_1、z_2 处的水汽压，hPa；

u_1、u_2——高程 z_1、z_2 处的风速，cm/s。

（2）土壤蒸发

土壤蒸发取决于两个条件，一是土壤蒸发能力，二是土壤的供水条件。

影响土壤蒸发能力的因素是一系列气象因子，如温度、湿度、风速等；影响土壤供水条件的因素有土壤含水量、土壤孔隙性、地下水位的高低和温度、梯度等。

土壤蒸发量常用的计算方法有两种。

①经验公式法。根据空气动力方程建立的经验公式，见式（2-13）。

$$E_\pm = K_s(e'_s - e_a) \qquad (2\text{-}13)$$

式中：$E_\pm$——土壤蒸发量；

K_s——质量交换系数（反映气温、湿度、风等外界条件）；

e'_s——土壤表面水汽压。当表土饱和时，e'_s 就等于饱和水汽压 e_s；

e_a——大气水汽压。

②器测法。目前，我国常用的仪器面积为 500 cm^2 的 ГГИ-500 型土壤蒸发器。一定时段内的土壤蒸发量，可由式（2-14）计算。

$$E_\pm = 0.02(G_1 - G_2) - (R + F) + P \qquad (2\text{-}14)$$

式中：$E_\pm$——土壤蒸发量；

R——径流量；

F——渗漏量；

P——降水量；

G_1、G_2——前后两次筒内土样的重量。

公式中系数 0.02 为土壤蒸发器（面积为 500 cm^2）的蒸发量换算系数。

（3）植物蒸腾

植物蒸腾是植物根系从土壤中吸收水分，通过叶面、枝干蒸发到大气中的一种生理过程，其观测往往是在一个生长植物的容器内进行，测量时将土壤表面密封以防止土壤蒸发损失水分，通过定时对植物及容器进行称重，来测定各个时段植物的蒸发量。但是常常与土壤蒸发一起计算。

（4）流域总蒸发量

流域内的总蒸发包括水面、土壤、植被和其他方面的蒸发和蒸腾。

一个地区只要气候条件一致，水面蒸发将大致相同，而土壤蒸发、植物蒸腾和其他方面的蒸发则受土壤条件及植被状况的影响。

2.2.3.2　遥感监测 ET 技术

多光谱遥感和 ET 估算技术的研究和发展为遥感监测 ET 奠定了基础，使利用卫星数据进行区域 ET 估算变得可行，并能与实际管理工作结合，使以 ET 为核心的水资源管理理念成为现实。遥感监测 ET 与传统地面观测 ET 相比有较大的优势，观测周期短，相对传统方法更加快捷；具有空间上的连续性，适合大范围观测；以遥感数据为基础，不受观测区域外界条件的影响，而且具有一定的客观性。

（1）遥感监测 ET 技术的方法

ET 数据的生产主要是利用遥感、气象等数据，通过模型计算得出 ET 的过程，包括遥感数据的预处理、气象数据的预处理、模型分析计算和汇总等过程。生产出的 ET 产品包括不同分辨率 ET 数据、土壤含水量数据、作物干物质量数据以及作物结构和土地利用数据等。这些数据具有空间上连续和时间上动态变化的特点，能够表达蒸散量的时空分布与变化，这是遥感监测 ET 与传统方法的主要区别。

可用作 ET 监测的卫星数据包括同步气象卫星数据、极轨气象卫星数据、陆地资源卫星数据等，不同特性卫星数据可监测的 ET 尺度也不同。目前，较常用的卫星数据包括 LANDSAT7 卫星的 ETM 数据以及 MODIS 数据。气象数据包括气温、湿度、风速、大气压和日照时数等。

（2）遥感监测 ET 数据的验证

ET 数据验证是 ET 数据生产的重要环节，是提高 ET 数据生产精度的重要手段。遥感 ET 数据的验证方式，包括独立地面验证、野外调查验证以及传统地面监测数据验证。

独立地面验证主要是建设地面观测站点，利用大孔径闪烁仪（LAS）等设备，获取一定时间内的系列观测数据，并通过分析对比进行验证。野外验证即进行野外现场调查，验证土地利用、作物种植结构和长势等情况。ET 数据的验证还可利用灌溉试验站的历史存档数据和田间观测试验资料等进行。ET 数据的验证是分析和降低 ET 数据生产误差的重要手段。

（3）遥感监测 ET 数据的生产

生产 ET 数据基础资料，主要有：①遥感数据，包括 30 m 分辨率 LANDSAT TM 遥感数据。②气象数据，包括气温、空气温度、大气压、能见度、风速、太阳辐射以及气象测站的位置及名称等。

ET 成果数据：30 m 分辨率 ET 数据，包括年实际蒸散统计结果、月实际蒸散统计结果、典型土地利用的实际蒸散统计结果。

土壤含水量和生物量数据：30 m 分辨率的土壤含水量数据，30 m 分辨率的生物量数据，30 m 分辨率的主要作物产量数据。

土地利用和作物结构数据：30 m 分辨率的土地利用和作物种植结构图。

2.2.3.3 目标 ET 计算

目标 ET 是在满足区域社会经济和生态环境可持续发展条件下，从水平衡的角度区域所能允许消耗的最大 ET。就是在满足河道生态、下游用水要求，以及保证区域内地下水不超采的条件下，区域所能消耗的最大 ET，计算公式见式（2-15）。

$$ET_可 = P + I + Q_外 - Q_出 \qquad (2-15)$$

式中：P——研究区域降水量；

I——流入区域的水量，包括外区域流经本地区的地表径流及地下渗流；

$Q_外$——区外调入水量；

$Q_出$——出流量（河道生态基流量）；

$ET_可$——区域的可消耗水量。

2.2.3.4 耗水平衡分析

按不同土地利用类型，ET 的构成可分为工业生活 ET、农业 ET、非农业用地 ET、水面 ET 和生态 ET。其中工业生活 ET 主要是指在生产和生活中的耗水量；农业 ET 主要包括水田、水浇田和望天田等的 ET；非农业 ET 主要包括沙地、盐碱地、河滩地、裸地、沙漠、工业用地、生活用地等，没有被农业利用、生态价值可以忽略的土地，不包括生态、水面的耗水量。

工业 ET 和生活 ET 可由工业、生活用水总量乘以各自的耗水系数计算得到。农业 ET、非农业用地 ET、水面 ET 和生态 ET 是由现状年的监测 ET 得到。根据计算结果，对比现状年目标 ET 和实际 ET，分析存在问题。

2.2.4 节水状况分析

根据种植制度和种植结构现状、灌溉制度现状以及输水渠道现状分析农业节水情况；根据耗水产业现状分析工业节水情况；结合水源井、供水管网现状，分析生活节水情况；根据区域畜牧业养殖状况分析畜禽节水情况。

2.3 水环境质量现状评估

结合地表水的监测资料和水质评价标准，对各水质监测断面进行现状评价；结合地下水的监测资料和水质评价标准，对地下水水质进行现状评价。

2.3.1 执行标准

河流、湖库水质评价采用《地表水环境质量标准》（GB 3838—2002）和环境功能区划水质目标进行评价；地下水环境质量评价采用《地下水质量标准》GB/T 14848—93 Ⅲ类水质。

2.3.2　数据统计方法

地表水根据监测断面的属性，统计各监测断面各项污染物的年均浓度，按照年均值进行单因子水质类别判断；按照河流统计各项污染物的年均值浓度范围及最高浓度值出现断面；统计辖区内所有断面各项污染物的年均值浓度范围及最高浓度值出现断面，年均值水质类别所占的百分比。

地下水根据监测点位的属性，统计不同埋深（浅层、中层、深层）各污染物的年平均值，统计所辖区域内全部测点的各污染物浓度年平均值及水质级别。

2.3.3　地表水环境质量评价方法

（1）单项因子评价

按《地表水环境质量标准》（GB 3838—2002）对参与评价的因子进行评价，统计评价区（或河流）内每项评价因子各水质类别占总断面数的百分比。

（2）综合评价

采用断面水质类别百分比法，对参与评价的各项因子，按照《地表水环境质量标准》（GB 3838—2002）进行水质类别判断，同一因子不同类别标准值相同时，从优不从劣。比较每一个因子的水质类别，取所有评价因子中的最大水质类别为该段面的水质类别。统计评价区（或河流）中各水质类别的断面数占河流所有评价断面总数的百分比来表征评价河流的水质状况。

2.3.4　地下水环境质量评价方法

地下水质量评价以地下水水质调查分析资料和水质监测资料为基础，按照《地下水质量标准》（GB/T 14848—93）所规定的评价方法，进行单项组分评价和综合评价。

（1）单项因子评价

按《地下水质量标准》（GB/T 14848—93）对参与评价的因子进行评价，同一因子不同类别标准值相同时，从优不从劣。统计评价区内每项评价因子各水质类别井位占总监测井位数的百分比。

（2）综合评价

按《地下水质量标准》（GB/T 14848—93）对参与评价的因子进行评价，比较每一个项目的水质级别，取所有监测项目中的最大水质级别作为该监测井位的地下水水质级别。统计评价区内各类别井位占总监测井位的百分比，来表征评价地下水水质状况。

（3）定性评价

①按照年均值划分各评价因子（不包括细菌学指标）所属质量类别，按表 2-1 规定分别确定各评价因子的评价分值 F_i。

表 2-1　地下水水质类别评分表

类别	I	II	III	IV	V
F_i	0	1	3	6	10

②按照《地下水质量标准》（GB/T 14848—93）计算综合评价分值 F。根据 F 值，按表 2-2 规定划分地下水质量级别，再将细菌学指标评价类别注在级别定名之后。如"优良（Ⅱ类）"、"较好（Ⅲ类）"。

表 2-2　地下水水质级别表

级别	优良	良好	较好	较差	极差
F	$F \leqslant 0.80$	$0.80 < F \leqslant 2.50$	$2.50 < F \leqslant 4.25$	$4.25 < F \leqslant 7.20$	$F > 7.20$

（4）区域地下水定性评价

计算评价区域内所有监测井位各评价因子的浓度年平均值。按《地下水质量标准》（GB/T 14848—93）确定评价区域各评价因子（不包括细菌学指标）的水质级别，根据定性评价规则，定性描述评价区域的地下水水质状况。

2.4　水环境污染物排放现状评估

结合工业污染源排放现状、重点行业污染物排放情况综合分析工业污染源排放情况；调查分析城镇生活污染源排放情况；根据畜禽养殖量现状、畜禽养殖业污染物排放现状综合分析畜禽养殖污染源排放情况。汇总工业污染源排放情况、城镇生活污染源排放情况和畜禽养殖污染源排放情况的数据，采用入河系数法估算主要污染源的污水入河量和对应污染物的入河量。

2.4.1　工业污水和污染物排放量

工业污水和污染物排放量采用排放系数法进行计算。本方法主要依据生产过程中的经验排放系数与产品产量，计算出污染物的排放量。计算公式见式（2-16）和式（2-17）。

$$Q_a = K_a \cdot W \tag{2-16}$$

$$Q_b = K_b \cdot W \tag{2-17}$$

式中：Q_a——某行业工业污水年排放量，t/a；

$\quad\quad Q_b$——某行业工业污染物年排放量，t/a；

$\quad\quad K_a$——某行业工业污水排放系数；

$\quad\quad K_b$——某行业工业污染物排放系数；

$\quad\quad W$——产品产量，t。

2.4.2　城镇生活污水和污染物排放量

城镇生活污水和污染物排放量采用排放系数法进行计算，计算公式见式（2-18）和式（2-19）。

$$Q_a = K_a \times W \times 365 \times 10^{-3} \tag{2-18}$$

$$Q_b = K_b \times W \times 365 \times 10^{-6} \qquad\qquad (2\text{-}19)$$

式中：Q_a——城镇生活污水年排放量，t/a；

$\quad\quad Q_b$——城镇生活污染物年排放量，t/a；

$\quad\quad K_a$——城镇生活污水排放系数，L/（人·d）；

$\quad\quad K_b$——城镇生活污染物排放系数，g/（人·d）；

$\quad\quad W$——城镇人口数，人。

2.4.3 畜禽养殖污水和污染物排放量

畜禽养殖污水和污染物排放量采用排放系数法进行计算，计算公式见式（2-20）和式（2-21）。

$$Q_a = P_a \cdot N \cdot t \qquad\qquad (2\text{-}20)$$

$$Q_b = P_b \cdot N \cdot t \qquad\qquad (2\text{-}21)$$

式中：Q_a——畜禽养殖污水年排放量，t/a；

$\quad\quad Q_b$——畜禽养殖污染物年排放量，t/a；

$\quad\quad N$——畜禽养殖数量，头（只、羽）；

$\quad\quad t$——养殖时间，d；

$\quad\quad P_a$——畜禽养殖污水日排放系数，t/[头（只、羽）·d]；

$\quad\quad P_b$——畜禽养殖污染物日排放系数，t/[头（只、羽）·d]。

2.4.4 污水和污染物入河量

污水和污染物入河量采用入河系数法计算，计算公式见式（2-22）和式（2-23）。

$$R_a = qQ_a \qquad\qquad (2\text{-}22)$$

$$R_b = qQ_b \qquad\qquad (2\text{-}23)$$

式中：R_a——污染源污水入河量，t；

$\quad\quad R_b$——污染源污染物入河量，t；

$\quad\quad q$——污染源入河系数；

$\quad\quad Q_a$——污染源污水产生量，t；

$\quad\quad Q_b$——污染源污染物产生量，t。

2.5 水资源与水环境管理现状评估

根据表 2-3，收集分析目前水资源与水环境管理的相关政策和机制，结合监测站网分布现状、政策法律法规建设及落实措施现状、取水许可证制度与水费征收办法、排污许可证制度、水资源与水环境管理机构及管理能力状况对水资源与水环境管理现状进行评估。

表2-3 水资源与水环境管理相关政策和机制

政策措施	描述	负责机构
技术标准		
水质标准	标准清单	负责制定标准、监测和报告的部门
污染物排放标准	标准清单	负责制定标准、监测和报告的部门
用水配额	含分配内容和适用对象的配额清单	负责制定标准、监测和报告的部门
水资源与水环境功能区划	列出功能区和区域分布图以及水质要求	负责制定和管理区域的部门
行政措施		
取水和排污政策、条例	相关政策和条例清单	负责制定政策、条例的部门
土地分配、合并和调整政策	描述决定土地个人分配、土地合并（基于市场的）政策	责任部门清单
水资源水环境发展规划	现有与IWEMP相关的计划清单 简要描述已有规划的目标和意义	责任部门清单
取水许可、凿井许可	取水证类型及取水单位（例如农民、市政、用水者协会）等 取水方式	负责登记、受理、发放和管理许可证、执行和监测实际取水量的部门
污水排放许可	排污证类型及排污单位 对排放许可的描述 与取水许可关系	负责登记、受理、发放和管理许可证、执行和监测实际排污量的部门
污染物排放许可	污染物排放许可证类型及排污单位 对污染物排放许可的描述	负责登记、受理、发放和管理许可证、执行和监测实际排污量的部门
水费收取标准、收费系统	①地表水使用 ②地下水使用 ③污染物排放的收费标准	负责定价和收取水费的部门。水费的使用途径（使用部门与使用目的）
规划的实施	明确相关管理部门的任务与职能 评估现有管理系统能否有效行使执行、监督、管理职责，并同时向规划编制单位提供技术支持	
用水者协会（WUA）	关于WUA在地区中情况的报告（数量、覆盖面、对农民的影响等 报告成就和存在问题 确定为实施IWEMP而需要加强WUA的地区（例如水权分配系统）	

第3章 水资源与水环境状况预测和趋势分析

3.1 社会经济发展主要参数预测

3.1.1 GDP预测

根据规划基准年的GDP和相关规划确定的规划基准年到规划水平年的年均GDP增长率，运用增长率法预测规划水平年的GDP，具体计算方法见式（3-1）。

$$GDP_t = GDP_{t_0} \times (1+r)^{t-t_0}$$
（3-1）

式中：GDP_t——规划水平年的GDP值；

GDP_{t_0}——规划基准年的GDP值；

r——规划基准年到规划水平年的年均GDP增长率；

t——规划水平年年份；

t_0——规划基准年年份。

3.1.2 工业增加值预测

结合规划基准年的工业增加值和相关规划确定的规划基准年到规划水平年的年均工业增加值的增长率，运用增长率法预测规划水平年的GDP，计算方法见式（3-2）。

$$V_t = V_{t_0} \times (1+a)^{t-t_0}$$
（3-2）

式中：V_t——规划水平年的工业增加值；

V_{t_0}——规划基准年的工业增加值；

a——规划基准年到规划水平年的年均GDP增长率；

t——规划水平年年份；

t_0——规划基准年年份。

3.1.3 城镇人口预测

根据规划基准年的人口规模，相关规划确定的人口自然增长率、人口的机械增长量和规划水平年的城镇化水平预测规划水平年的城镇人口，具体计算方法见式（3-3）和式（3-4）。

$$N_t = N_{t_0} \times (1+p)^{t-t_0} + \Delta N$$
（3-3）

$$Q_t = qN_t \qquad (3\text{-}4)$$

式中：N_t——规划水平年的人口数量；

$\quad N_{t_0}$——规划基准年的人口数量；

$\quad p$——规划基准年到规划水平年的人口自然增长率；

$\quad \Delta N$——规划基准年到规划水平年人口的机械增长量；

$\quad Q_t$——规划水平年的城镇人口数量；

$\quad q$——规划水平年的城镇化率；

$\quad t$——规划水平年年份；

$\quad t_0$——规划基准年年份。

3.2 水资源状况预测

3.2.1 水资源状况趋势分析

收集区域多年降水、径流监测资料，对区域的水资源变化趋势进行分析，包括降水量趋势分析、地表水资源量趋势分析、地下水资源量趋势分析、水资源总量趋势分析、水资源可利用量变化趋势分析、生活生产和生态用水量变化趋势分析、地下水超采区变化趋势分析、可供水量变化趋势分析和水资源功耗平衡趋势分析等。

3.2.2 水资源状况预测

结合区域现有水资源量、社会经济发展预测及相关规划目标，按照现状用相应的计算方法对区域的水资源状况进行预测，包括降水量预测、地表水预测、地下水预测、总供水量预测、目标 ET 值的预测、农业耗水预测、工业耗水预测和生活及养殖耗水预测等。

3.3 水环境状况预测

3.3.1 污染物排放趋势分析

根据污染物现状排放量，分别分析工业污水排放量和污染物排放量的变化趋势、城镇生活污水排放量和污染物排放量的变化趋势、畜禽养殖污水排放量和污染物排放量的变化趋势以及区域污水排放总量和污染物的排放总量的变化趋势。根据区域污水排放总量和污染物排放总量，结合控制单元划分结果，分析主要河流的污水入河量和污染物入河量的变化趋势。根据趋势分析，对规划水平年污染物排放量进行预测。

3.3.2 污染物排放量预测

预测工业污水排放量和污染物排放量、城镇生活污水排放量和污染物排放量以及畜禽养殖数量和畜禽养殖污染源排放量。分类汇总工业、城镇和畜禽养殖污水排放量和污染物排放量的预测值，对区域污水排放总量和污染物排放总量进行预测。

3.3.2.1 工业污染物排放量预测

（1）工业污水排放量预测

根据规划基准年的工业生产发展规模和工业污水排放量确定的规划水平年工业污水排放强度，结合规划水平年工业增加值预测值，预测规划水平年工业污水排放量预测值，具体计算方法见式（3-5）。

$$Q_a = K_a \times V_t \qquad (3-5)$$

式中：Q_a——规划水平年工业污水排放量，t；

K_a——规划水平年工业污水排放强度，t/万元；

V_t——规划水平年的工业增加值，万元。

（2）工业 COD 排放量预测

1）工业 COD 新增量预测

规划水平年工业 COD 新增量为规划基准年到规划水平年各年度工业 COD 新增量之和。采用单位 GDP 排放强度法测算，具体计算方法见式（3-6）、式（3-7）和式（3-8）。

$$E_{工业COD} = \sum E_{i,工业CDD} \qquad (3-6)$$

$$E_{i,\,工业COD} = I_{i-1,\,COD} \times GDP_{i-1} \times r_{i,\,GDP} \qquad (3-7)$$

$$I_{i-1,COD} = I_{基准年,COD} \times (1 - r_{COD})^{i-1} \qquad (3-8)$$

式中：$E_{工业COD}$——规划基准年到规划水平年期间工业 COD 新增量，t；

$E_{i,工业COD}$——第 i 年工业 COD 新增量，t；

i——第 i 年，各规划水平年依次为 1、2、3……；

$I_{i-1,\,COD}$——第 $i-1$ 年单位 GDP 工业 COD 排放强度，t/万元。以规划基准年单位 GDP 工业 COD 排放强度为基础，逐年等比例递减；

$I_{基准年,\,COD}$——规划基准年单位 GDP 工业 COD 排放强度，t/万元；

GDP_{i-1}——第 $i-1$ 年 GDP，万元；

$r_{i,\,GDP}$——第 i 年扣除十个低 COD 排放行业工业增加值增量贡献率后的 GDP 增长率，%。计算公式见式（3-9）。

$$r_{i,\,GDP} = \left(1 - \frac{基准年低COD排放行业工业增加值增量}{基准年GDP增量}\right) \times 当年 GDP 增长率 \qquad (3-9)$$

r_{COD}——规划基准年到规划水平年期间单位 GDP 工业 COD 排放强度年均递减率，%。

2）工业 COD 排放总量预测

$$Q_{规划年工业COD} = Q_{基准年工业COD} + E_{工业COD} \qquad (3-10)$$

式中：$Q_{规划年工业COD}$——规划水平年工业 COD 排放总量，t；

$Q_{基准年工业COD}$——规划基准年 COD 排放量，t；

$E_{工业COD}$——规划水平年期间工业 COD 新增量，t。

（3）工业氨氮排放量预测

1）工业氨氮新增量预测

规划基准年到规划水平年期间工业氨氮新增量为规划水平年期间各年度重点行业氨氮新增量之和。原则上，新增量采用分年度排放强度和分年度工业增加值增量进行测算，具体计算方法见式（3-11）、式（3-12）和式（3-13）。

$$E_{工业氨氮} = I_{氨氮} \times (V_{i行业} - V_{基准年行业}) \tag{3-11}$$

$$I_{氨氮} = (I_{基准年氨氮} + I_{i-1氨氮}) / 2 \tag{3-12}$$

$$I_{i氨氮} = I_{基准年氨氮} \times (1 - r_{氨氮})^{i-2008} \tag{3-13}$$

式中：$E_{工业氨氮}$——规划基准年到各规划水平年期间工业氨氮新增量，t；

$I_{基准年氨氮}$——规划基准年重点行业的单位工业增加值氨氮排放强度，t/万元；

i——第 i 年，i 代表规划水平年；

$I_{i氨氮}$——第 i 年度重点行业的单位工业增加值氨氮排放强度；

$r_{氨氮}$——规划基准年到规划水平年期间重点行业的单位工业增加值氨氮排放强度年均递减率，%。

2）工业氨氮排放总量预测

$$Q_{规划年工业氨氮} = Q_{基准年工业氨氮} + E_{工业氨氮} \tag{3-14}$$

式中：$Q_{规划年工业氨氮}$——规划水平年工业氨氮排放总量，t；

$Q_{基准年工业氨氮}$——规划基准年氨氮排放量，t；

$E_{工业氨氮}$——规划水平年期间工业氨氮新增量，t。

3.3.2.2 城镇生活污染物排放量预测

（1）城镇生活污水排放量预测

$$Q_a = K_a \times W \times 365 \times 10^{-3} \tag{3-15}$$

式中：Q_a——城镇生活污水排放量，t/a；

K_a——城镇生活污水排放系数，L/（人·d）；

W——城镇人口数，人。

（2）城镇生活 COD 和氨氮排放量预测

1）新增量预测

城镇生活 COD 和氨氮新增量预测采用综合产污系数法，具体计算方法见式（3-16）。

$$E_{生活} = (P_{i人口} - P_{基准年人口}) \times e_{综合} \times D \times 10^{-2} \tag{3-16}$$

式中：$E_{生活}$——规划基准年到规划水平年期间城镇生活污染物新增量，t；

$P_{i人口}$——第 i 年人口数量；

$P_{基准年人口}$——基准年人口数量；

$e_{综合}$——人均 COD 和氨氮综合产污系数，g/（人·d）；

D——按 365 计。

2）排放量预测

规划水平年城镇生活 COD、氨氮排放总量为规划基准年城镇生活 COD、氨氮排放量与规划年期间城镇生活 COD、氨氮新增量之和，见式（3-17）。

$$Q_{规划年生活} = Q_{基准年生活} + E_{生活} \tag{3-17}$$

式中：$Q_{规划年生活}$——规划水平年城镇生活 COD（氨氮）排放总量，t；

$Q_{基准年生活}$——规划基准年城镇生活 COD（氨氮）排放量，t；

$E_{生活}$——规划水平年期间城镇生活 COD（氨氮）新增量，t。

3.3.2.3 畜禽养殖污染物排放量预测

（1）畜禽养殖数量预测

根据当地近几年畜禽养殖量的平均增长率、相关畜禽发展研究状况以及国家畜禽养殖行业的相关规定确定畜禽养殖量平均增长率，运用增长率法预测规划水平年畜禽养殖数量，具体计算方法见式（3-18）。

$$N_t = N_{t_0} \times (1 + \rho)^{t-t_0} \tag{3-18}$$

式中：N_t——规划水平年的畜禽养殖量，只（头）；

N_{t_0}——规划基准年的畜禽养殖量，只（头）；

ρ——规划基准年到规划水平年的年均畜禽养殖量增长率。

（2）畜禽养殖污染排放量预测

1）排放量预测

根据畜禽养殖的存栏数和不同养殖种类的污染物产生系数，定量计算各乡镇畜禽养殖的粪便、尿产生量，主要污染物 COD、氨氮的排放量，具体计算方法见式（3-19）。

$$Q_b = \sum_{i=1}^{n} N \times P_b \times t \tag{3-19}$$

式中：Q_b——规划年污染物产生量，t；

i——畜禽养殖种类；

n——畜禽养殖种类数；

P_b——畜禽养殖污染物日排放系数，t/[头（只、羽）·d]；

t——畜禽养殖时间，d。

2）新增量预测

畜禽养殖新增量预测方法见式（3-20）。

$$E_{畜禽养殖} = Q_{规划年畜禽养殖} - Q_{基准年畜禽养殖} \tag{3-20}$$

式中：$E_{畜禽养殖}$——规划水平年期间畜禽养殖污染物新增量，t；

$Q_{规划年畜禽养殖}$——规划水平年畜禽养殖污染物排放总量，t；

$Q_{基准年畜禽养殖}$——规划基准年畜禽养殖污染物排放量，t。

第4章　水资源与水环境综合管理规划的总体设计

4.1　规划目标确定

规划总体目标为逐步建立起水资源与水环境综合管理体系与机制，减少污染物排放总量和蒸腾蒸发量（ET），保障河道生态流量，实现水资源与水环境的统一管理，不断改善地表水水质，以水资源的可持续利用和良好的水环境促进经济和社会的可持续发展。根据总体目标要求，分别设定河流水质目标、污染物入河总量控制目标、ET 控制目标和地下水超采控制目标。

4.2　规划模型构建

根据研究区域的现状，结合水资源与水环境综合规划的原则、目标要求，选择适合的水资源与水环境综合管理规划模型，构建体现基于 ET 的水资源规划理念和水资源与水环境综合规划理念的规划模型，为水资源与水环境综合管理规划的规划方案设置和方案优选提供决策支持。

4.3　规划方案设置

水资源与水环境综合规划的目的是通过协调生态环境和社会经济两大系统之间及社会经济系统内部用水关系，实现社会经济持续发展和生态环境良性运转。水资源与水环境综合调控问题主要为：

①水资源与水环境调控的基本准则，包括研究区内各下一级行政区的水量与污染物总量控制分配方案；

②用水模式，主要包括部门用水比例、用水结构和节水水平等；

③供水和污染控制潜力的挖掘，包括水利工程建设、非常规水源的开发利用、污染减排工程的建设等。

在设置方案时，首先是以现状为基础；其次参照区域各种规划，包括区域社会经济发展、生态环境保护、产业结构调整、水利工程及节水治污等方面的规划；最后充分考虑外调水、地下水、节水、生态和环境等因素。针对区域水资源与水环境现状中存在的问题，分别设置不同规划措施下的规划方案，包括工业污染控制与节水方案设置、生活污染控制与节水方案设置、畜禽养殖污染控制与节水方案设置、农业节水方案设置、河道综合整治方案设置、地下水开采控制方案设置等。

4.4　规划方案优选

根据区域水资源与水环境现状，结合区域内水资源与水环境保护的相关规划，将工业污染控制与节水方案集、生活污染控制与节水方案集、畜禽养殖污染控制与节水方案集、农业节水方案集、河道综合整治方案集、地下水开采控制方案集两两组合形成初始决策方案，进一步考虑决策方案的非劣特性，采用人机交互及专家评审的方式，排除初始决策方案集中代表性不够和明显较差的方案，确定最终的规划决策方案集。

然后根据区域现状和规划目标要求构建评价体系，运用多目标决策方法对规划决策方案集进行优选，确定规划目标年区域的水资源与水环境综合管理规划的最优方案。并对最优方案进行分析，确定规划目标年的 ET 水权分配方案和污染物入河量分配方案。

4.5　重点建设项目和示范工程

根据规划方案的优选结果，结合区域现状，确定区域水资源与水环境规划重点建设项目和示范工程，主要包括工业节水与污染防治工程项目、生活节水与污染防治工程项目、农业节水与污染控制工程项目、畜禽养殖节水与污染控制工程项目、减少地下水开采工程项目和能力建设工程项目等。

第 5 章　规划实施效益分析和保障措施

5.1　规划实施效益分析

结合最终确定的规划方案和现状水资源和水环境状况，从经济、社会、环境等角度分别说明规划实施后对区域的发展带来的效益和示范效用。

5.2　保障措施

从规划实施管理、机构能力建设、政策制度安排、资金筹集方式、公众参与等方面说明确保规划顺利实施的保障措施。

第6章 规划批复实施

6.1 征求相关部门意见

当水资源与水环境综合管理规划完成时，应当向投资者和政府部门征询意见，并根据意见和建议进行修改，不采纳的要做出说明。

6.2 征求公众意见

可利用互联网、报纸等各种媒体收集整理意见，包括将水资源与水环境综合管理规划征求范围内的公众意见，并对采纳与不采纳意见做出说明。

6.3 政府批准实施

在水资源与水环境综合管理规划技术报告的基础上，进一步精炼规划成果，编写规划报批版，提交政府并获得最终的批准。

第三篇

实践与应用

——河南省新乡县水资源与水环境综合管理规划

（研究稿）

第 1 章　总论

1.1　规划背景

海河流域地下水超采造成的水资源短缺、耗水与可用水量之间的矛盾、水体污染、湿地消失和水面退化等诸多生态问题越来越严重，这些问题都亟待解决。《全球环境基金（GEF）海河流域水资源与水环境综合管理项目》简称"GEF 海河项目"，是在 GEF 的支持下，由世界银行为执行机构，中华人民共和国水利部和环境保护部联合开展实施的规划项目。该项目的首要目标是减轻水资源短缺和环境恶化对海河流域经济、社会和生态造成的影响，进一步目标是实现水资源的合理配置，保护和修复生态环境。

漳卫南运河子流域是海河流域水资源与水环境矛盾最为突出的子流域，因此项目选择以漳卫南运河子流域作为突破口，重点解决污染防治的统筹协调问题。新乡县作为漳卫南运河子流域的示范项目区县，拟通过水资源与水环境综合管理规划（IWEMP），解决由于水资源匮乏、水环境恶化引起的一系列社会、经济与环境问题，贯彻中央关于建立科学发展观、建设和谐社会的方针，实现水资源合理配置、地方经济可持续发展、逐步恢复流域生态环境的目标。

1.2　规划理念

新乡县水资源极度缺乏，按照传统水资源管理理念已经不能满足可持续发展的要求，同时，与水资源匮乏相伴生的生态退化和环境恶化问题相当严重，需要通过综合的手段加以解决。针对新乡县水资源和水环境面临的现实问题，本次规划按照世行提出的基于 ET 的水资源与水环境综合管理理念开展，力图探索出一条实现人水和谐的水资源与水环境综合管理新思路。

1.3　规划依据

1.3.1　技术依据

（1）《"十二五"主要污染物总量控制规划编制指南》
（2）《主要污染物总量减排核算细则（试行）》
（3）水利部《全国水资源综合规划技术大纲》

（4）水利部《全国水资源综合规划技术细则》

1.3.2 国家和地方标准

（1）《地表水环境质量标准》（GB 3838—2002）

（2）《污水综合排放标准》（B 8978—1996）

（3）《城镇污水处理厂污染物排放标准》（GB 18918—2002）

（4）《造纸工业水污染物排放标准》（GB 3544—2001）

（5）《制浆造纸工业水污染物排放标准》（GB 3544—2008）

（6）《纺织染整工业水污染物排放标准》（GB 4287—1992）

（7）《合成革与人造革工业污染物排放标准》（GB 21902—2008）

（8）《河南省合成氨工业水污染物排放标准》（GB 21903—2008）

（9）《发酵类制药水污染物排放标准》（DB 41/538—2008）

1.3.3 相关资料

（1）中国工程院《中国可持续发展水资源战略研究综合报告》

（2）中国工程院《中国水资源现状评价和供需发展趋势分析》

（3）中国工程院《中国北方地区水资源的合理配置和南水北调问题》

（4）北京、天津、河南等 7 省市《南水北调城市水资源规划》

（5）《河南省水环境功能区划》

（6）《新乡市地面水环境功能区划分报告》

（7）《新乡县地下水重污染区农村饮用水安全项目实施方案》

（8）《新乡县造纸行业结构调整和集中整治方案》

（9）《新乡县化工行业集中整治方案》

（10）《新乡县地下水重污染区农村饮用水安全项目实施方案》

（11）《新乡县规模化畜禽养殖业企业污染物限期治理规划》

（12）《新乡县基本农田化肥和农药过量使用控制规划》

（13）《新乡县生态家园沼气富民工程建设规划》

（14）《新乡县国民经济和社会发展第十一个五年规划纲要》

（15）《新乡县"十一五"环境保护规划》

1.4 规划技术路线

规划编制主要采取"自上而下"和"自下而上"的方法，通过调查、分析新乡县的水资源、水环境现状及水管理状况，确定节水、减污的具体目标指标，提出相应的规划方案草案，建立基于 ET、SWAT 的规划模型，制定政策、管理措施，并通过情景分析和模型模拟，分析规划方案草案的合理性，最终确定适宜的规划方案和相对应的工程项目，建立水资源与水环境综合管理体制与机制，为实现区域水资源与水环境的可持续发展利用奠定基础。规划技术路线图如图 1-1 所示。

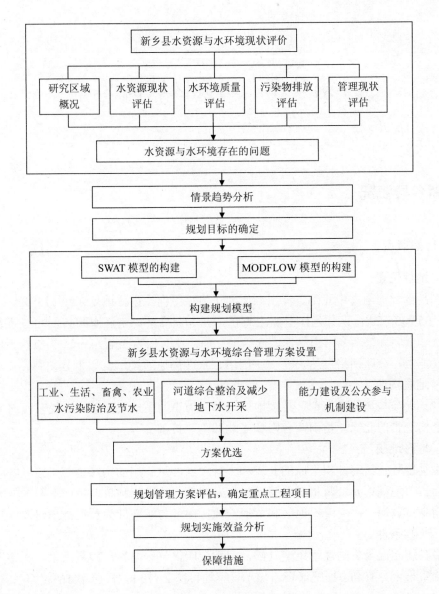

图 1-1 技术路线图

第 2 章 研究区域概况

2.1 新乡县概况

2.1.1 自然概况

2.1.1.1 地理位置

新乡县位于河南省中北部、漳卫南运河子流域卫河上游，地处东经 113°42′～114°04′，北纬 35°05′～35°24′，东邻延津县、卫辉市，西邻获嘉县，南连原阳县，北与新乡市及辉县市接壤。全境环绕新乡市市区东、西、南三面，总面积为 362.9 km²。为京广、焦枝、新荷铁路交汇点，公路网络发达，有 107 国道、京珠高速通过，交通十分便利。

2.1.1.2 地质构造

新乡县地质构造比较简单，县境地层大部分为第四系地层覆盖，地处东西向构造带秦岭至昆仑构造带的北缘，是山西台隆和华北凹陷交接部分。

2.1.1.3 地形地貌

新乡县地处古黄河冲积平原的北翼和太行山前冲洪积扇的南缘地带，县境内从西北到东南分为三个地貌单元。西北部卫河以北为太行山前冲洪积倾斜地带；中部古阳堤以北至卫河以南是古黄河、沁河泛流地区和背河洼地；南部与东南部为黄河故道漫滩沙丘地区。

2.1.1.4 气候条件

新乡县属暖温带大陆性季风型气候，四季分明，气候温和，雨量适中，无霜期较长，对农作物生长十分有利。据统计资料显示，年均日照 2 479 h，日照率 56%；年太阳辐射总量 117.04 kcal/cm²，其有效辐射量 57～34 kcal/cm²，占总量的 49%；年均气温 14.4℃，历年极端最低气温−21.3℃，历年极端最高气温 42.7℃，年均地温 17.4℃；全年冻土期平均 103 天，最大冻土深度 28 cm；历年无霜期 223 天；多年平均降水量 617.8 mm，年际、年内变化较大，年内多集中在夏季；年均蒸发量 1 785.9 mm；全年东北风最多，其次是西南风，年均风速 3.2 m/s，以春季最多，夏秋季较少。

2.1.1.5 水文条件

（1）地表水水文状况

新乡县位于漳卫南运河流域卫河上游，区域境内有东孟姜女河、西孟姜女河、卫河、人工河渠共产主义渠和人民胜利渠五条主要河流。人民胜利渠是新乡县的生产、生活用水的主要来源之一；东孟姜女河和西孟姜女河主要接纳县区所有生产、生活污水，最终汇入卫河。

　　人民胜利渠：黄河下游兴建的第一个大型引黄自流灌溉工程，是新乡县和新乡市生产、生活用水的主要来源之一。渠首位于河南省黄河北岸武陟县秦厂村，工程于 1951 年 3 月开工，1952 年第一期工程竣工，以后又经续建、扩建，1987 年总灌溉面积达 88.5 万亩，受益范围涉及武陟、获嘉、新乡、原阳、延津、卫辉和新乡市郊区。新乡县境内长 16.75 km，最大流量为 100 m³/s，并有两条干渠，十余条支渠，灌溉面积 35 万亩，该区遍植水稻、小麦等杂粮及经济作物。

　　共产主义渠：原为 1957 年人工开凿引黄济卫输水渠，1962 年停止放水后，该渠成为新乡县的总汇排涝渠道。渠首位于河南省黄河北岸武陟县秦厂村，经获嘉县、新乡县、郊区、北站区、卫辉、淇县、浚县至汤阴瓦磓村南老观嘴入卫河，全长 192 km。新乡县境内渠长 26.3 km，渠口宽 100 m，底宽 72 m，有九条支排汇入，排涝面积达 237 km²。由于引黄通水和灌溉回归水的注入，该渠仍常年有水，可用于灌溉农田。

　　西孟姜女河：该河发源于获嘉县小召村，流经获嘉县、新乡县、新乡市，河道总长 27.2 km，流域总面积 212 km²，新乡县境内长 12 km，流域面积 134.18 km²。该河属于排涝河道，在上游接纳了大量的生产、生活污水，能排除五年一遇的涝水，规划为自然水域及输水沟渠。

　　东孟姜女河：该河发源于新乡县丁庄，流经新乡县、延津县、卫辉市，河道总长 47 km，流域总面积 469 km²，新乡县境内长 16.25 km，流域面积 76 km²，平均流速 3 m³/s，可排除十年一遇的涝水，是新乡县内的主要排涝纳污河流。

　　卫河：发源于山西陵川夺火镇，流经山西省陵川县、河南省博爱县、焦作市、武徒县、修武县、获嘉县、辉县、新乡县、新乡市、卫辉市、浚县、滑县、汤阴县、内黄县、清丰县、南乐县。河道总长 399.35 km，流域总面积 15 228.9 km²。在新乡县境内长为 30 km，全县流域总面积 362.9 km²，境内有人民胜利渠、共产主义渠、东孟姜女河、西孟姜女河四条支渠。卫河在古时候为航运通道，现主要功能为排涝河，以排涝和纳污为主。

　　（2）地下水水文状况

　　新乡县位于黄河故道，地下水资源丰富。浅层水顶板埋深 4～8 m，底板埋深 71～87 m，含水介质以中砂为主。中层水顶板埋深 73～97 m，底板埋深 124～137 m，含水介质以中细砂为主。地下水矿化度小于 0.7 g/L，是理想的生产生活水源。地下水流向从西南至东北。

2.1.2　社会经济状况

2.1.2.1　历史沿革

　　新乡县历史悠久，境内大量古文化遗址证明，早在新石器时期就已有人类在这块土地上劳动，繁衍生息。隋开皇六年（586 年）割获嘉、卫辉两县邑部分，于新乐城置县，取新中乡首尾二字得名，属河内郡。唐武德元年（618 年）属义州，四年改属殷州，唐贞观六年（627 年）改属卫州。宋熙宁六年（1037 年）废为镇入汲县（现卫辉市）。元祐二年（1087 年）复置，属河北路卫州汲郡，金属河北道卫辉路。明洪武元年（1368 年）属河南布政使司卫辉府。清宣统元年（1909 年）属彰卫怀道，1913 年属豫北道，次年改为河北道。1927 年道废，直属河南省，1932 年属河南省第十三行政督察区。同年 10 月改属第四行政督察区（区署驻县城内）。1938 年 2 月被日本侵略军占领，国民党的县治所撤至乡村，无固定地点。1944 年 10 月新乡县抗日民主政府在新辉力界（麦窑村）成立。1946 年 1 月撤销，并入辉县抗日民主政府。1947 年 3 月在辉县滑峪村复置，县治所曾在辉县的枣生、孟岩、滑峪、三位营村流动，属中共太行行署五专区。1948 年 10 月县治所迁本县西南小冀镇，属太行第四行政公署，1949 年 5 月县城和平解放，属平原省新乡专区。1952 年 12 月 1 日平原省撤销，属河南省新乡专区，1953 年 5 月县人民政府迁入新乡市市区（原新乡县县城）。1959 年 4 月并入新乡市。1961 年 9 月复置，1968 年 9 月县人民政府迁回小冀，1971 年 12 月迁回现址，1983 年 9 月划归新乡市。

2.1.2.2　行政区划及人口

新乡县辖区有 6 镇 1 区 1 乡，辖七里营镇、小冀镇、翟坡镇、大召营镇、古固寨镇、朗公庙镇、合河乡、高新西区，共有 176 个行政村，如图 2-1 所示。

2004 年新乡县总人口 31.6 万人，其中农村人口 23.8 万人，城镇人口 7.8 万人，城镇化率为 24.7%。全县人口密度为 824 人/km^2，高于河南省人口密度 42%。

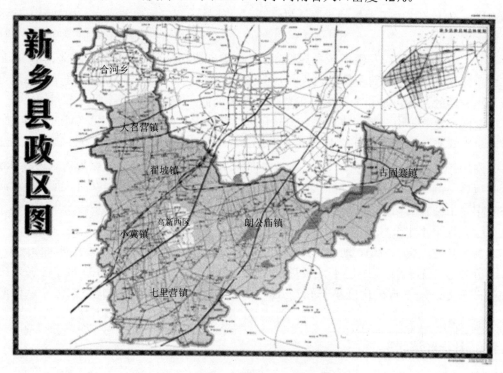

图 2-1　2004 年新乡县行政区划图

2.1.2.3　土地利用情况

根据新乡县国土资源局提供的土地调查统计资料，2004 年新乡县土地利用组成比例如图 2-2 所示。

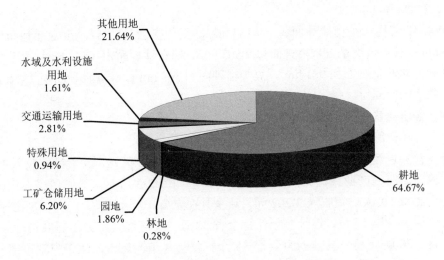

图 2-2 2004 年新乡县土地利用结构示意图

2004 年新乡县土地总面积为 36 290 hm^2，其中耕地面积 23 470 hm^2，占土地总面积的 64.67%，人均占有耕地 0.08 hm^2；林业用地 101.79 hm^2，占土地总面积的 0.28%；园地 673.81 hm^2，占土地总面积的 1.86%；工矿仓储用地 2 248.31 hm^2，占土地总面积的 6.20%；交通运输用地 1 019.9 hm^2，占土地总面积的 2.81%；水域及水利设施用地 584.19 hm^2，占土地总面积的 1.61%；特殊用地 339.65 hm^2，占土地总面积的 0.94%；其他用地 7 852.35 hm^2，占土地总面积的 21.64%。

表 2-1 2004 年新乡县各乡镇土地利用情况统计

乡镇名称	总面积/hm^2	城镇建设用地及其他用地面积/hm^2	农业用地及农村居民点用地面积/hm^2	耕地面积/hm^2				非耕地/hm^2
				渠灌区	井渠灌结合区	井灌区	合计	
大召营镇	2 980	59	2 921	0	0	1 855	1 855	1 125
翟坡镇	4 640	48	4 592	533	0	2 444	2 977	1 663
合河乡	3 860	82	3 778	0	0	2 539	2 539	1 321
小冀镇	2 800	419	2 381	187	0	1 801	1 988	897
七里营镇	8 290	196	8 094	300	0	5 616	5 916	2 374
古固寨镇	4 700	155	4 545	300	0	2 417	2 717	1 983
朗公庙镇	8 020	198	7 822	400	0	4 500	4 900	3 035
高新西区	1 000	0	1 000	0	0	578	578	422
合计	36 290	1 156	35 134	1 720	0	21 750	23 470	12 820

从表 2-1 中可以看出，新乡县的耕地主要分布在七里营镇和朗公庙镇，七里营镇耕地面积占全县耕地总面积的 25.21%，朗公庙镇耕地面积占 20.88%，其他依次是翟坡镇、古固寨镇、合河乡、小冀镇、大召营镇和高新西区，其比例分别为 12.68%、11.58%、10.82%、

8.47%、7.90%和 2.46%。

2004 年全县农作物播种面积 39 184 hm²，复种指数为 1.67，小麦播种面积最大为 16 666 hm²，其后依次是玉米播种面积 9 563 hm²，棉花播种面积 6 667 hm²，花生播种面积 1 735 hm²，水稻播种面积 981 hm²，豆类播种面积 363 hm²，红薯播种面积 233 hm²，蔬菜播种面积 2 527 hm²。

2.1.2.4 经济结构

（1）总体概况

新乡县县域经济发达，2004 年县域生产总值达 41.98 亿元，一般预算收入 1.8 亿元，第一、第二、第三产业结构比例为 12：63：25，如图 2-3 所示。城镇居民人均可支配收入 5 531 元，农民人均纯收入 3 202 元。新乡县在全省 108 个县（市）中，经济和社会综合实力位居全省第 17 位，连续多年保持全省 20 强，经济综合实力居新乡市辖 8 县（市、区）之首。2004 年新乡县被列为全省 35 个扩权县（市）之一，赋予省辖市部分经济管理权限。

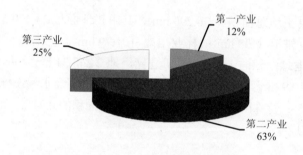

图 2-3 2004 年新乡县产业结构示意图

（2）第一产业发展概况

新乡县农业基础牢固，发展特色明显。新乡县围绕建设现代农业，坚持县抓园区、乡抓基地、村抓示范，以发展高效农业、特色农业为主攻方向，强力推进农业结构调整。2004 年，优质粮食作物面积占全县耕地总面积近 70%，其中优质小麦面积 13 666 hm²，占新乡小麦播种面积的 82%，被命名为全国优质小麦基地县。精细蔬菜、优质瓜果、名优花卉等高效经济作物面积 11 735 hm²，占全县耕地总面积的 50%。涌现出七里营菜椒、朗公庙精细蔬菜、合河花卉、龙泉农业观光园等特色种植基地，以及大召营镇、高新西区无公害蔬菜基地和七里营镇无公害食用菌基地等，全县高效农业示范园区已建成 5 家。

畜牧养殖业发展势头强劲，截至 2004 年底，全县畜牧业占农业总产值的比重达 46.8%，规模化养殖占畜牧业总产值的比重达 75%以上。有畜禽养殖产业化龙头企业 68 家，农民专业合作经济组织 54 家，规模的养殖小区 11 个，新乡县已成为新乡市优质瘦肉型生猪、优质肉牛、高产奶牛、优质肉羊生产基地。

（3）第二产业发展概况

新乡县工业优势明显，经济基础较好。新乡县工业起步于 20 世纪 70 年代，经过三十年的发展，经济实力显著增强。现已形成以医药、造纸、机械加工、化工、纺织五大支柱产业为主导，以振动机械、铜材加工、封头锻件等产业为特色的工业经济发展新格局。

2004 年，全县工业增加值占 GDP 比重达 56.8%，五大支柱产业增加值占限额以上工业的比重达 81.7%。全县进入省百家重点企业 3 家、市五十家重点企业 13 家，13 家重点企业销售产值、利润占限额以上工业的比重分别达到 56% 和 85.6%。产值超亿元企业 16 家，其中三家超 5 亿元。利润超千万元企业 6 家，其中 4 家居全市前 20 名。心连心化肥有限公司成为我国第一家在境外上市的化肥企业，全县列入年度省、市重点上市后备企业共 7 家。为进一步提高资源集约利用效率，加快产业基地化、集群化和园区化发展，加速产业、人口和生产要素聚集，规划建设了河南新乡经济开发区、新乡纸制品园区、古固寨和大召营四个产业聚集区。

（4）第三产业发展概况

截至 2004 年底，第三产业持续稳定发展，特别是服务业发展较快，全县共有专业市场 20 多个，已建成了 3 个国家级农业旅游示范点，以刘庄村、京华村和龙泉村为龙头，形成了新乡县独具特色的红色旅游线。目前，小冀镇镇区各种档次的宾馆、饭店、商场、超市、服装店、洗浴业等多种类型的固定经营户超过 1 000 户，为新乡县的商贸中心。

2.2　水环境功能区划

2.2.1　水环境功能区划分

根据《河南省水环境功能区划》可知，新乡县境内共有 5 个地表水环境功能区，人民胜利渠划分为两个水环境功能区，东孟姜女河、西孟姜女河和共产主义渠各自为一个水环境功能区，见表 2-2。其中，共产主义渠："西永康桥—合河桥"段、人民胜利渠"敦留店—田庄"段，均为饮用水水源保护区，禁止排污，也不得新建排污口。

表 2-2　新乡县地表水环境功能区划分

流域	水体	水域	控制城镇	规划主导功能	水功能区类型	水质目标	断面名称
海滦河	东孟姜女河	牛屯村—关堤桥	新乡县	自然输水	农业用水区	V	关堤桥
海滦河	西孟姜女河	秦村营桥—唐庄闸	新乡县	景观	景观用水区	V	唐庄闸
海滦河	共产主义渠	西永康桥—合河桥	新乡县	饮用水水源	饮用水水源保护区	III	合河桥
海滦河	人民胜利渠	敦留店—田庄	新乡县	饮用水水源	饮用水水源保护区	II	东二田庄闸
海滦河	人民胜利渠	田庄—王堤	新乡县	与人体非接触娱乐	景观用水区	IV	东三干渠王堤闸

2.2.2 水功能区划分

根据《新乡市地表水功能区划分报告》（1994.7），新乡市境内的主要河流的规划功能见表 2-3。

表 2-3 新乡市境内主要河流水功能区划分

水体名称	河段区间	规划功能	流经行政区
共产主义渠	小段庄—李士屯	IV	获嘉、新乡县、市区
卫河	合河—师大后	IV	新乡县、市区
	师大后—小河口	V	新乡县、卫辉市
人民胜利渠	田庄以上	III	新乡县
	田庄—南桥	IV	新乡县
东孟姜女河	丁庄—吕公堂	V	卫辉、新乡县
一支排	崔槐树—小河	V	新乡县
大泉排	南辛庄—向阳村	V	新乡县
西孟姜女河	小召—络丝潭	V	获嘉县、新乡县

2.3 控制单元划分

根据《河南省水环境功能区划》与《新乡市地表水功能区划分报告》，以新乡县水环境功能区划分结果为基础，结合污染源的分布、各乡镇行政区划，对原有功能区进行归并与整合，将新乡县子流域初步划分为 6 个控制单元，结果见表 2-4。

表 2-4 新乡县水污染防治规划控制单元划分结果

控制单元	控制断面名称	功能区类型	断面所在乡镇	控制乡镇	控制行政区
卫河	—	V			新乡县
东孟姜女河	关堤桥	V	朗公庙镇	七里营镇、朗公庙镇	新乡县
西孟姜女河	唐庄闸	V	大召营镇	小冀镇、翟坡镇、大召营镇	新乡县
大沙河		V	古固寨镇	古固寨镇	新乡县
人民胜利渠	东三干渠王堤闸	IV	翟坡镇	七里营镇、翟坡镇	新乡县
共产主义渠	合河桥	IV	合河乡	合河乡	新乡县

2.4 环境容量核定

2.4.1 计算模型的选取

为了客观的描述水体自净或污染物降解规律，较准确的计算出河段的水环境容量，本研究结合新乡县实际情况，根据排水量大小采用一维水质模型进行计算。模型主要适用于宽深比较小，污染物在较短的河段内基本上混合均匀，且污染物浓度在断面横向方向变化不大的河段；或者是计算河段不长，横向和垂向的污染物浓度梯度可以忽略的河段。通常情况下，对同一个水功能区划相应的河段而言，污染物排放口不规则地分布于河流的不同断面，功能区水流断面的浓度将所有排污口的浓度进行叠加得到，但考虑到此项工作的复杂性，将排污口在功能区内的分布加以概化，即认为污染物排放口在同一功能区内沿河均匀分布。此概化实际上体现了污染物分布的一种平均状况，对某一河段也许存在一定偏差，但却综合反映了若干河段污染物排放的一种平均状态。据此可推算一维河道的水环境容量。具体计算公式见式（2-1）。

$$W = \frac{C_S - C_0 \exp(-KL/U)}{1 - \exp(-KL/U)} \times (QKL/U) \tag{2-1}$$

式中：W——计算的水环境容量，kg/d；

Q——河流设计流量，m^3/s；

C_S——河流水质目标值，mg/L；

C_0——河流上断面污染物浓度，mg/L；

L——河流长度，km；

K——污染物综合降解系数，d^{-1}；

U——河流平均流速，m/s。

2.4.2 参数与控制因子确定

（1）控制因子

确定 COD 和氨氮作为各河流水环境容量计算和污染物总量控制的首选因子。

（2）设计流量

设计流量是水文参数中最基本的参数，它不仅关系到其他水文参数，而且在水环境容量计算中至关重要。经分析选用 1998—2008 年最枯月平均流量，采用 90%保证率下的设计流量。东孟姜女河采用 90%保证率最枯月平均流量为 0.51 m^3/s，西孟姜女河的最枯月平均流量为 0.27 m^3/s。

（3）流速

各河流的流速，是根据 90%保证率下设计流量得出的相应流速。经实地测算各河流的流速范围为 0.09～0.81 m^3/s。

（4）综合降解系数

根据物料平衡原理，建立污染物沿渠道流动的过程中的平衡方程，方程式见式（2-2）和式（2-3）。

$$C_{in}Q_{in} + C_{qin}Q_{qin} = f(C_{in}Q_{in} + C_{qin}Q_{qin}) + C_{out}Q_{out} \tag{2-2}$$

$$f = 1 - \frac{C_{out}Q_{out}}{C_{in}Q_{in} + C_{qin}Q_{qin}} \tag{2-3}$$

根据《新乡市海河流域水污染物防治规划》（新乡市环境保护科学研究所 1997）所建

立的新乡市河流水质与污染物排放量输入的相应关系，并根据近年来水质、水量的变化对该关系进行修正后，确定新乡市境内河道对 COD 的综合降解系数为 62%，对氨氮的综合降解系数为 55%。

（5）计算河段背景浓度（C_0）

依据河流污染控制浓度"零污染原理"认为河流源头水符合国家地面水Ⅲ类标准。

（6）控制断面浓度（C_S）

根据《海河流域水污染物防治规划》，确定东、西孟姜女河出境断面的水质目标为 COD 浓度控制到 40 mg/L，氨氮浓度控制到 2 mg/L。

（7）水环境容量计算结果

根据预测年出境断面水质目标、流量以及新乡县河道对 COD、氨氮的降解系数、断面响应系数，确定预测年新乡县水环境容量。经过测算得出在特定条件下新乡县地表水 COD、氨氮环境容量和其最大允许排放量及污染物削减量如表 2-5 所示。

表 2-5　新乡县水环境容量计算结果

水体	计算单元（起始断面）	水环境容量/（t/a）		最大允许排放量/（t/a）		现状总入河量/（t/a）		削减量/（t/a）	
		COD	氨氮	COD	氨氮	COD	氨氮	COD	氨氮
西孟姜女河	小召—络丝潭	693	30	963	43	3 356.91	305.47	−2 393.91	−262.47
东孟姜女河	丁庄—吕公堂	2 343	113	3 497	167	22 035.38	2 438.48	−18 538.38	−2 271.48
合计		3 036	143	4 460	210	25 392.29	2 743.95	−20 932.29	−2 533.95

第3章 新乡县水资源与水环境现状综合评估

3.1 水资源现状评估

3.1.1 水资源现状

3.1.1.1 地表水资源量

（1）天然供给量

1）降雨量

新乡县 30 多年平均降雨量为 542.0 mm，2004 年降雨量为 648.1 mm。根据新乡县近 15 年降雨量表 3-1 可知，新乡县降雨量季节性明显，主要集中在 6～9 月。由新乡县 1977 —2008 年的 30 年系列降雨量可作出 P-Ⅲ频率曲线，配线后得出，丰水年、平水年、枯水年三个水文年的降雨量分别为 686 mm、525 mm 和 429 mm。

表 3-1　新乡县 1993—2008 年降雨量统计表　　　　　　单位：mm

月份／年份	1	2	3	4	5	6	7	8	9	10	11	12	合计
1993	6.7	2.4	16.0	68.0	29.0	186.0	120.0	32.0	4.4	55.0	58.0	0	577.5
1994	0.1	0	7.0	58.0	17.0	79.0	239.0	72.0	15.0	48.0	24.0	4.5	563.6
1995	0	0	7.7	7.0	0	28.0	156.0	116.0	10.0	62.0	0	0	386.7
1996	1.6	8.9	10.0	25.0	37.0	27.0	127.0	243.0	62.0	24.0	8.1	0	573.6
1997	3.2	18.0	25.0	9.5	21.0	5.6	82.0	12.0	48.0	1.5	23.0	1.6	250.4
1998	0.9	11.0	44.0	49.0	114.0	33.0	136.0	279.0	0.2	3.4	0.3	1.2	672.0
1999	0	0	25.0	21.0	19.0	72.0	102.0	69.0	95.0	29.0	1.6	0	433.6
2000	21.0	1.6	0	1.5	13.0	38.0	363.0	45.0	146.0	43.0	10.0	0	682.1
2001	35.0	11.0	0	5.8	0.0	109.0	170.0	86.0	14.0	19.0	0.0	29.0	478.8
2002	16.0	0.0	13.0	14.0	76.0	42.0	53.0	22.0	40.0	10.0	10.0	8.0	304.0
2003	7.0	10.4	18.2	30.0	37.1	158.3	184.8	127.5	123.7	116.8	16.0	12.1	841.9
2004	0.0	12.0	7.0	20.7	86.0	97.0	141.5	151.4	79.4	1.5	45.6	6.0	648.1
2005	0.0	6.2	2.5	8.5	54.4	80.2	161.4	93.8	141.1	26.8	5.6	0.3	580.8
2006	1.9	12.9	4.7	30.6	38.2	92.7	197.8	44.2	31.2	0.0	31.4	4.5	490.1
2007	0.0	3.2	57.3	10.3	25.7	20.5	154.0	85.8	17.6	17.7	1.9	5.5	399.5
2008	6.1	3.7	3.8	70.2	33.8	13.4	300.9	57.0	55.4	11.0	7.0	0.8	563.1

2）径流量

根据《新乡市水资源公报》统计数据，2004 年的年径流量为 $4\,447\times10^4\,m^3$，各乡镇的径流量按面积的百分比与总径流量相乘得到，见表 3-2。由于东、西孟姜女河在新乡县是以纳污为主的河流，卫河新乡县段两端设闸控制，不存在流量变化。

（2）入境流量

新乡县地表水包括引黄水、共产主义渠过境水，人民胜利渠的引黄水量比较可靠，新乡县年均分到的引水量为 $4\times10^7\,m^3$。根据新乡县的水利设施现状和水资源利用情况，2004 年的实际引黄河水量为 $1.5\times10^7\,m^3$，各乡镇的实际引黄水量按离渠道的远近分配，见表 3-2。

表 3-2　2004 年新乡县各乡镇地表水资源量　　　　　　　　单位：$10^4\,m^3$

乡镇名称	径流量	分配引黄水	合计
合河乡	473	0	473
大召营镇	365	0	365
翟坡镇	569	627	1 196
小冀镇	343	523	866
七里营镇	1 016	1 246	2 262
朗公庙镇	983	1 032	2 015
古固寨镇	576	572	1 148
高新区	123	0	123
合计	4 447	4 000	8 447

3.1.1.2　地下水资源量

新乡县是平原区，采用平原区浅层地下水资源的计算方法计算总补给量，总补给量包括：降水入渗补给量，河道渗漏补给量，渠系渗漏补给量，灌溉补给量。

（1）降水入渗补给量

降水入渗补给量是指大气降水渗入到土壤并在重力作用下渗透补给地下水的水量，本次计算采用 2004 年降雨量对地下水入渗补给量的数据进行计算。年降水入渗补给量的计算公式见式（3-1）。

$$Q_降 = P \cdot a \cdot F \tag{3-1}$$

式中：$Q_降$——年降水入渗补给量，$10^4\,m^3$；

　　　P——年降水量，mm；

　　　a——年降水入渗补给系数；

　　　F——降水入渗面积，$10^4\,m^2$。

根据新乡县所在位置与年平均地下水埋深及新乡县 0～8 m 的地表岩性，分乡镇查出年降水入渗补给系数 a，得到各年的降雨入渗补给系数，见表 3-3。

表 3-3 各乡镇所在区域年降水入渗补给系数

乡镇名称	包气带岩性	年降雨入渗系数
合河乡	粉土、粉质黏土	0.22
大召营镇	粉质黏土、粉土	0.25
翟坡镇	粉质黏土、粉土	0.22
小冀镇	粉土、粉质黏土	0.17
七里营镇	粉土、粉质黏土	0.18
朗公庙镇	粉质黏土	0.21
古固寨镇	粉土	0.2
高新西区	粉土、粉质黏土	0.17

（2）河道侧向补给量

河道侧向补给量是指河道潜流以水平方向补给平原区浅层地下水的水量，计算方法是沿补给边界切割剖面，分段按达西公式进行计算。计算公式见式（3-2）。

$$Q_河 = 10^{-4} \cdot K \cdot I \cdot A \cdot L \cdot t \tag{3-2}$$

式中：$Q_河$——河流侧渗量，$10^4 \ \mathrm{m^3/a}$；

K——剖面位置不同岩性的渗透系数，m/d；

I——垂直于剖面的水力坡度；

A——单位长度河道垂直于地下水流向的剖面面积，$\mathrm{m^2/m}$；

L——河道或河段长度，m；

t——河道或河段过水（或渗漏）时间，d。

（3）引黄渠道渗漏量

引黄渠道同河道一样，渠水位高于地下水位，故渠水会补给地下水。引黄渠道渗漏量计算公式见式（3-3）。

$$Q_渠 = L \cdot \omega \cdot \Delta t \tag{3-3}$$

式中：$Q_渠$——引黄渠道渗漏量，$10^4 \ \mathrm{m^3/a}$；

L——引黄渠道渗流长度，m；

ω——引黄渠道渗漏强度，$10^4 \ \mathrm{m^3/（d \cdot km）}$；

Δt——引黄渠道行水天数，d。

（4）灌溉回渗量

渠灌田间补给量是指灌溉水（包括斗渠以下的各级渠道）进入田间后，经过包气带渗漏补给地下水的水量。根据渠灌区的地下水埋深和地表岩性，选取不同的补给系数，然后用式（3-4）进行计算。

$$Q_回 = \beta \cdot Q_灌 \tag{3-4}$$

式中：$Q_回$——渠灌田间回渗补给量，$10^4 \ \mathrm{m^3/a}$；

$Q_灌$——渠灌进入田间的水量，$10^4 \ \mathrm{m^3/a}$；

β——灌溉田间补给系数，与地表岩性有关。

根据以上原理计算出地下水资源量，由表 3-4 可知 2004 年地下水量为 $10\ 414 \times 10^4\ \text{m}^3$。

表 3-4　新乡县地下水资源情况统计

单位：$10^4\ \text{m}^3$

年份	$Q_降$	$Q_河$	$Q_渠$	$Q_回$	合计
2004	4 759	527	3 974	1 154	10 414

3.1.1.3　地下水和地表水相互转换重复量

大气降水除蒸发损失外，一部分直接汇入河流，另一部分渗入地下后，又以泉水的形式渗出再汇入河流，这部分水就是地下水和地表水的重复量。

根据《新乡市水资源公报》多年数据统计，取地表径流的 15%作为地下水和地表水的重复量。

3.1.1.4　水资源总量

根据水资源总量的计算公式，计算得到 2004 年水资源总量为 $14\ 194 \times 10^4\ \text{m}^3$，其中地表水资源量为 $4\ 447 \times 10^4\ \text{m}^3$，地下水资源量为 $10\ 414 \times 10^4\ \text{m}^3$，重复计算量为 $667 \times 10^4\ \text{m}^3$。人均水资源量 $449\ \text{m}^3$，约为全国人均水资源量 $2\ 200\ \text{m}^3$ 的 1/5。

3.1.2　水资源开发利用现状

3.1.2.1　生活、生产和生态用水量

2004 年全县用水量 $21\ 288 \times 10^4\ \text{m}^3$，其中农业灌溉用水量 $11\ 541 \times 10^4\ \text{m}^3$，占总用水量的 54.21%；生活及畜禽养殖用水量 $1\ 166 \times 10^4\ \text{m}^3$，占总用水量的 5.48%；工业用水量 $8\ 179 \times 10^4\ \text{m}^3$，占总用水量的 38.42%；生态用水量 $403 \times 10^4\ \text{m}^3$，占总用水量的 1.89%。

3.1.2.2　地下水开采量及超采量分析

地下水是新乡县用水最主要的来源，新乡县地下水主要分浅层地下水（40～80 m）、中深层地下水（150 m 左右）和深层地下水（867～986 m）三种。其中，浅层地下水主要用于农业灌溉；中深层地下水主要用于工业生产和生活用水；另外 1 眼深层水井开采深层地下水，主要供服务业地热温泉使用。

（1）地下水开采量

①中深层地下水开采量。中深层水井井位主要分布在七里营镇、小冀镇、翟坡镇三个工业镇。中深层地下水可利用量为 $3\ 438.18 \times 10^4\ \text{m}^3$，实际开采量 $6\ 234.96 \times 10^4\ \text{m}^3$，其中工业为 $5\ 544 \times 10^4\ \text{m}^3$，生活为 $690.96 \times 10^4\ \text{m}^3$，中深层超采 $2\ 796.78 \times 10^4\ \text{m}^3$。

②浅层地下水开采量。浅层地下水可利用量为 $10\ 109.33 \times 10^4\ \text{m}^3$，其中农业为 $10\ 041.15 \times 10^4\ \text{m}^3$，工业为 $505 \times 10^4\ \text{m}^3$，生活为 $560 \times 10^4\ \text{m}^3$，总开采量为 $11\ 106.15 \times 10^4\ \text{m}^3$，浅层地下水超采 $996.82 \times 10^4\ \text{m}^3$。农业浅层水井分布区域，分布数量和密度调查见表 3-5。

③深层地下水开采量。全县有 1 眼深水井位于小冀镇，主要供服务业地热温泉使用，2004 年没有具体开采量的数据。

表 3-5　新乡县农业浅层水井调查统计表

乡镇名称	农业面积/km²	井数/眼	密度/（眼/km²）
合河乡	38.6	493	12.7
大召营镇	29.8	468	15.7
翟坡镇	46.4	478	10.3
小冀镇	28	326	11.6
七里营镇	82.9	1 177	14.2
朗公庙镇	80.2	1 375	17.1
古固寨镇	47	567	12.1
高新西区	10	108	10.8

（2）地下水超采区分布调查

多年来，农业用水灌溉技术落后、管理粗放、水的利用效率低，农业灌溉可利用量远不能满足农业灌溉用水量；工业用水量也不断增加，使新乡县只能靠超采地下水来维持需水量。新乡县是个农业大县，农业生产是全县的用水大户，多年平均农业实际开采量大于地下水应开采量，致使地下水水位持续下降。根据监测结果可知，2001 年到 2004 年地下水平均降深 1.6 m，最大降深为 6.06 m，年平均降深为 0.4 m。中深层地下水超采严重，致使浅层地下水越流补给量加大，造成降落漏斗。新乡县 2004 年地下水位埋深分布见图 3-1。

3.1.3　水资源现状耗水平衡分析

3.1.3.1　目标 ET

根据 1951—2007 年降雨量、引黄量及实际生态出流量，由水平衡公式可以求得现状年的目标 ET 值，见表 3-6。

表 3-6　现状年目标 ET 的确定

年份		2004	2005	2006	2007	均值
目标 ET	mm	692.54	625.63	672.18	692.21	670.64
	10⁴ m³	25 132	22 704	24 393	25 120	24 338

3.1.3.2　耗水平衡分析

新乡县 2004—2007 年逐年实际遥感监测 ET 与目标 ET 对比结果见表 3-7。对比现状年目标 ET 和实际 ET，现状年的实际 ET 均超过了目标 ET，超出的平均值为 146.12 mm，枯水年的超出 ET 更大，超出 271.73 mm，即使在雨量较充沛的年份也有 50 mm 以上的 ET 超出量。

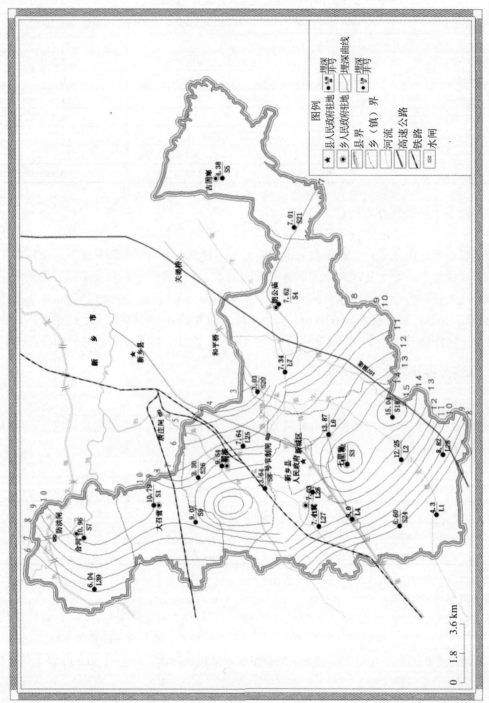

图 3-1 新乡县 2004 年地下水水位埋深图

表 3-7　新乡县现状年目标 ET 与实际 ET 对比表

年份	实际 ET		目标 ET		超出 ET（应削减 ET）	
	mm	$10^4 \, m^3$	mm	$10^4 \, m^3$	mm	$10^4 \, m^3$
2004	691.84	25 107	634.22	23 015.72	57.62	2 091
2005	698.19	25 337	584.6	21 215.3	113.59	4 122
2006	687.51	24 950	415.78	15 088.53	271.73	9 861
2007	638.39	23 167	496.82	18 029.72	141.57	5 138
平均	678.98	24 640	532.86	19 337.32	146.12	5 303

3.1.4　节水情况

3.1.4.1　农业节水情况

（1）种植制度及种植结构现状

①种植制度：新乡县各乡镇的作物一般为一年两熟的小麦—玉米、小麦—花生，其次为一年两熟的小麦—杂粮、水稻—杂粮和棉花，新乡县的复种指数较高，多年平均复种指数为 1.68，见表 3-8。

表 3-8　新乡县现状年复种指数

年份	耕地面积/hm²	播种面积/hm²	复种指数
2004	23 470	39 059	1.66
2005	23 419	37 652	1.61
2006	23 399	39 997	1.71
2007	23 375	40 999	1.75
平均	23 416	39 427	1.68

②种植结构现状：从新乡县各种作物种植面积现状来看，新乡县种植面积最大的作物为小麦、玉米，其次为棉花、蔬菜和油料，水稻、豆类、红薯、瓜果的种植面积较小，见表 3-9。从各类作物种植面积变化情况来看，小麦、油料、蔬菜、水稻的种植面积变化很小，玉米种植面积呈明显的增加趋势，棉花种植面积呈明显下降趋势。

表 3-9　新乡县现状年各种作物种植面积　　　　　　　　单位：hm²

作物	小麦	玉米	油料	棉花	水稻	豆类	红薯	蔬菜	瓜果
2004	16 798	9 576	1 752	6 667	981	363	233	2 527	288
2005	17 118	10 628	2 105	3 058	862	401	242	2 932	253
2006	17 168	12 718	2 157	2 989	840	375	228	3 241	260
2007	17 168	13 972	2 001	3 209	860	309	130	3 089	261
平均	17 063	11 724	2 004	3 981	886	362	208	2 947	266

③各种作物耗水情况分析：考虑复种情况的耗水排序结果见图 3-2，从图中可以看出，2004 年新乡县小麦—花生、小麦—玉米的单位面积耗水量最大，棉花的单位面积耗水量最小。

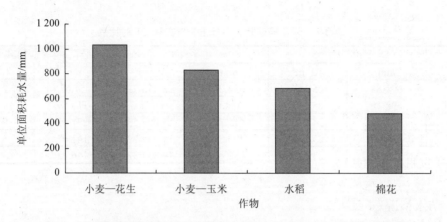

图 3-2   考虑复种情况的新乡县各种主要农作物单位面积耗水量对比图

（2）灌溉制度现状

新乡县灌溉制度基本不变，小麦一般全生育期灌四次水，灌溉定额为 140 m³/亩；玉米全生育期灌水 3 次，灌溉定额为 160 m³/亩；棉花全生育期灌水 3 次，灌溉定额为 102 m³/亩；水稻全生育期灌水 4 次，灌溉定额为 530 m³/亩；花生全生育期灌水 2 次，灌溉定额为 100 m³/亩。新乡县 2004 年灌溉制度见表 3-10。

表 3-10   新乡县 2004 年灌溉制度表

作物种类		小麦	玉米	棉花	水稻	花生
灌溉总次数		4	3	3	4	2
第一次灌溉	灌溉量/[m³/（亩·次）]	45	80	40	200	60
第二次灌溉	灌溉量/[m³/（亩·次）]	35	45	34	150	40
第三次灌溉	灌溉量/[m³/（亩·次）]	30	35	28	100	—
第四次灌溉	灌溉量/[m³/（亩·次）]	30	—	—	80	—
合计	灌溉量/（m³/亩）	140	160	102	530	100

（3）输水渠道

全县地表水工程老化失修，只有个别乡村扬水站配套比较完好，其他利用地表水的扬水站都是临时架机抽水，工程不配套。地下水工程配套比较齐全，但输水系统大部分为土垄沟，输水渗漏损失现象较为严重。采取渠道衬砌、低压管道输水、清淤、U 形渠道等措施之后，可提高灌溉水利用系数，渠系输水蒸发耗水量可以得到有效控制。

根据现状调查，新乡县 2004 年灌溉水利用系数为 0.6，通过一系列有效的工程措施，灌溉水利用系数可以提高到 0.65。提高灌溉水利用系数之后，在不考虑农业用水量变化情况下，输水损失减少，将减少水面蒸发损失。

2004 年新乡县 23 470 hm² 耕地面积中，管道防渗、低压管道、喷灌、微灌、其他节水措施农业节水工程控制面积约占 76.45%。其中，管道防渗占 27.58%，低压管道占 32.14%，喷灌约占 1.24%，微灌占 1.08%，其他占 14.42%。部分地区仍采用大水漫灌、畦灌等传统灌溉方式，新乡县推广高效灌水技术仍有较广阔的空间。

3.1.4.2 工业节水情况

新乡县主要耗水产业有造纸业、电力行业。造纸业采用的原料洗涤循环使用系统较落后，污水回用技术及白水回收工艺已跟不上当前的先进技术，2004 年工业用水重复利用率为 42%。电力行业多采用水冲刷灰渣输送，且冲灰水的回收利用技术也相对落后。

3.1.4.3 生活节水情况

（1）自备水源井井数众多

各单位自打水源井，盲目开采，用水无计划，供需无保障，且多数水源井和设备老化严重，水量、水压不足。水源井分散布置在各单位内，不利于水资源的集中管理，使本已紧缺的水资源造成了更大的浪费。

（2）给水系统不完善

大部分单位采用水源井泵直供方式，管网未形成环状，供水保障率低。管网管径偏小，管道老化现象严重，漏失率约 20%，供水能耗偏大，水资源和电能资源浪费严重。

（3）未建立管网档案资料

对地下管网的位置、管材和管径等掌握不全面，当发生跑水漏水情况时，不能及时找到跑漏点，造成水资源浪费。目前，新乡县的城镇生活用水器具大部分质量较低，人们的节水意识也较差。

3.1.4.4 畜禽节水情况

目前新乡县畜牧养殖厂的规范化程度低，散养用户较多，没有形成统一和系统的管理模式。散户的养殖在养殖技术和养殖方法上不能实现养殖业的产业化、标准化，在各种资源的使用上会出现不同程度的浪费和使用不合理现象。

3.2 水环境质量现状评估

3.2.1 地表水水质现状评价

根据 2004 年各河段水质监测资料，以《地表水环境质量标准》（GB 3838—2002）为依据，对新乡县各河段入境及出境断面等具有代表性的水质监测断面进行现状评价与趋势分析，分析项目包括氨氮和 COD 两项。主要监测断面为东孟姜女河出入境断面、西孟姜女河出入境断面、共产主义渠出入境断面以及人民胜利渠出入境断面。主要河流监测断面及污染源排污口情况如图 3-3 所示。

根据 2004 年监测结果及新乡县水环境功能区/水功能区划分结果，四条主要河流的监测断面的划分功能水质要求以及各监测断面现状水质评价结果见表 3-11。从表上可以看出，新乡县各河段入境及出境断面，除人民胜利渠东二田庄闸出境断面外，监测值均超过目标水质标准，断面水质类别为劣 V 类，水质受到严重污染。

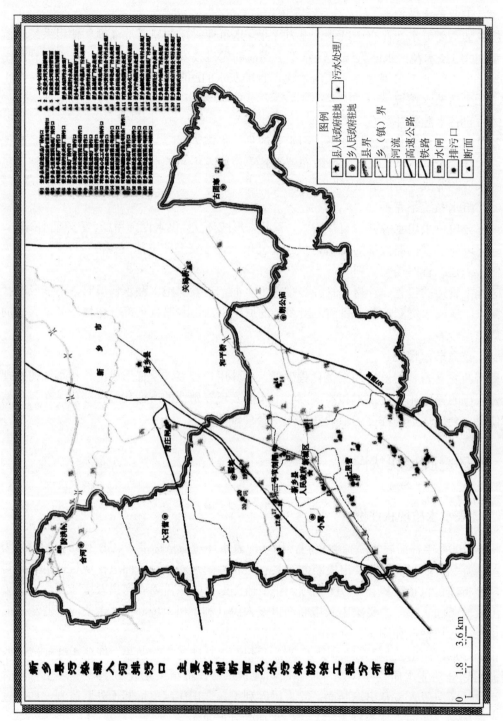

图 3-3 新乡县主要河流监测断面及污染源排污口示意图

　　其中，作为新乡县地表水源的人民胜利渠，引黄水质监测值亦超过Ⅴ类标准，水质类别为劣Ⅴ类，水质受到严重污染。特别是东孟姜女河、西孟姜女河、共产主义渠，由于接纳了新乡的大部分工业污染物及生活污水，出境监测断面水污染物严重超标，已失去供水功能，成为名副其实的排污沟。

表 3-11　新乡县 2004 年主要河流出境断面水质现状评价

河流名称	断面性质	断面名称	COD 浓度（mg/L）	氨氮浓度（mg/L）	断面水质类别	目标水质	目标限值/（mg/L）		超标倍数		超标因子
							COD	氨氮	COD	氨氮	
东孟姜女河	入境断面	牛屯村	328.4	1.3	劣Ⅴ	Ⅴ	40	2	7.2	达标	COD
	出境断面	关堤桥	698.2	19.5	劣Ⅴ	Ⅴ	40	2	16.5	8.8	COD、氨氮
西孟姜女河	入境断面	秦村营	334.8	9.3	劣Ⅴ	Ⅴ	40	2	7.4	3.7	COD、氨氮
	出境断面	唐庄闸	479.8	26.2	劣Ⅴ	Ⅴ	40	2	11.0	12.1	COD、氨氮
共产主义渠	入境断面	西永康桥	172.5	59.2	劣Ⅴ	Ⅳ	30	1.5	4.8	38.5	COD、氨氮
	出境断面	合河桥	90.5	15.0	劣Ⅴ	Ⅳ	30	1.5	2.0	9.0	COD、氨氮
人民胜利渠	入境断面	敦留店	41.2	0.1	劣Ⅴ	Ⅲ	20	1	1.1	达标	COD
	出境断面	东二田庄闸	38.4	0.1	Ⅴ	Ⅲ	20	1	0.9	达标	COD
	出境断面	东三干渠王堤闸	41.5	0.1	劣Ⅴ	Ⅳ	30	1.5	0.4	达标	COD

3.2.2　地下水水质现状评价

　　新乡县地下水水资源大部为淡水，少量为咸水，地下水水质以 2004 年新乡市水文局提供的水质监测井水质化验结果为依据，并用《生活饮用水卫生标准》（GB 5749—85）进行现状评价，大部分井由于总硬度超标而不符合饮用水标准，如表 3-12 所示。

表 3-12　2004 年新乡县地下水水质现状评价

监测点位	项目	2004 年值	限值	超标值	超标因子
大召营村西北	总硬度/（mg/L）（以 $CaCO_3$ 计）	662.19	550	112.19	总硬度/（mg/L）（以 $CaCO_3$ 计）
	pH 值	7.37	≥6.5 且≤9.5	—	
古固寨村西北	总硬度/（mg/L）（以 $CaCO_3$ 计）	279.9	550	—	—
	PH 值	7.64	≥6.5 且≤9.5	—	

3.3　水环境污染物排放现状评估

3.3.1　工业污染源排放情况

3.3.1.1　工业污染源排放现状

　　根据环境统计数据，新乡县各乡镇 2004 年工业污染源污染物排放情况统计结果如表 3-13 所示，由表中可以看出：2004 年新乡县工业污水排放总量为 6 969.57 万 t，COD

排放总量为 26 010.81 t，氨氮排放总量为 2 860.64 t。其中，污染物主要排放地区为七里营镇，该镇工业污水排放量占全县工业污水排放总量的 73.66%，COD 排放量占全县 COD 排放总量的 76.61%，氨氮排放量占全县氨氮排放总量的 77.88%。

表 3-13　2004 年新乡县各乡镇工业污染物排放量

乡镇名称	污水排放量/（万 t/a）	COD 排放量/（t/a）	氨氮排放量/（t/a）
七里营镇	5 133.50	19 926.77	2 227.95
高新西区	233.00	662.20	205.86
朗公庙镇	278.00	1 131.00	44.44
小冀镇	55.37	220.89	21.00
翟坡镇	835.22	2 466.62	242.64
大召营镇	84.01	279.01	35.40
合河乡	17.47	77.81	7.00
古固寨镇	333.00	1 246.50	76.35
合计	6 969.57	26 010.81	2 860.64

3.3.1.2　重点行业污染物排放状况

图 3-4 为 2004 年新乡县各乡镇重点工业主要污染行业污染物排放情况，由图 3-4 可以看出：2004 年新乡县重点工业中主要的污染行业是医药卫材、造纸、化学化工和化纤纺织等，污染物排放以造纸、医药卫材和化学化工等行业为主。

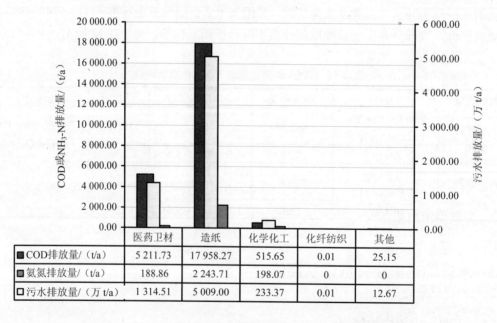

图 3-4　2004 年新乡县重点工业主要污染行业污染物排放情况

造纸行业污水排放量占工业污水排放总量的 76.25%，COD 排放量占工业 COD 排放总量的 75.74%，氨氮排放量占工业氨氮排放总量的 85.29%；医药卫材行业污水排放量占工业污水排放总量的 20%，COD 排放量占工业 COD 排放总量的 21.98%，氨氮排放量占工业氨氮排放总量的 7.18%；化学化工行业污水排放量占工业污水排放总量的 3.55%，COD 排放量占工业 COD 排放总量的 2.17%，氨氮排放量占工业氨氮排放总量的 7.53%。

综上所述，新乡县重点污染行业为造纸和医药卫材行业，造纸行业各类污染物排放量均占各污染物排放总量的 70%以上。由此可见，新乡县工业结构性污染问题严重。

3.3.2 城镇生活污染源排放情况

2004 年新乡县各乡镇城镇生活污染源污染物排放情况统计结果见表 3-14，由表中数据可知，新乡县生活污染源污水排放量为 281.9 万 t，COD 排放量为 986.19 t，氨氮排放量为 126.79 t；小冀镇城镇生活污染源污染物排放量占整个新乡县生活污染源污染物排放量的一半左右，其生活污水排放量为 121.48 万 t，生活 COD 排放量为 424.82 t，氨氮排放量为 54.62 t。

表 3-14　2004 年新乡县各乡镇城镇生活污染物排放量

乡镇名称	生活污水排放量/（万 t/a）	生活 COD 排放量/（t/a）	生活氨氮排放量/（t/a）
七里营镇	56.17	196.44	25.26
高新西区	—	—	—
朗公庙镇	41.28	144.38	18.56
小冀镇	121.48	424.82	54.62
翟坡镇	28.80	100.73	12.95
大召营镇	16.33	57.12	7.34
合河乡	8.67	30.31	3.90
古固寨镇	9.26	32.39	4.16
合计	281.99	986.19	126.79

3.3.3 畜禽养殖污染源排放情况

3.3.3.1 畜禽养殖量现状

根据新乡县畜牧局提供的资料显示，新乡县 2004 年畜禽养殖蛋鸡的存栏量为 705 500 只，肉鸡的存栏量为 200 000 只，鸭的存栏量为 6 000 只，奶牛的存栏量为 2 238 头，肉牛的存栏量为 1 250 头，羊的存栏量为 685 只，猪的存栏量为 72 750 头，折算为 128 558 头标准猪[60 只肉鸡折算成 1 头猪（1 只蛋鸡先折算成 2 只肉鸡），1 头肉牛折算成 5 头猪（1 头奶牛先折算成 2 头肉牛），3 只羊折合 1 头猪，60 只鸭折算成 1 头猪]。

根据图 3-5 和表 3-15 可知，2004 年新乡县畜禽养殖主要分布在七里营镇、翟坡镇、朗公庙镇、大召营镇四个乡镇，分别占畜禽养殖总量的 33.63%、15.07%、12.45%、10.97%。

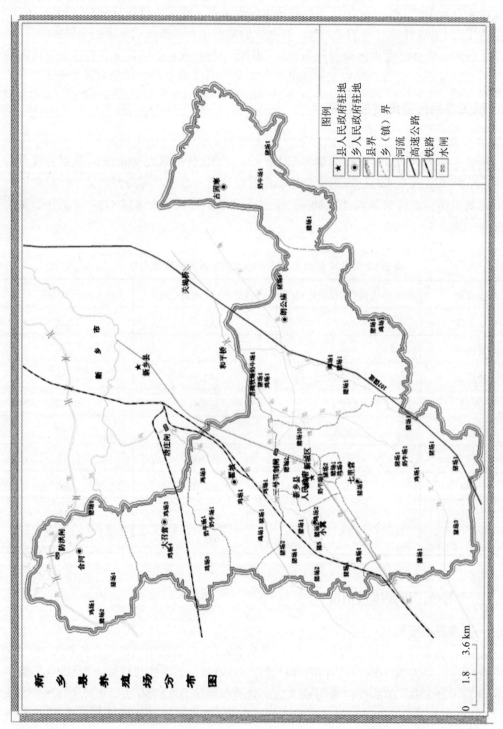

图 3-5　新乡县 2004 年畜禽养殖场分布图

表3-15 新乡县2004年畜禽养殖分布对比表　　　　单位：只（头）

乡镇名称	蛋鸡	奶牛	肉鸡	肉牛	羊	生猪	鸭	折算为猪	占总量的比例
七里营镇	124 000	1 141	92 400	0	0	26 150	0	43 233	33.63%
高新西区	37 000	0	0	0	0	11 230	0	12 463	9.69%
朗公庙镇	117 000	254	16 000	250	80	7 990	2 000	16 007	12.45%
小冀镇	22 000	73	27 000	0	8 950	0	0	10 863	8.45%
翟坡镇	199 000	310	53 600	0	0	8 680	4 000	19 373	15.07%
大召营镇	74 000	348	0	1 000	0	3 150	0	14 097	10.97%
合河乡	73 500	112	11 000	0	605	6 600	0	10 555	8.21%
古固寨镇	59 000	0	0	0	0	0	0	1 967	1.53%

3.3.3.2 畜禽养殖业污染物排放现状

根据畜禽养殖的存栏数和不同养殖种类的污染物产生系数，定量计算各乡镇畜禽养殖的粪便、尿产生量，主要污染物COD、氨氮的排放量。

（1）畜禽污染物排放系数

畜禽养殖污染物排放系数的确定关系到污染物排放量核定的准确性，本次规划先后参考了原国家环保总局推荐的畜禽养殖污染物排放系数、浙江省畜禽养殖业污染状况与防治对策研究中推荐污染物排放系数和南阳市内乡县水环境综合整治规划报告中给定的污染物排放系数，并经过与新乡县本地畜牧、环保专家的咨询和商讨，考虑了以上系数的权威性、合理性、详略程度以及地域因素等特点，本着以原国家环保总局推荐系数为主，以其他省份、县区推荐系数为补充，并进行充分校核的原则，最终确定了2004年新乡县畜禽养殖业污染物排放系数见表3-16、表3-17。

表3-16 2004年新乡县畜禽养殖业污水及污染物排放系数

畜禽种类	污水排放量/[t/（年·头）]	COD_{Cr}浓度/（mg/L）	NII_3-N浓度/（mg/L）
猪	2.5	2 600.0	250.0
奶牛	5	1 000.0	50.0
肉牛	2	880.0	22.0

表3-17 2004年新乡县畜禽养殖业粪便及污染物排放系数

畜禽种类	粪便排放量/{t/[年·头（只、羽）]}	COD_{Cr}/[kg/t（鲜粪尿）]	NH_3-N/[kg/t（鲜粪尿）]
猪	1	26.61	2.17
奶牛	10	248.2	25.15
肉牛	6	248.2	25.15
肉鸡	0.02	1.18	0.13
蛋鸡	0.04	1.18	0.13
羊	0.29	3.13	0.54

（2）粪便产生量

对新乡县主要的畜禽种类猪、奶牛、肉牛、羊、鸡的粪便污染物产生量进行了计算统计，根据计算结果可知，2004 年新乡县畜禽养殖业粪便产生量 12.51 万 t，其中猪产生量最大，产生粪便 7.28 万 t，占总粪便量的 58.19%；其次是奶牛，产生粪便 2.24 万 t，占总粪便量的 17.91%。粪便中 COD 量为 9 385.89 t，其中奶牛养殖业粪便排放的 COD 量最大，为 5 554.72 t，占粪便总 COD 的 59.18%；粪便中氨氮的量为 34.46 t，其中养猪行业产生最大为 157.87 t，占粪便总氨氮的 44.31%，见表 3-18。

表 3-18　2004 年新乡县主要畜禽种类粪便污染物产生量

畜禽种类	存栏量/（万头、万只）	粪便产生量/万 t	COD/t	氨氮/t
猪	7.28	7.28	1 935.88	157.87
奶牛	0.22	2.24	5 554.72	56.29
肉牛	0.13	0.75	1 861.50	31.44
蛋鸡	70.55	1.41	16.65	91.72
肉鸡	20.00	0.80	9.44	26.00
羊	0.07	0.02	0.62	0.37
鸭	0.60	0.01	7.08	0.78
合计	98.84	12.51	9 385.89	364.46

（3）污染物排放量

2004 年新乡县的畜禽养殖行业污染物排放量中污水的排放量为 14.82 万 t，其中七里营镇的污水排放量最大为 5.27 万 t，占污水排放量的 36.90%；COD 的排放量为 1 944.36 t，其中大召营镇的 COD 产生量最大为 377.22 t，占 COD 排放量的 15.47%；氨氮的排放量为 187.50 t，其中七里营镇的氨氮产生量最大为 76.88 t，占氨氮排放量的 41%，见表 3-19。

表 3-19　2004 年新乡县分行政区域养殖业污染物排放量

乡镇名称	污水排放量/万 t	COD 排放量/t	氨氮排放量/t
七里营镇	5.27	787.25	76.88
高新西区	2.58	122.47	10.98
朗公庙镇	1.92	300.87	29.04
小冀镇	1.6	110.72	10.33
翟坡镇	1.33	93.45	8.75
大召营镇	0.84	377.22	37.74
合河乡	1.28	151.82	13.71
古固寨镇	0	0.56	0.06
总计	14.82	1 944.36	187.50

3.3.4　主要污染源排放量分析

2004年新乡县污水排放总量为7 266.38万t，其中工业污水排放量为6 969.57万t，城镇生活污水排放量为281.99万t，畜禽养殖污水排放量为14.82万t。COD排放总量为28 941.36 t，工业COD年排放量为26 010.81 t，城镇生活COD年排放量为986.19 t，畜禽养殖COD年排放量为1 944.36 t。氨氮排放总量为3 174.92 t，工业氨氮年排放量为2 860.6 t，城镇生活年排放量为126.79 t，畜禽养殖氨氮年排放量为187.49 t。

工业COD和氨氮排放量约占全县COD和氨氮排放总量的90%左右，是水污染防治的重点领域。造纸、医药卫材、化学化工等3个行业的COD和氨氮排放量占全部重点工业的90%以上，是排污总量削减的重点行业。

工业污染物排放量中七里营镇较大，最小为合河乡；生活污染物排量中小冀镇较大；七里营镇畜禽养殖污染物排量较大，最小为古固寨镇，见表3-20。

表3-20　2004年新乡县各乡镇各类污染源污染物排放量

乡镇名称	污水/万t				COD/t				氨氮/t			
	工业	城镇生活	畜禽养殖	小计	工业	城镇生活	畜禽养殖	小计	工业	城镇生活	畜禽养殖	小计
七里营镇	5 133.5	56.17	5.27	5 194.94	19 926.77	196.44	787.25	20 910.46	2 227.95	25.26	76.88	2 330.09
高新西区	233	—	2.58	235.58	662.2	—	122.47	784.67	205.86	—	10.98	216.84
朗公庙镇	278	41.28	1.92	321.2	1131	144.38	300.87	1 576.25	44.44	18.56	29.04	92.04
小冀镇	55.37	121.48	1.6	178.45	220.89	424.82	110.72	756.43	21	54.62	10.33	85.95
翟坡镇	835.22	28.8	1.33	865.35	2 466.62	100.73	93.45	2 660.8	242.64	12.95	8.75	264.34
大召营镇	84.01	16.33	0.84	101.18	279.01	57.12	377.22	713.35	35.4	7.34	37.74	80.48
合河乡	17.47	8.67	1.28	27.42	77.81	30.31	151.82	259.94	7	3.9	13.71	24.61
古固寨镇	333	9.26	0	342.26	1 246.5	32.39	0.56	1 279.45	76.35	4.16	0.06	80.57
合计	6 969.57	281.99	14.82	7 266.38	26 010.81	986.19	1 944.36	28 941.36	2 860.64	126.79	187.49	3 174.92

3.3.5　主要污染源入河量分析

新乡县各主要河流接纳的污染物来源为三部分，分别为工业污染源、城镇生活污染源以及畜禽养殖污染源。污染源入河量主要是指污染源的污水入河量及其对应的污染物（COD和氨氮）入河量，采用入河系数法进行估算。根据中国环境规划院编制的《全国水环境容量核定技术指南》及其最新修订方法确定工业污染源污染物入河系数，见表3-21；城镇生活污染物入河系数在0.1～0.2之间选取，畜禽养殖入河系数取0.1。

表3-21　2004年工业污染源入河系数确定方法

企业至排污口距离 L/km	$L \leqslant 1$	$1 < L \leqslant 10$	$10 < L \leqslant 20$	$20 < L \leqslant 40$	> 40
入河系数	1.0	0.9	0.8	0.7	0.6

　　2004 年各类污染源主要污染物入河量计算结果见表 3-22，各乡镇污染物入河比例见图 3-6，可以看出，2004 年全县各类污染源污水入河量为 7 009.2 万 t，COD 入河量为 26 767.6 t，氨氮入河量为 2 827.6 t。其中，七里营镇的各类污染物入河量均占全县 70%以上，各类工业污染物入河量均占全县 95%以上，东孟姜女河各类污染物入河量均占全县 80%以上。根据以上分析可知，工业是新乡县的重点污染控制行业，七里营镇是重点污染控制区域，东孟姜女河是重点污染控制单元。

表 3-22　2004 年新乡县各乡镇各类污染源主要污染物入河量统计

控制单元	乡镇名称	污水/万 t				COD/t				氨氮/t			
		工业	城镇生活	畜禽养殖	小计	工业	城镇生活	畜禽养殖	小计	工业	城镇生活	畜禽养殖	小计
东孟姜女河	七里营镇	5 133.5	3.43	0.53	5 137.46	19 926.77	112.01	78.73	20 117.51	2 177.74	2.53	7.69	2 187.96
	高新西区	233	0.00	0.26	233.26	662.20	0.00	12.25	674.45	201.22	0.00	1.10	202.32
	朗公庙镇	278	2.76	0.19	280.95	1 131.00	82.33	30.09	1 243.42	43.44	1.86	2.90	48.20
	小计	5 644.5	6.19	0.98	5 651.67	21 719.97	194.34	121.07	22 035.38	2 422.4	4.39	11.69	2 438.48
西孟姜女河	小冀镇	55.37	23.80	0.16	79.33	220.89	242.24	11.07	474.20	20.53	5.46	1.03	27.02
	翟坡镇	835.22	1.54	0.13	836.89	2 466.62	57.44	9.35	2 533.41	237.17	1.30	0.88	239.35
	大召营镇	84.01	2.52	0.08	86.61	279.01	32.57	37.72	349.30	34.60	0.73	3.77	39.10
	小计	974.6	27.86	0.37	1 002.83	2 966.52	332.25	58.14	3 356.91	292.3	7.49	5.68	305.47
共产主义渠	合河乡	17.47	1.95	0.13	19.55	77.81	17.28	15.18	110.27	6.84	0.38	1.37	8.59
大沙河	古固寨镇	333	2.15	0	335.15	1 246.50	18.47	0.06	1 265.03	74.63	0.42	0.01	75.06
	合计	6 969.57	38.15	1.48	7 009.2	26 010.81	562.34	194.45	26 767.60	2 796.17	12.68	18.75	2 827.6

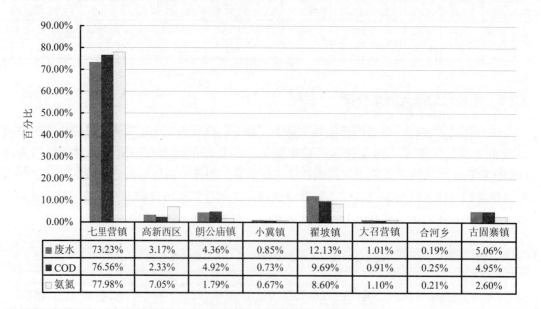

	七里营镇	高新西区	朗公庙镇	小冀镇	翟坡镇	大召营镇	合河乡	古固寨镇
■废水	73.23%	3.17%	4.36%	0.85%	12.13%	1.01%	0.19%	5.06%
■COD	76.56%	2.33%	4.92%	0.73%	9.69%	0.91%	0.25%	4.95%
□氨氮	77.98%	7.05%	1.79%	0.67%	8.60%	1.10%	0.21%	2.60%

图 3-6　2004 年新乡县各乡镇污染物入河比例

3.4 水资源与水环境管理现状评估

3.4.1 监测站网分布现状

3.3.4.1 地下水监测

（1）地下水埋深监测点

2004 年，新乡市水文水资源局在新乡县布设 16 个水位、水温观测井，监测频率为常规观测井 4 次/月，水位井 1 次/月，水温井 1 次/月。

（2）地下水质监测点

2004 年，新乡市水利局在新乡县大召营镇、古固寨镇分别设 1 眼地下水质监测井，监测频率为 2 次/年。

3.3.4.2 地表水监测

2004 年，新乡县地表水监测情况为：东孟姜女河出入境水质水量监测断面设在关堤桥和牛屯村；西孟姜女河出入境水质水量监测断面设在唐庄闸和秦村营；共产主义渠出入境水质水量监测断面设在合河桥和西永康桥；人民胜利渠出入境水质水量监测断面设在敦留店、东二田庄闸和东三干渠王堤桥，监测频率为 1 次/月。新乡县出境水质水量监测点东孟姜女河设在关堤桥，西孟姜女河设在唐庄闸，监测频率 1 次/月。

3.3.4.3 污染源监测状况

县环保局为了加强水环境管理，对县内的一些排污企业的污水排放进行定期或不定期地抽查，掌握各单位的排污量和排放指标，各重点污染企业排污口都设监测点，对水质水量进行监测，监测频率 1 次/月。但对面源污染而言只掌握畜禽粪便产出情况和化肥、农药的使用及对水环境可能产生污染的一般情况。

3.3.4.4 新乡县监测网络分布图

2004 年，新乡县监测网络分布图，主要包括地表水水质监测断面分布点，地下水监测井分布等，如图 3-7 所示。

3.4.2 政策法律法规建设及落实措施

3.4.2.1 国家政策法律法规

（1）《中华人民共和国环境保护法》

（2）《中华人民共和国水污染防治法》

（3）《中华人民共和国水法》

（4）水利部《取水许可管理办法》

3.4.2.2 省级政策法律法规

（1）《河南省环境监测管理办法》

（2）《河南省建设项目环境保护条例》

（3）《河南省排污费征收使用管理办法》

（4）《河南省实施〈中华人民共和国水法〉办法》

（5）《河南省取水许可制度和水资源费征收管理办法》

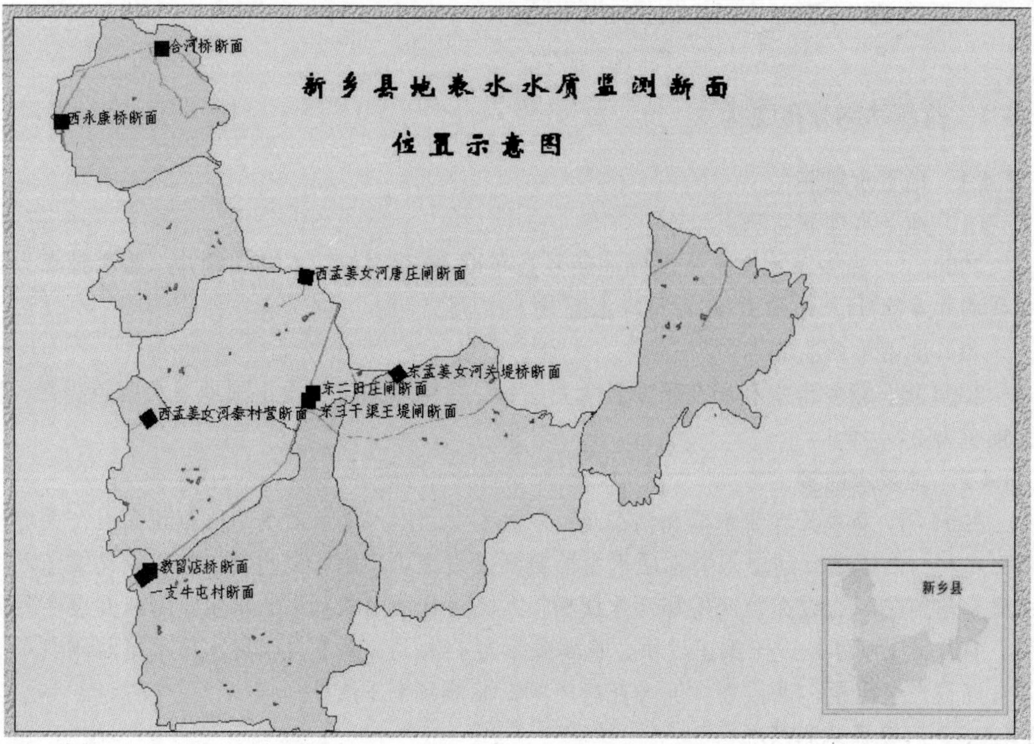

图 3-7　新乡县地表水监测断面分布示意图

3.4.2.3　地方政策法律法规

（1）《新乡市主要污染物总量考核办法（试行）》

（2）《新乡市城市供水管理规定》

（3）《新乡县关于水污染防治管理工作意见》

（4）《新乡县关于整治违法排污企业专项行动实施方案》

3.4.2.4　落实政策法律法规的主要措施

新乡县为落实有关政策法律法规，开展了以下三方面的工作：一是广泛宣传，二是典型示范，三是狠抓落实和推广工作。通过政策法律法规的落实，大大加强了全县水资源与水环境管理工作，有效控制了水资源的开发利用和水环境的恶化趋势。

3.4.3　取水许可制度与水费征收方法

1996 年新乡县水利局开始发放取水许可证，对全县区域内取水的单位和个人，依据《中华人民共和国水法》和《河南省取水许可和水资源费征收管理办法》申请取水许可证，并依照规定取水。取水许可申请经批准后，取水单位按照取水许可批准文件凿井或修建地表水取水工程，并按照有关规定安装取水计量设施。水井或地表水取水工程建成后应当向管理取水许可申请的县级以上人民政府水行政主管部门或水利工程管理单位提交有关技术资料，由审批机关组织验收测定，核定取水量，并核发取水许可证。

2005 年起，对全县 298 眼工业用水井统一办理了取水许可证，实现了统一管理，并实行一井一证，用水单位安装计量设施率达 60%。这一制度的实施使得地下水超采的情况得到了有效的控制，对于少量超采地下水的机井，都按照取水许可管理办法进行了严肃处理。同时，对新乡县的打井市场进行整顿和规范，严格审批手续。对区域内地下水漏斗区域，不再审批新的打井手续，严格控制地下水的过度开采。积极探讨与排污许可制度相衔接的取水许可制度，努力实现取水许可和排污许可的有机结合。2004 年，新乡县水费征收依据《河南省取水许可和水资源费征收管理办法》，实行收支两条线，水费征收率 100%。

3.4.4　排污许可制度

2004 年开始，新乡县环保局按照省环保厅的要求，根据《中华人民共和国水污染防治法实施细则》以及县环保部门制定的总量控制实施方案，审核本区域内向水体排污单位的重点污染物排放量，对不超过排放总量控制指标的，发给排污许可证；对超过排放总量控制指标的，限期治理，限期治理期间，发给临时排污许可证。尤其是对县域内造纸企业及重点化工企业，做到持证排污。

新乡县排污费和超标准排污费收费标准为：每个排污口按排放量最高的三个污染因子的排放量来收费。

3.4.5　水资源与水环境管理机构及管理能力状况

3.4.5.1　新乡县水资源与水环境管理机构情况

目前，新乡县水资源和水环境管理部门有环保、水利、农业、城乡建设管理和国土等部门，以环保局和水利局为主，其他部门通力协作，各部门的职责分工如下。

①新乡县环保局：贯彻执行国家和省、市环境保护的方针、政策、法律、法规，组织实施全县环境保护和执法检查工作；组织编制并实施全县环境保护规划；组织管理全县的环境监测工作，指导参与全县环境综合整治工作；组织全县排污申报登记与排污许可证的核发、排污费、污染限制治理、浸染总量控制、"三同时"等环境管理制度的实施；负责全县大气、水体、土壤的环境保护工作，调查处理环境污染事故和生态破坏事件。

②新乡县水利局：统一管理全县水资源（含空中水、地表水、地下水）；组织制定全县水的中长期供求计划、水量分配方案并监督实施；组织实施取水许可制度和水资源征收制度；按照国家、省资源环境与保护的有关法律、法规和标准，拟定全县水资源保护规划；拟定全县节约用水政策，编制全县节约用水规划，制定有关标准，组织、管理和监督节约用水工作；组织水功能区的划分和向水域排污的控制，提出县对排污总量的意见。

③新乡县农业局：拟定全县农业、渔业经济发展战略、中长期发展规划并组织实施；拟定全县农业产业政策，引导农业产业结构的合理调整、农业资源的合理配置和产品品质的改善。

④新乡县国土资源局：监测、监督防止地下水的过量开采与污染，保护地质环境；参与确定地下水年度计划可采总量、井点总体布局和取水层位；审核大中型建设项目、供水水源地的地下水取水许可申请。

⑤新乡县城乡建设管理局：负责对生活垃圾准倒、建筑垃圾清运许可审批及城市生活

废弃物收集、清运、处理的单位和个人的资质审查和监督管理；对某些特殊行业超过噪声管理标准或任意向河道排放有害污水、倾倒垃圾的单位和个人，依法进行纠正。

3.4.5.2 管理能力状况

新乡县环保局下设办公室、法规信访股、污染控制股、环境监查大队等 9 个股（站、队、室），共有工作人员 68 人，其中工程师 5 人，助理工程师 5 人，技术员 48 人，其他是大专学历；全局有电脑 15 台，办公条件中等，办公自动化程度相对较高；通讯、交通工具一般。

新乡县水利局下设办公室、工程建设管理股、农村水利股、水政水资办 4 个股（站、室），共有工作人员 34 人，其中工程师 7 人，助理工程师 5 人，技术员 22 人，其他是本科学历；全局有电脑 10 台，办公条件中等，办公自动化程度较低；通讯、交通工具一般，水资源管理相对落后。

新乡县农业局涉及渔业用水、农业节水灌溉方面工作的工作人员 50 人，其中工程师 20 人，助理工程师 8 人，技术员 22 人，其他是大专学历；进行渔业用水、农业节水灌溉方面工作的电脑 15 台，办公条件良好，办公自动化程度较高，通讯、交通工具一般。

3.4.5.3 新乡县 GEF 海河项目领导小组

为保证水资源和水环境综合管理规划一体化工作，成立了新乡县 GEF 海河项目领导小组，下设 GEF 海河项目办公室（GEF 海河项目财务科、采购 MIS、外事档案）和联合专家组，明确职责与权力、人员组成和工作制度；建立协商机制，在规划过程中，请资深政府代表、利益相关者、用水者协会及社区共同参与，特别是对弱势群体，保证信息的传播和交流，保证项目和其目标利益者之间的协作，根据需要不定期举行咨询和讨论会，征求各方面、各层次代表对项目的看法、意见和建议，并形成会议记录，制定行动计划，以保证项目顺利实施。

县项目领导小组是水资源与水环境综合管理规划（IWEMP）项目在全县的领导机构，组织领导该项目在全县的运作与实施，督促检查工作进度，协调相关部门的工作及项目办公室无法解决的问题。县项目领导小组由县政府副县长任组长，成员由水利、环保、农业、建设、畜牧、财政局的局长或副局长以及县政府办公室副主任和县接待办主任组成。领导小组根据世行要求，定期地督促检查项目进度；根据项目办公室和联合专家组提出的需要由项目领导小组协调解决问题，不定期召开领导小组会议。研究相关问题，得出处理意见，归档核备，并以正式文件通知相关单位执行。

（1）新乡县 GEF 海河项目办公室

县项目办公室是项目领导小组下设的日常办事机构，服从项目领导小组的领导。办公室主任由县环保局局长担任，副主任 2 名，分别由水利局副局长和环保局副局长担任。成员由县水务局、环保局、农业局等单位的工作人员组成，共 12 人。其主要职责包括：负责项目的准备、制定计划及计划的管理和执行，以及项目资金的管理和分配；根据中央、海委、省的要求与项目受益相关者协商，协调项目相关部门的纵横向合作关系，提出"自上而下"和"自下而上"的解决问题的关键性措施，制定工作计划，保证水资源与水环境综合管理规划（IWEMP）达到预期目标。组建专家组解决项目准备和实施过程中的技术问题，完成有关报告的编写。对所有会议来往文件、工作成果等资料均备案归档管理。

（2）新乡县联合专家组

县联合专家组是项目的技术支持团体。主要职责是：解决项目中的具体技术问题，特别是水质与水量综合管理的技术问题；编写报告及技术文件，开展技术培训，配合上级项目办和专家组，进行项目进度与实施情况的检查验收。

3.5 存在问题

3.5.1 资源型缺水严重，水资源利用率不均衡

2004 年新乡县水资源总量为 1.42 亿 m^3，人均可利用水资源量为 446 m^3，参照联合国系统制定的一些标准，属于重度缺水地区。全县水资源利用率偏低，工业用水重复利用率仅为 42%，城镇供水管网漏失率高达 20%，农业节水多注重工程节水措施，缺乏其他措施的配合，再加上重建轻管，部分节水灌溉工程已受到破坏，造成水资源浪费和低效利用。水资源利用率不均衡，主要表现在各行业用水效率存在很大的差异，工业用水效率较高，而农业用水相对效率较低；城镇生活用水效率较高，而农村生活用水效率较低。

3.5.2 地下水超采严重

新乡县除定量的黄河供水外，目前无其他地表水水源，地下水是新乡县最主要的水源，随着经济的发展各部门需水不断增加，全县工业和农业不得不连续超采地下水，加剧了县内水资源供需矛盾。2004 年农业灌溉用水开采浅层地下水水资源占浅层水开采量的 90%；工业开采中深层地下水水资源占中深层地下水开采量的 90%，地下水埋深下降幅度加快，超采地下水 3 793.58 万 m^3，全县人均地下水资源量降到 412 m^3。

3.5.3 工业结构性污染严重，生活和农业污染增长趋势明显

2004 年新乡县污染源主要来自工业、城镇生活和畜禽养殖，COD 排放量为 28 941.36 t，氨氮排放量为 3 174.92 t，其中工业 COD 和氨氮排放量约占全县 COD 和氨氮排放总量的 90%左右，是水污染防治的重点领域，造纸行业、医药卫材是工业污染防治的重点。随着新乡县经济的发展，城镇人口和畜禽养殖数量不断增加，若按照目前的发展模式和管理水平，生活和畜禽养殖污染的比重将逐步加大。

3.5.4 河道缺乏天然径流量，水质污染严重

新乡县的两条主要河流东孟姜女河和西孟姜女河，是主要的纳污河流，尤其是东孟姜女河，一直承纳着全县 50%以上的污染物排放量。但河道缺乏天然径流量，主要为污染源排放污水，且工业污水排放标准远远大于河流水质标准，断面达标难度很大，各主要河流出境断面水质类别均为劣 V 类。河流基本上没有自净能力，无法保证河道的最小环境容量，部分河道成为事实上的排污渠，部分水体丧失使用价值，从而减少了可利用的水资源，加剧了水资源供需矛盾。

3.5.5　尚未建立统一高效的水资源与水环境管理体制

目前新乡县的涉水管理部门包括水利局、环保局、农业局、建设局和国土局等，尽管新乡县现有的涉水管理机构在分工合作以及相互协调方面已经取得一定成效，但是尚未建立统一高效的水管理体制。现行的涉水规划主要是由水利局、环保局分别根据各自的职能范围制定，存在规划重叠和矛盾问题。由于协调机制不完善，信息共享机制的缺乏，以及缺乏水资源与水环境综合管理法规体系，目前存在多部门管理协调不足，多部门分头、分段、分块管理，虽有分工，也难免出现工作交叉、政出多门等问题。

3.5.6　执法队伍能力薄弱

近年来，国家和地方出台了若干水资源与水环境的管理法规，但缺乏配套实施办法。有法不依，执法不严，执法队伍素质偏低仍然是管理中亟待解决的问题。

第4章 新乡县水资源与水环境状况预测和趋势分析

4.1 社会经济发展状况预测和趋势分析

4.1.1 社会经济发展主要参数预测

4.1.1.1 GDP 预测

参照《新乡县国民经济和社会发展第十一个五年规划纲要》中的 GDP 增长率，同时根据新乡县统计年鉴中 2004—2008 年 GDP 值，用增长率法预测各规划水平年 GDP 值。假定新乡县各规划水平年 GDP 保持现有增长速度，取 GDP 年均增长率为 14%，预测各规划年 GDP，预测结果见表 4-1。

表 4-1 新乡县各规划水平年 GDP 预测

年度	GDP/亿元
2010	159.50
2015	307.09
2020	591.28

4.1.1.2 工业增加值预测

假定新乡县各规划水平年工业增加值保持现有增长速度，取工业增加值年增长率为 12%，得到各规划水平年的工业增加值预测值，预测结果见表 4-2。

表 4-2 新乡县各规划水平年工业增加值预测

年度	工业增加值/亿元
2010	114.22
2015	201.29
2020	354.74

4.1.1.3 城镇人口预测

首先，以 2004—2008 年新乡县统计年鉴人口数为历史依据，参照新乡县 2004—2008 年人口自然增长率，同时结合《新乡县国民经济和社会发展第十一个五年规划纲要》对人口数量的调整，取人口自然增长率为 6‰，预测 2010 年、2015 年以及 2020 年新乡县人口总数。然后，通过对影响城镇化率的诸多有利条件和不利因素的综合分析，并参考 2004—2008 年新乡县城镇人口数以及《新乡县国民经济和社会发展第十一个五年规划纲要》的相关指标，确定 2010 年新乡县城镇化率为 41.60%，2015 年新乡县城镇化率为 49.85%，2020 年城镇化率为 58.10%，具体如表 4-3 所示。

表 4-3　新乡县各规划水平年人口预测

年度	总人口/万人	农村人口/万人	城镇人口/万人
2010	33.65	19.65	14.00
2015	34.67	17.39	17.28
2020	35.73	14.97	20.76

4.1.2　社会经济发展趋势分析

4.1.2.1　GDP、工业增加值发展趋势分析

新乡县 2004—2020 年 GDP 及工业增加值统计结果如表 4-4、图 4-1 所示。其中，2004—2008 年为新乡县统计数据，2010—2020 年是在 2008 年的基础上进行预测的，从图 4-1 和表 4-4 可以看出：2004—2020 年新乡县的 GDP 和工业增加值均呈增加趋势。

2008 年全县 GDP 达到 122.73 亿元，较 2004 年增长 192.34%，年均递增 38.47%；2008 年全县工业增加值为 91.05 亿元，比 2004 年增长 282.72%，年均递增 56.54%。

2010 年全县 GDP 达到 159.50 亿元，较 2004 年增长 279.93%，年均递增 40.0%；2010 年全县工业增加值为 114.22 亿元，比 2004 年增长 380.10%，年均递增 54.3%。

2015 年全县 GDP 达到 307.09 亿元，较 2004 年增长 631.50%，年均递增 52.62%；2015 年全县工业增加值为 201.29 亿元，比 2004 年增长 746.08%，年均递增 62.17%。

2020 年全县 GDP 达到 591.28 亿元，较 2004 年增长 1 308.45%，年均递增 76.97%；2020 年全县工业增加值为 354.74 亿元，比 2004 年增长 1 391.07%，年均递增 81.83%。

表 4-4　2004—2020 年新乡县地区生产总值情况统计

年度	GDP/亿元	工业增加值/亿元
2004	41.98	23.79
2005	54.68	34.46
2006	69.71	46.04
2007	94.69	68.20
2008	122.73	91.05
2010	159.50	114.22
2015	307.09	201.29
2020	591.28	354.74

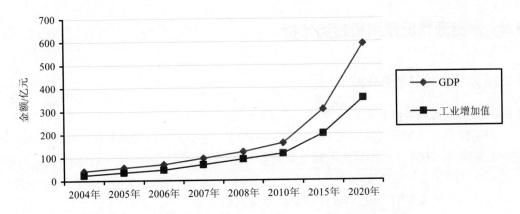

图 4-1 2004—2020 年新乡县 GDP、工业增加值趋势变化

4.1.2.2 城镇人口发展趋势分析

新乡县 2004—2020 年城镇人口统计结果如表 4-5、图 4-2 所示，从中可知，总人口和城镇人口均呈增长趋势，但总人口相对稳定，城镇人口增长速度较快。其中，2004—2008 年为新乡县统计数据，2010—2020 年是在 2008 年的基础上进行预测的，可以看出：2008 年全县城镇人口达到 13.35 万人，较 2004 年增长 71.15%；2010 年全县城镇人口达到 14.00 万人，较 2004 年增长 79.49%；2015 年全县城镇人口达到 17.28 万人，较 2004 年增长 121.54%；2020 年全县城镇人口达到 20.76 万人，较 2004 年增长 166.15%。

表 4-5 2004—2020 年新乡县城镇人口情况统计

年度	总人口/万人	城镇人口/万人
2004	31.60	7.80
2005	31.75	8.02
2006	32.71	11.22
2007	32.96	12.68
2008	33.25	13.35
2010	33.65	14.00
2015	34.67	17.28
2020	35.73	20.76

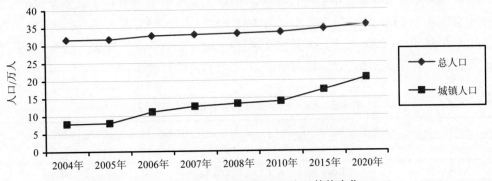

图 4-2 2004—2020 年新乡县人口趋势变化

4.2 水资源状况预测和趋势分析

4.2.1 水资源状况趋势分析

4.2.1.1 降水量趋势分析

根据新乡县气象站 1981—2008 年的降雨资料（见图 4-3），新乡县 1997 年、2002 年的降水量偏少，2000 年、2004 年的降水量偏多，但年降水量主要集中在 400～700 mm。1995 年前新乡县降水量年际间变化小，1996 年到 2004 年年际变化较大，从 2004 年到 2007 年年降水量是逐年减少的，但 2008 年的降水量又有所增加。

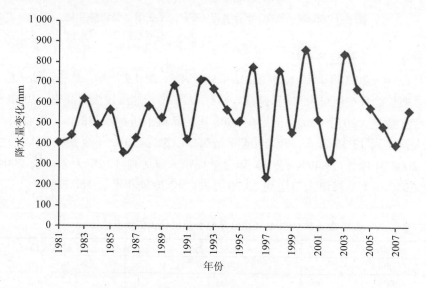

图 4-3 新乡县年降水量逐年变化趋势

4.2.1.2 地表水资源量趋势分析

根据新乡县 2004—2008 年资料，多年径流深为 85.6 mm，自产径流量为 $3\,109\times10^4\,m^3$，地表径流主要产生于七月、八月暴雨，并以沥水形式向下游排泄。

根据《新乡市水资源公报》统计数据，2004—2008 年新乡县地表水资源情况，见表 4-6。根据表 4-6 可知，2004 年年径流量为 $4\,447\times10^4\,m^3$，2005 年年径流量为 $3\,048\times10^4\,m^3$，比上年偏少 31.46%；2006 年年径流量为 $2\,043\times10^4\,m^3$，比上年偏少 32.97%；2007 年和 2008 年的年径流量都有所增加，分别比上年增加了 38.82% 和 11.88%。

表 4-6 2004—2008 年新乡县地表水资源情况

年份	年径流量/$10^4\,m^3$	上年径流量/$10^4\,m^3$	与上年比较/%
2004	4 447	3 847	15.59
2005	3 048	4 447	−31.46
2006	2 043	3 048	−32.97

年份	年径流量/10⁴ m³	上年径流量/10⁴ m³	与上年比较/%
2007	2 836	2 043	−38.82
2008	3 173	2 836	11.88
平均	3 109	3 244	

4.2.1.3　地下水资源量趋势分析

根据 2004 年地下水计算方法，计算出 2005—2008 年的地下水资源量。图 4-4 给出了 2004—2008 年地下水资源变化情况。由图可见，2006 年和 2007 年地下水资源偏少，主要原因是 2006 年和 2007 年的降雨量较其他年份少，而降水入渗补给量和渠系渗漏补给量又是地下水补给的主要影响因素。

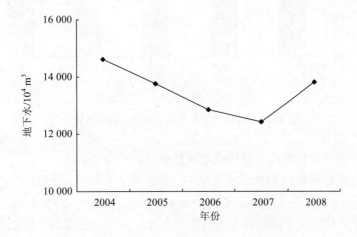

图 4-4　2004—2008 年新乡县地下水资源情况统计

4.2.1.4　水资源总量趋势分析

2004—2008 年水资源总量如图 4-5 所示。2004—2008 年的水资源量呈下降趋势，主要是这几年的降雨偏少，使得浅层地下水补给不足，导致了 2004—2007 年总水资源量的降低。

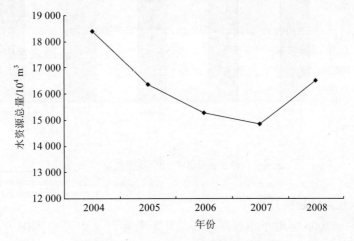

图 4-5　2004—2008 年新乡县水资源量

4.2.1.5 水资源可利用量趋势变化

根据新乡县地下水和引黄水的可利用量的计算及统计，得到 2004—2008 年新乡县引黄水、地下水和水资源总量的可利用量，由图 4-6 可知，2004—2007 年的可利用水量不断下降，到 2008 年有所回升，这主要是因为降雨影响了地下水的补给量，从而导致了地下水可利用量的减少，最终使新乡县总的可利用水量随之变化。

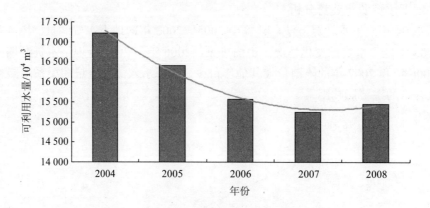

图 4-6　2004—2008 年新乡县可利用水量统计

4.2.1.6 生活、生产和生态用水量现状变化趋势分析

根据 2004 年数据统计和新乡县 2005—2008 年人口和社会经济的发展趋势，得到 2005—2008 年的用水量变化趋势情况，如图 4-7 所示，2004—2008 年新乡县的用水量呈增长趋势，这也就使得地下水的超采形势不断恶化。因此，要满足日益发展的社会经济用水要求，高效节水是新乡县水资源利用的重要手段。

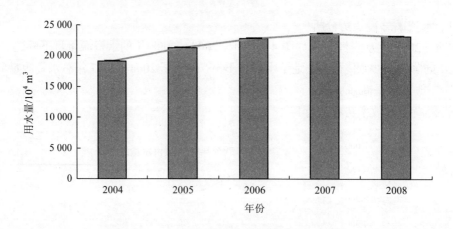

图 4-7　新乡县 2004—2008 年用水情况

4.2.1.7 地下水超采区趋势分析

通过对 2004—2008 年地下水埋深进行统计见表 4-7，从中可知 2004 年后新乡县的地下水埋深不断降低，且速度也在加快，2004—2008 年埋深同比降低比率分别是 0.48%、

3.03%、7.39%和7.40%。

表4-7 2004—2008年地下水埋深情况 单位：m

乡镇	井号	埋深					
		2004年	2005年	2006年	2007年	2008年	年平均埋深
合河乡	7	5.02	3.59	5.45	6.66	7.54	5.65
大召营镇	1	5.14	4.50	6.18	6.83	7.66	6.06
	9	4.93	4.39	4.33	6.00	6.96	5.32
七里营镇	3	17.23	17.27	17.52	17.30	17.38	17.34
	18	17.50	18.00	19.13	18.57	17.98	18.24
	24	6.85	6.80	6.47	6.80	7.35	6.85
	28	10.47	11.99	12.73	12.69	井毁停测	11.97
翟坡镇	10	9.18	9.91	8.10	8.47	8.81	8.89
	26	4.68	4.95	4.22	6.32	7.46	5.53
小冀镇	13	8.13	6.90	7.24	7.70	8.31	7.66
朗公庙镇	4	6.82	6.81	7.13	8.01	9.14	7.58
	19	10.49	10.80	11.37	11.80	12.74	11.44
	20	2.88	3.41	3.44	4.99	5.69	4.08
古固寨镇	5	4.75	5.12	4.99	5.07	井毁停测	4.98
	21	6.49	6.70	6.49	6.80	7.73	6.84
最大埋深	18	17.5	18	19.13	18.57	17.98	18.24
最小埋深	20	2.88	3.41	3.44	4.99	5.69	4.08
年平均埋深	—	8.04	8.08	8.32	8.93	9.60	8.59
同比增加	—	—	0.48%	3.03%	7.39%	7.40%	—

4.2.1.8 可供水量变化趋势

通过对2004—2008年的可供水量的计算，得到2004—2008年新乡县可供水量。由表4-8可知，地下水是新乡县的主要供水水源，且地下水大部分由降雨补给得到，因此在较枯雨年份提高用水效率势在必行。

表4-8 可知2004年新乡县各乡镇供水量统计表 单位：$10^4\,m^3$

年份	地下水	超采	引水量	过境水入渗量	供水量
2004	19 512	4 498	1 500	4 501	30 011
2005	16 862	7 367	1 510	4 501	30 240
2006	14 229	8 853	1 520	4 501	29 103
2007	11 598	10 870	1 510	4 501	28 479
2008	16 348	9 267	1 500	4 501	31 616

4.2.1.9 水资源供耗平衡趋势分析

表 4-9　2004—2008 年供耗统计表

年份	供水量/10^4 m^3	耗水量/10^4 m^3	余缺额/10^4 m^3
2004	30 011	23 734	6 278
2005	30 240	23 371	6 869
2006	29 103	22 246	6 857
2007	28 479	21 411	7 068
2008	31 616	22 500	9 116

根据表 4-9 水资源供耗平衡趋势可知，2004—2008 年供耗的差值不同，2005 年和 2006 年由于降雨较少，供耗的盈余很少，因此降低耗水量是达到"真实节水"的必要途径。

4.2.2　水资源状况预测

4.2.2.1　降水量预测

由新乡县 1977—2008 年的 30 年系列降雨量可作出 P-III 频率曲线，配线后得出：丰（20%）、平（50%）、枯（75%）三个水文年的降雨量分别为 686 mm、525 mm 和 429 mm。

4.2.2.2　地表水资源量预测

由于东、西孟姜女河在新乡县是以排污为主的河流，卫河新乡县段两端设闸控制，不存在流量变化，无基线调查数据。

地表水量主要是靠外调水，外调水可利用量包括人民胜利渠引黄水、共产主义渠过境水，根据黄河水利委员会引黄指标分配方案，新乡县分水指标即引黄水可利用量为 4 000×10^4 m^3/a。2015 年后，新乡县还可利用部分南水北调中线工程水，约为 2 300×10^4 m^3/a。

分配原则：各个乡镇的引黄河水主要考虑了周边乡镇对渠道来水直接引用，其他离渠比较远的乡镇不使用渠来水量。使用渠来水量的各个乡镇按各个乡镇的耕地面积占总耕地面积的百分比分配；南水北调工程水平均分配到到各乡镇。新乡县 2020 年地表水可利用量为 6 300×10^4 m^3/a，规划年各乡镇地表水可利用量见表 4-10。

表 4-10　新乡县各乡镇规划年外调水可利用量　　　　　　单位：10^4 m^3

乡镇名称	2010 年	2015 年	2020 年
合河乡	0	0	288
大召营镇	0	0	288
翟坡镇	627	627	915
小冀镇	523	523	811
七里营镇	1 246	1 246	1 534
朗公庙镇	1 032	1 032	1 320
古固寨镇	572	572	860
高新区	0	0	288
合计	4 000	4 000	6 300

4.2.2.3　地下水开采量预测

本规划以 2004 年的开采量为现状年，以 2010 年、2015 年和 2020 年作为目标水平年。目标为：2010 年，减少超采量的 10%，开采量为 690.7×10⁴ m³；2015 年减少超采量的 30%，开采量为 2 072.1×10⁴ m³；2020 年实现地下水的采补基本平衡，遏制地下水漏斗的扩展速度。以南水北调水、中水回用、雨水利用等增加的水量作为替代水源，压缩严重超采区的地下水开采，实现在一定水位条件下的采补平衡，减少一般超采区地下水开采量，逐步恢复生态环境的健康和地下水系统的良性循环。

根据新乡县地下水的规划目标和原则，得到 2010 年、2015 年和 2020 年各乡镇的地下水开采量，具体地下水开采方案见表 4-11。

表 4-11　新乡县各乡镇规划年地下水开采方案　　　　　　单位：10⁴ m³

乡镇名称	2010 年	2015 年	2020 年
合河乡	1 250	1 127	696
大召营镇	990	885	516
翟坡镇	1 990	1 831	1 276
小冀镇	1 903	1 758	1 251
七里营镇	4 255	3 800	2 207
朗公庙镇	2 209	1 977	1 165
古固寨镇	2 451	2 323	1 876
高新区	603	569	448
合计	15 652	14 270	9 435

4.2.2.4　总供水量

根据上面的地表水和地下水量的预测，可以得到新乡县在规划年的总供水量，见表 4-12。

表 4-12　新乡县各乡镇规划年总供水量　　　　　　　单位：10⁴ m³

乡镇名称	2010 年	2015 年	2020 年
合河乡	1 250	1 127	983
大召营镇	990	885	803
翟坡镇	2 617	2 458	2 190
小冀镇	2 426	2 281	2 061
七里营镇	5 501	5 046	3 741
朗公庙镇	3 241	3 009	2 485
古固寨镇	3 023	2 895	2 735
高新区	603	569	736
合计	19 652	18 270	15 735

4.2.2.5　目标 ET 值的预测

规划年（本次规划年设定为 2010 年、2015 年和 2020 年）降雨量为 525 mm（平水年），根据目标 ET 的计算方法及地下水目标超采量，得到规划年的目标 ET，见表 4-13。

表 4-13 规划年目标 ET 值

水平年		2010 年	2015 年	2020 年
目标 ET	mm	765.16	727.09	657.24
	10^4 m³	27 768	26 386	23 851

4.2.2.6 农业耗水预测

新乡县农业耗水量调整中，降雨按平水年，将调整的作物种植面积及灌溉制度输入 SWAT 模型中，可预测出新乡县规划年的农业 ET，预测结果见表 4-14。

表 4-14 农业耗水预测表

方案	灌溉定额	调整种植结构		农艺措施	工程措施	管理措施	农业 ET/mm
低节水	减少 10%	水稻面积减少 50%	小麦—玉米，小麦—花生面积减少 10%	低	低	低	546.71
中节水	减少 20%	水稻面积减少 50%	小麦—玉米，小麦—花生面积减少 10%	中	中	中	496.18
高节水	减少 20%	水稻面积减少 100%	小麦—玉米，小麦—花生面积减少 20%	高	高	高	450.84

4.2.2.7 工业耗水预测

根据《新乡县"十二五"水利发展目标》和《新乡生态县规划》，新乡县的工业产值年增长率为 12%，利用定额法计算得到规划年不同节水程度的工业耗水情况。

$$W_t = Y_t \times q \qquad (4\text{-}1)$$

$$H_{\text{工业}} = W_t \times \eta \qquad (4\text{-}2)$$

式中：W_t——第 t 年的工业需水总量，10^4 m³；

$H_{\text{工业}}$——工业耗水量，10^4 m³；

Y_t——第 t 年的工业总产值，万元；

q——万元产值用水量，m³/万元；

η——工业用水耗水系数，本规划工业耗水系数取 0.2。

由式（4-1）和式（4-2）预测出规划年的工业用水和耗水量。由表 4-15 可知，新乡县在低节水方案条件下，2010 年、2015 年和 2020 年的工业耗水分别为 1 256×10^4 m³、1 208×10^4 m³ 和 1 064×10^4 m³，在高节水方案条件下，2010 年、2015 年和 2020 年的工业耗水分别为 1 142×10^4 m³、1 006×10^4 m³ 和 1 277×10^4 m³。

表 4-15 新乡县规划年工业耗水预测   单位：10^4 m³

分项	2010 年		2015 年		2020 年	
	低节水	高节水	低节水	高节水	低节水	高节水
用水量	6 282	5 711	6 039	5 032	6 385	5 321
耗水量	1 256	1 142	1 208	1 006	1 277	1 064

4.2.2.8 生活及畜禽养殖耗水预测

根据新乡县现状人口统计和未来人口规划，新乡县的年人口增长率按 6‰计算，利用定额法计算出城镇和农村生活的用水量及新乡县生活总用水量和耗水量。

$$W_{生活} = q \times N \tag{4-3}$$

$$H_{生活} = W_{生活} \times \eta \tag{4-4}$$

式中：$W_{生活}$——生活需水总量，$10^4\ m^3$；

N——预测人数/牲畜数量，人/头；

$H_{生活}$——生活耗水量，$10^4\ m^3$；

q——用水定额，L/（人·d），L/（头·d）；

η——用水耗水系数，城镇生活耗水系数取 0.1，农村生活耗水系数取 0.6，牲畜的用水基本被消耗，耗水系数为 1。

由式（4-3）和式（4-4）预测出规划年的生活用水和耗水量。详细情况见表 4-16，由表可知 2010 年、2015 年和 2020 年在低节水方案下生活耗水分别为 $620 \times 10^4\ m^3$、$702 \times 10^4\ m^3$ 和 $805 \times 10^4\ m^3$；高节水方案下生活耗水分别为 $594 \times 10^4\ m^3$、$664 \times 10^4\ m^3$ 和 $774 \times 10^4\ m^3$。

表 4-16　生活耗水预测表　　　　　　　　　单位：$10^4\ m^3$

分项	2010 年		2015 年		2020 年	
	低节水	高节水	低节水	高节水	低节水	高节水
用水量	1 623	1 596	1 884	1 843	2 183	2 152
耗水量	620	594	702	664	805	774

4.3 水环境状况预测和趋势分析

4.3.1 污染物排放量主要参数预测

4.3.1.1 工业污染排放量预测

（1）工业污水排放量预测

根据新乡县 2008 年工业生产发展规模和工业污水排放量，对现有工业污水排放强度进行修正，将修正值作为 2010 年、2015 年和 2020 年工业污水排放强度，取修正值为 60.91 吨/万元。然后结合工业增加值预测值，即可得出各规划水平年工业污水排放量预测值，计算公式见式（4-5），计算结果如表 4-17 所示。

规划年工业污水排放量=规划年工业污水排放强度×规划年工业增加值　　（4-5）

表 4-17　新乡县各规划水平年工业污水排放量预测

年度	工业污水排放强度/（t/万元）	工业污水排放量/（万 t/a）
2010	60.91	6 957.02
2015	60.91	12 260.64
2020	60.91	21 607.43

（2）工业 COD 排放量预测

1）工业 COD 新增量预测

各规划水平年工业 COD 新增量为 2008 年到各规划水平年各年度工业 COD 新增量之和。采用单位 GDP 排放强度法测算，计算公式见式（4-6）、式（4-7）和式（4-8）。

$$E_{\text{工业COD}} = \sum E_{i,\text{工业CDD}} \tag{4-6}$$

$$E_{i,\text{工业COD}} = I_{i-1,\text{COD}} \times \text{GDP}_{i-1} \times r_{i,\text{GDP}} \tag{4-7}$$

$$I_{i-1,\text{COD}} = I_{2008,\text{COD}} \times (1 - r_{\text{COD}})^{i-1} \tag{4-8}$$

式中：$E_{\text{工业COD}}$——基准年到各规划水平年期间工业 COD 新增量，t；

$E_{i,\text{工业COD}}$——第 i 年工业 COD 新增量，t；

i——第 i 年，$i=1\sim12$，分别代表 2009—2020 年；

$I_{i-1,\text{COD}}$——第 $i-1$ 年单位 GDP 工业 COD 排放强度，t/万元。以 2008 年单位 GDP 工业 COD 排放强度为基础，逐年等比例递减；

$I_{2008,\text{COD}}$——2008 年单位 GDP 工业 COD 排放强度，t/万元。采用 2008 年新乡县统计数据；

GDP_{i-1}——第 $i-1$ 年 GDP，万元；

$r_{i,\text{GDP}}$——第 i 年扣除十个低 COD 排放行业工业增加值增量贡献率后的 GDP 增长率，%。计算公式见式（4-9）。

$$r_{i,\text{GDP}} = \left(1 - \frac{2008\text{年低COD排放行业工业增加值增量}}{2008\text{年GDP增量}}\right) \times \text{当年 GDP 增长率} \tag{4-9}$$

2008 年低 COD 排放行业工业增加值增量和 2008 年 GDP 增量采用新乡县统计数据，得 $r_{i,\text{GDP}}$ 值为 13%；

r_{COD}——2008 年到各规划水平年期间单位 GDP 工业 COD 排放强度年均递减率，%。取 2001—2007 年单位 GDP 工业 COD 排放强度年均递减率的几何平均值，公式如下，得 r_{COD} 值为 23.46%。

$$r_{\text{COD}} = 1 - (I_{2007,\text{COD}} / I_{2005,\text{COD}})^{0.5} \tag{4-10}$$

如表 4-18 所示，可知近期规划年期间工业 COD 新增量为 2 826.87 t，中期规划年期间工业 COD 新增量为 7 315.42 t，远期规划年期间工业 COD 新增量为 9 586.41 t。

表 4-18 新乡县各规划水平年期间工业 COD 新增量预测

年度	排放强度/（t/万元）	GDP 增长率	工业 COD 新增量/t
2010	0.005 58	13%	2 826.87
2015	0.001 47	13%	7 315.42
2020	0.000 39	13%	9 586.41

2）工业 COD 排放总量预测

各规划水平年工业 COD 排放总量为 2008 年 COD 排放量与各规划年期间工业 COD 新增量之和，计算结果如表 4-19 所示。

表 4-19 新乡县各规划水平年工业 COD 排放量预测

年度	工业 COD 排放量/（t/a）
2010	14 518.4
2015	19 006.95
2020	21 277.94

（3）工业氨氮排放量预测

1）工业氨氮新增量预测

2008 年到各规划水平年期间工业氨氮新增量为规划年期间各年度重点行业氨氮新增量之和。原则上，新增量按分年度排放强度和分年度工业增加值增量进行测算，计算公式见式（4-11）、式（4-12）和式（4-13）。

$$E_{工业氨氮} = I_{氨氮} \times (V_{i行业} - V_{2008行业}) \tag{4-11}$$

$$I_{氨氮} = (I_{2008氨氮} + I_{i-1氨氮}) / 2 \tag{4-12}$$

$$I_{i氨氮} = I_{2008,氨氮} \times (1 - r_{氨氮})^{i-2008} \tag{4-13}$$

式中：$E_{工业氨氮}$——现状年到各规划水平年期间工业氨氮新增量，t；

$I_{2008,氨氮}$——2008 年重点行业的单位工业增加值氨氮排放强度，t/万元，采用 2008 年新乡县统计数据；

i——第 i 年，i 分别代表 2010 年、2015 年和 2020 年；

$I_{i氨氮}$——第 i 年度重点行业的单位工业增加值氨氮排放强度；

$r_{氨氮}$——2008 年到各规划水平年期间重点行业的单位工业增加值氨氮排放强度年均递减率，%。取 2005 年、2007 年重点行业的单位工业增加值氨氮排放强度年均递减率的算术平均值，公式如下，得 $r_{氨氮}$ 值为 27%。

$$r_{氨氮} = [(I_{2005氨氮} - I_{2007氨氮}) / I_{2005氨氮}] / 2 \tag{4-14}$$

如表 4-20 所示，可知近期规划年期间工业氨氮新增量为 228.91 t，中期规划年期间工业氨氮新增量为 844.69 t，远期规划年期间工业氨氮新增量为 1 810.99 t。

表 4-20 新乡县各规划水平年期间工业氨氮新增量预测

年度	排放强度/（t/万元）	工业氨氮新增量/t
2010	0.000 71	228.91
2015	0.000 15	844.69
2020	0.000 03	1 810.99

2）工业氨氮排放总量预测

各规划水平年工业氨氮排放总量为 2008 年氨氮排放量与各规划年期间工业氨氮新增量之和，计算结果如表 4-21 所示。

表 4-21 新乡县各规划水平年工业氨氮排放量预测

年度	工业氨氮排放量/（t/a）
2010	1 864.05
2015	2 479.83
2020	3 446.13

4.3.1.2 城镇生活污染排放量预测

（1）城镇生活污水排放量预测

$$城镇生活污水排放量 = 城镇人口数 \times 人均城镇生活污水量 \times 365 \tag{4-15}$$

城镇生活污水排放量预测：在假定 2010 年、2015 年和 2020 年新乡县城镇居民生活水平及用水情况与 2008 年一致的情况下，利用 2010 年、2015 年和 2020 年城镇人口预测结果乘以基准年人均排放系数，预测出 2010 年、2015 年和 2020 年城镇生活污水排放量，取人均城镇生活污水排放量为 135 L/人·d，预测结果如表 4-22 所示。

表 4-22 新乡县各规划水平年城镇生活污水排放预测

年度	人均污水排放量/（L/人·d）	城镇生活污水排放量/（万 t/a）
2010	135	689.77
2015	135	851.62
2020	135	1 022.90

（2）城镇生活 COD 和氨氮排放量预测

1）新增量预测

城镇生活 COD 和氨氮新增量预测采用综合产污系数法，计算公式见式（4-16）。

$$E_{生活} = (P_{i人口} - P_{2008人口}) \times e_{综合} \times D \times 10^{-2} \tag{4-16}$$

式中：$E_{生活}$——2008 年到各规划水平年期间城镇生活污染物新增量，t；

　　　　$e_{综合}$——人均 COD 和氨氮综合产污系数，g/（人·d）；

　　　　D——按 365 计。

数据来源说明："$e_{综合}$"指城镇居民生活污染源和餐饮、医院、服务业等污染源 COD 和氨氮综合产污系数，取基准年综合产污系数为规划年值，即 COD 综合产污系数为 60 g/人·d，氨氮综合产污系数为 8 g/人·d。

如表 4-23 所示，可知近期规划年期间城镇生活 COD 新增量为 751.9 t，中期规划年期间城镇生活 COD 新增量为 1 470.22 t，远期规划年期间城镇生活 COD 新增量为 2 232.34 t。

近期规划年期间城镇生活氨氮新增量为 84.83 t，中期规划年期间城镇生活氨氮新增量为 180.61 t，远期规划年期间城镇生活氨氮新增量为 282.22 t。

表 4-23　新乡县各规划水平年城镇生活 COD、氨氮新增量预测

县名称	年度	COD 综合产污系数/[g/（人·d）]	城镇生活 COD 新增量/（t/a）	氨氮综合产污系数/[g/（人·d）]	城镇生活氨氮新增量/（t/a）
新乡县	2010	60	751.9	8	84.83
新乡县	2015	60	1 470.22	8	180.61
新乡县	2020	60	2 232.34	8	282.22

2）排放量预测

各规划水平年城镇生活 COD、氨氮排放总量为 2008 年城镇生活 COD、氨氮排放量与各规划年期间城镇生活 COD、氨氮新增量之和，计算结果如表 4-24 所示。

表 4-24　新乡县各规划水平年城镇生活 COD、氨氮排放量预测

县名称	年度	城镇生活 COD 排放量/（t/a）	城镇生活氨氮排放量/（t/a）
新乡县	2010	3 066.00	408.80
新乡县	2015	3 784.32	504.58
新乡县	2020	4 546.44	606.19

4.3.1.3　畜禽养殖污染物排放量预测

（1）规划年畜禽养殖数量预测

各规划年期间，农业源水污染物排放量只预测畜禽养殖业部分，采用生猪、奶牛、肉牛、肉羊、蛋鸡、肉鸡、养鸭 7 种畜禽的产污系数分别预测，其中肉畜禽（猪、肉牛、肉羊、肉鸡）以出栏量为统计基量，奶、蛋等畜禽（奶牛、养鸭、蛋鸡）以存栏量为统计基量。其他畜禽不在污染源普查统计范围内，不做排放量预测。

根据新乡县近年畜禽养殖量的平均增长率，同时参照《新乡县畜禽发展研究》以及国家畜禽养殖行业的相关规定，按照平均增长率 12% 分析得到 2010 年、2015 年和 2020 年各种畜禽养殖数量级，如表 4-25 所示。

表 4-25　新乡县规划水平年畜禽养殖数量分析　　　　　单位：只（头）

种类	2010 年	2015 年	2020 年
生猪	205 000	300 000	450 000
肉牛	27 000	40 000	60 000
奶牛	13 000	20 000	30 000
肉羊	55 000	80 000	120 000
蛋鸡	2 370 000	3 470 000	5 250 000
肉鸡	680 000	1 000 000	1 500 000
养鸭	20 000	30 000	45 000
合计	3 370 000	4 940 000	7 455 000

（2）规划年畜禽养殖污染排放量预测

根据现状分析所述畜禽养殖污染物排放量计算方法及畜禽养殖业污染物排放系数可得规划年畜禽养殖污染物排放量，如表 4-26 所示：

表 4-26　新乡县畜规划水平年禽养殖污染物排放量分析

年度	污水/（万 t/a）	COD/（t/a）	氨氮/（t/a）
2010	15.75	7 870.05	286.2
2015	20.67	9 782.87	816.33
2020	24.85	11 803.42	1 061.35

用畜禽养殖排放预测量减去 2008 年现状量即为各规划水平年畜禽养殖新增量，如表 4-27 所示：

表 4-27　新乡县畜规划水平年禽养殖污染物新增量分析

年度	污水/（万 t/a）	COD/（t/a）	氨氮/（t/a）
2010	0.93	5 322.02	98.71
2015	5.32	4820	655.78
2020	9.11	4 656.62	899.21

4.3.1.4　污染物排放总量预测汇总

新乡县农村生活污染源、农业面源污染物排放量较小且基本不入河，本研究中不做预测。2010—2015 年新乡县各类污染源主要污染物排放总量统计结果见表 4-28，可以看出：2010 年新乡县污水排放总量为 7 662.54 万 t、COD 排放总量为 25 454 t、氨氮排放总量为 2 559.05 t；2015 年新乡县污水排放总量为 13 132.93 万 t、COD 排放总量为 32 574 t、氨氮排放总量为 3 800.74 t；2020 年新乡县污水排放总量为 22 655.18 万 t、COD 排放总量为 37 628 t、氨氮排放总量为 5 113.67 t。

表 4-28　新乡县规划水平年畜禽养殖污染物新增量分析

年份	污水/（万 t/a）				COD/（t/a）				氨氮/（t/a）			
	工业	城镇生活	畜禽养殖	小计	工业	城镇生活	畜禽养殖	小计	工业	城镇生活	畜禽养殖	小计
2010	6 957.02	689.77	15.75	7 662.54	14 518.4	3 066	7 870.05	25 454	1 864.05	408.8	286.2	2 559.05
2015	12 260.64	851.62	20.67	13 132.93	19 006.95	3 784.32	9 782.87	32 574	2 479.83	504.58	816.33	3 800.74
2020	21 607.43	1 022.9	24.85	22 655.18	21 277.94	4 546.44	11 803.42	37 628	3 446.13	606.19	1 061.35	5 113.67

4.3.2　污染物排放趋势分析

4.3.2.1　工业污染源排放趋势分析

新乡县 2004—2020 年工业污染源污染物排放情况统计结果如表 4-29、图 4-8 所示。其中，2004—2008 年为新乡县环保局提供的统计数据，2010—2020 年是在 2008 年的基础上进行预测的，在没有考虑新的污染减排措施情况下，按照工业既定发展速度的预测值，可以看出：2008 年全县工业污染物污水排放总量为 5 546.09 万 t，比 2004 年下降 20.4%；COD 排放总量 2008 年为 11 691.53 t，比 2004 年下降 55.1%；氨氮排放总量 2008 年为 1 635.14 t，比 2004 年下降 42.8%，各污染物排放总体呈下降趋势。

2010 年全县工业污染物污水排放总量为 6 957.02 万 t，比 2004 年下降 0.18%；COD 排放总量为 14 518.4 t，比 2004 年下降 44.18%；氨氮排放总量为 1 864.05 t，比 2004 年下降 34.84%，各污染物排放总体呈下降趋势。

2015 年全县工业污染物污水排放总量为 12 260.64 万 t，比 2004 年上升 75.92%；COD 排放总量为 19 006.95 t，比 2004 年下降 26.93%；氨氮排放总量为 2 479.83 t，比 2004 年下降 13.31%，COD 总体呈下降趋势，污水和氨氮总体呈上升趋势。

2020 年全县工业污染物污水排放总量为 21 607.43 万 t，比 2004 年上升 210.83%；COD 排放总量为 21 277.94 t，比 2004 年下降 18.2%；氨氮排放总量为 3 446.13 t，比 2004 年下降 20.47%，COD 总体呈下降趋势，污水和氨氮总体呈上升趋势。

表 4-29　2004—2020 年新乡县工业污染物排放量汇总

年度	污水排放量/万 t	COD 排放量/t	氨氮排放量/t
2004	6 969.57	26 010.81	2 860.64
2005	6 258.08	18 640.64	2 695.614
2006	5 930.27	22 003.48	2 413.51
2007	6 067.66	18 913.04	2 138.9
2008	5 546.09	11 691.53	1 635.14
2010	6 957.02	14 518.4	1 864.05
2015	12 260.64	19 006.95	2 479.83
2020	21 607.43	21 277.94	3 446.13

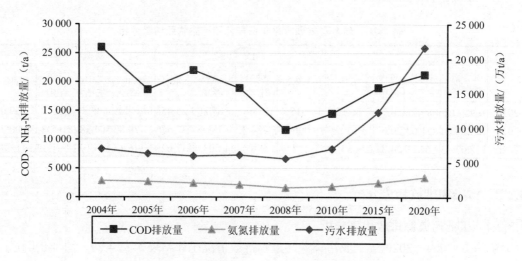

图 4-8　2004—2020 年新乡县工业污染物排放总量趋势变化

4.3.2.2　城镇生活污染源排放趋势分析

新乡县 2004—2020 年城镇生活污染源排放情况如表 4-30 和图 4-9 所示，其中，2004—2008 年为新乡县环保局提供的统计数据，2010—2020 年是在假定城镇居民生活水平、用水情况及排污系数与 2008 年一致的情况下预测的，可以看出：2008 年新乡县各乡镇城镇生活污染源污染物排放中，污水、COD 和氨氮的排放总量呈上升趋势，分别为 647.95 万 t、2 314.1 t 和 323.97 t。2008 年同 2004 年相比，污水排放量增长 129.77%，COD 排放量增长 134.65%，氨氮排放量增长 155.5%。

2010 年新乡县城镇生活污染源污染物排放中，污水、COD 和氨氮的排放总量呈上升趋势，分别为 689.77 万 t、3 066 t 和 408.8 t。2010 年同 2004 年相比，污水排放量增长 144.61%，COD 排放量增长 210.89%，氨氮排放量增长 222.42%。

2015 年新乡县城镇生活污染源排放中，污水、COD 和氨氮的排放总量呈上升趋势，分别为 851.62 万 t、3 784.32 t 和 504.58 t。2015 年同 2004 年相比，污水排放量增长 202%，COD 排放量增长 283.73%，氨氮排放量增长 297.97%。

2020 年新乡县城镇生活污染源污染物排放中，污水、COD 和氨氮的排放总量呈上升趋势，分别为 1 022.9 万 t、4 546.44 t 和 606.19 t。2020 年同 2004 年相比，污水排放量增长 262.7%，COD 排放量增长 361.01%，氨氮排放量增长 378.11%。

表 4-30　2004—2020 年新乡县城镇生活污染物排放量汇总

年度	污水排放量/万 t	COD 排放量/t	氨氮排放量/t
2004	281.99	986.19	126.79
2005	229	836.7	91.7
2006	409.82	1 463.65	204.91
2007	473.34	2 147.65	286.67
2008	647.95	2 314.1	323.97

年度	污水排放量/万 t	COD 排放量/t	氨氮排放量/t
2010	689.77	3 066	408.8
2015	851.62	3 784.32	504.58
2020	1 022.9	4 546.44	606.19

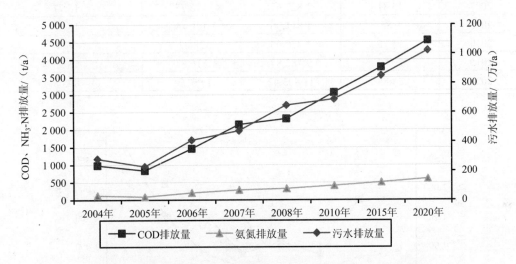

图 4-9　2004—2020 年新乡县城镇生活污染物排放总量变化趋势

4.3.2.3　畜禽养殖污染源排放趋势分析

新乡县 2004—2020 年畜禽养殖污染源污染物排放情况如表 4-31 和图 4-10 所示，其中，2004—2008 年为新乡县环保局提供的统计数据，2010—2020 年是在假定畜禽养殖的发展规模速度同 2008 年一致的情况下预测的，可以看出：2008 年新乡县畜禽养殖 COD 排放量为 1 811.06 t，比 2004 年减少了 6.86%；氨氮排放量为 176.44 t，比 2004 年减少了 5.90%。总的来看，2004 年到 2008 年新乡县畜禽养殖行业随着畜禽养殖量的增加，污染物排放量逐步减少，但由于畜禽养殖量增幅过大，除污水排放量减少 33.54% 特别显著之外，其他畜禽污染物排放量减少的幅度比较小，不是特别显著。

2010 年新乡县畜禽养殖污水排放量为 15.75 万 t，比 2004 年上升了 6.28%；COD 排放量为 7 870.05 t，比 2004 年上升了 304.76%；氨氮排放量为 286.2 t，比 2004 年上升了 52.65%。

2015 年新乡县畜禽养殖污水排放量为 20.67 万 t，比 2004 年上升了 39.47%；COD 排放量为 9 782.87 t，比 2004 年上升了 403.14%；氨氮排放量为 816.33 t，比 2004 年上升了 335.40%。

2020 年新乡县畜禽养殖污水排放量为 24.85 万 t，比 2004 年上升了 67.68%；COD 排放量为 11 803.42 t，比 2004 年上升了 507.06%；氨氮排放量为 1 061.35 t，比 2004 年上升了 466.08%。

总的来看，2010 年以后由于畜禽养殖量增幅过大，在现有畜禽养殖污染物减排措施下，畜禽养殖的污染物排放量上升幅度很大，是规划年污染减排的重点。

表 4-31 2004—2020 年新乡县养殖行业污染物排放量

年度	污水排放量/万 t	COD 排放量/t	氨氮排放量/t	畜禽养殖量折算为猪/万头
2004	14.82	1 944.36	187.49	12.86
2005	15.35	1 682.45	160.54	13.53
2006	15.72	1 700.2	162.13	13.95
2007	15.31	1 827.67	176.75	15.77
2008	9.85	1 811.06	176.44	18.37
2010	15.75	7 870.05	286.2	37.4
2015	20.67	9 782.87	816.33	55.95
2020	24.85	11 803.42	1 061.35	84.08

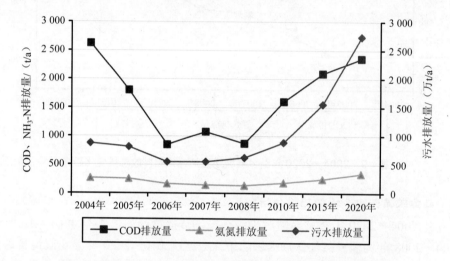

图 4-10 2004—2020 年新乡县畜禽养殖污染物排放总量变化趋势

4.3.2.4 主要污染源排放总量趋势分析

2004—2020 年新乡县各类污染源主要污染物排放总量统计结果见表 4-32 和图 4-11，可以看出：2008 年全县污染物污水排放总量为 6 203.89 万 t，比 2004 年下降 14.62%；COD 排放总量为 15 817.27 t，比 2004 年下降 45.35%；氨氮排放总量为 2 135.63 t，比 2004 年下降 32.73%，各污染物排放总体呈下降趋势。

2010 年全县污染物污水排放总量为 7 662.54 万 t，比 2004 年上升 5.45%；COD 排放总量为 25 454 t，比 2004 年下降 12.05%；氨氮排放总量为 2 559.05 t，比 2004 年下降 19.40%。2015 年全县污染物污水排放总量为 13 132.93 万 t，比 2004 年上升 80.74%；COD 排放总量为 32 574 t，比 2004 年上升 12.55%；氨氮排放总量为 23 800.74 t，比 2004 年上升 19.71%。2020 年全县污染物污水排放总量为 22 655.18 万 t，比 2004 年上升 211.78%；COD 排放总量为 37 628 t，比 2004 年上升 30.01%；氨氮排放总量为 5 113.67 t，比 2004 年上升 61.06%。

总的来看，2010 年以后随着新乡县经济的发展，人口的增多，污染物的排放总量呈上升趋势，现有的污染减排措施已不能满足污染物控制的需求，需加大力度削减污染物的排放总量。

表 4-32 2004—2020 年新乡县各类污染源污染物排放总量

年份	污水/（万 t/a）				COD/（t/a）				氨氮/（t/a）			
	工业	城镇生活	畜禽养殖	小计	工业	城镇生活	畜禽养殖	小计	工业	城镇生活	畜禽养殖	小计
2004	6 969.57	281.99	14.82	7 266.38	26 010.81	986.19	1 944.36	28 941.37	2 860.64	126.79	187.49	3 174.93
2005	6 258.09	229	15.35	6 502.44	18 640.64	836.7	1 682.44	21 159.78	2 695.578	91.7	160.55	2 947.828
2006	5 931.27	409.82	15.74	6 356.83	22 003.48	1 463.65	1 700.21	25 167.34	2 413.511	204.91	162.14	2 780.561
2007	6 067.66	473.34	15.31	6 556.31	18 913.04	2 147.65	1 827.66	22 888.35	2 138.9	286.67	176.74	2 602.31
2008	5 546.09	647.95	9.85	6 203.89	11 691.53	2 314.1	1 811.64	15 817.27	1 635.14	323.97	176.52	2 135.63
2010	6 957.02	689.77	15.75	7 662.54	14 518.4	3 066	7 870.05	25454	1 864.05	408.8	286.2	2 559.05
2015	12 260.64	851.62	20.67	13 132.93	19 006.95	3 784.32	9 782.87	32574	2 479.83	504.58	816.33	3 800.74
2020	21 607.43	1 022.9	24.85	22 655.18	21 277.94	4 546.44	11 803.42	37628	3 446.13	606.19	1 061.35	5 113.67

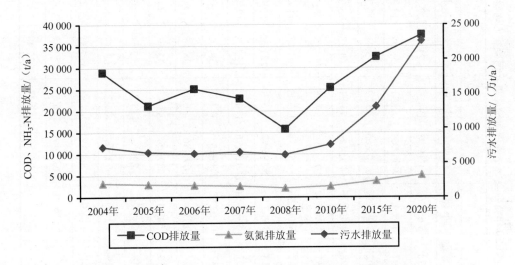

图 4-11 2004—2008 年新乡县各乡镇污染物排放总量变化趋势

4.3.2.5 主要污染源入河总量趋势分析

根据新乡县实际，结合新乡县控制单元划分结果，对整个新乡县各主要河流控制单元污染物入河量作进一步分类汇总，并作比例分析，见表 4-32 和图 4-12 至图 4-15。

由图可知：2004—2008 年，大沙河和共产主义渠各类污染物入河量变化趋势不大；西孟姜女河各类污染物入河量呈下降趋势；东孟姜女河氨氮入河量呈下降趋势，污水和 COD 入河量上下波动。新乡县各主要河流污水和氨氮入河总量自 2004 年到 2008 年呈下降趋势，COD 入河总量上下波动。2010—2020 年，在 2008 年的水资源与水环境基础上不采取其他措施，新乡县未来各主要河流的入河污染物都呈上升趋势。

由表 4-33 可以看出：东孟姜女河承纳了新乡县大部分污染源，东孟姜女河中的污水、COD 和氨氮主要来自七里营镇，西孟姜女河中的污水、COD 和氨氮主要来自翟坡镇，这主要是因为两镇的工业企业分布较多。

表4-33　2004—2020年新乡县各主要河流控制单元污染物入河量统计

河流名称	控制单元	行政区	年份	污水/（万 t/a）				COD/（t/a）				氨氮/（t/a）			
				工业	城镇生活	畜禽养殖	小计	工业	城镇生活	畜禽养殖	小计	工业	城镇生活	畜禽养殖	小计
东孟姜女河	新乡县段	七里营镇、高新西区、朗公庙镇	2004	5 644.5	6.19	0.98	5 651.67	21 719.97	194.34	121.07	22 035.38	2 422.4	4.39	11.69	2 438.48
			2005	4 255.57	7.75	0.97	4 264.29	13 662.64	28.31	58.59	13 749.54	1 911.21	3.1	5.4	1 919.71
			2006	4 280.58	14.59	1.02	4 296.19	18 103.65	52.09	85.81	18 241.55	1 817.29	7.29	8.13	1 832.71
			2007	4 411.51	16.47	0.78	4 428.76	14 954.6	74.71	61.33	15 090.64	1 653.25	9.97	5.7	1 668.92
			2008	3 866.32	24.94	0.51	3 891.77	8 714.02	89.06	69.88	8 872.96	1 224.19	12.47	6.8	1 243.46
			2010	5 080.52	32.77	0.67	5 113.96	11 654.35	119.11	93.46	11 866.92	1 493.43	15.21	8.30	1 516.94
			2015	8 923.82	57.56	1.18	8 982.56	15 195.72	155.30	121.86	15 472.88	2 020.66	20.58	11.22	2 052.47
			2020	15 687.54	101.19	2.07	15 790.80	17 106.95	174.84	137.19	17 418.97	2 793.68	28.46	15.52	2 837.66
西孟姜女河	新乡县段	小冀镇、翟坡镇、大召营镇	2004	974.6	27.86	0.37	1 002.83	2 966.52	332.25	58.14	3 356.91	292.3	7.49	5.68	305.47
			2005	796.09	13.61	0.37	810.07	1 693.86	49.72	58.15	1 801.73	242.59	5.45	5.7	253.74
			2006	522.9	23.93	0.35	547.18	729.05	85.45	32.69	847.19	148.83	11.96	3.12	163.91
			2007	521.72	27.6	0.44	549.76	846	125.21	103.64	1 074.85	115.76	16.71	10.28	142.75
			2008	582.87	36.77	0.29	619.93	672.87	131.32	63.54	867.73	109.69	18.38	6.29	134.36
			2010	833.02	52.55	0.41	885.98	1 244.37	242.86	117.51	1 604.73	147.85	24.77	8.48	181.10
			2015	1 463.18	92.30	0.73	1 556.21	1 622.49	316.65	153.21	2 092.35	200.05	33.52	11.47	245.04
			2020	2 572.19	162.26	1.28	2 735.73	1 826.56	356.48	172.48	2 355.52	276.58	46.35	15.86	338.79

河流名称	控制单元	控制行政区	年份	污水/（万 t/a）				COD/（t/a）				氨氮/（t/a）			
				工业	城镇生活	畜禽养殖	小计	工业	城镇生活	畜禽养殖	小计	工业	城镇生活	畜禽养殖	小计
共产主义主渠	新乡县段	合河乡	2004	17.47	1.95	0.13	19.55	77.81	17.28	15.18	110.27	6.84	0.38	1.37	8.59
			2005	13.02	0.74	0.19	13.95	26.07	2.71	50.89	79.67	6.5	0.3	4.9	11.7
			2006	19.36	1.25	0.19	20.8	19.36	4.46	50.9	74.72	6.85	0.62	4.9	12.37
			2007	19.36	1.65	0.12	21.13	19.36	7.48	17.18	44.02	4.35	1	1.64	6.99
			2008	21.64	1.56	0.19	23.39	23.09	5.58	47.7	76.37	4.35	0.78	4.56	9.69
			2010	10.94	0.79	0.10	11.82	10.77	2.60	22.25	35.63	1.61	0.29	1.69	3.59
			2015	19.20	1.38	0.17	20.75	14.04	3.39	29.01	46.45	2.18	0.39	2.29	4.86
			2020	33.75	2.43	0.30	36.48	15.81	3.82	32.67	52.30	3.02	0.54	3.16	6.72
大沙河	新乡县段	古固寨	2004	333	2.15	0	335.15	1 246.5	18.47	0.06	1 265.03	74.63	0.42	0.01	75.06
			2005	365	0.8	0.01	365.81	919.8	2.94	0.62	923.36	134.5	0.32	0.06	134.88
			2006	351	1.22	0.01	352.23	797.5	4.36	0.63	802.49	88.98	0.61	0.06	89.65
			2007	351	1.62	0.19	352.81	1 009.5	7.36	0.61	1 017.47	78.72	0.98	0.06	79.76
			2008	314.65	1.53	0	316.18	921.6	5.45	0.06	927.11	78.68	0.76	0.01	79.45
			2010	318.46	1.47	0.17	320.10	697.05	4.12	0.05	701.22	45.04	0.44	0.01	45.48
			2015	559.37	2.58	0.30	562.25	908.86	5.37	0.06	914.29	60.93	0.59	0.01	61.53
			2020	983.33	4.54	0.53	988.40	1 023.17	6.05	0.07	1 029.29	84.25	0.81	0.01	85.07

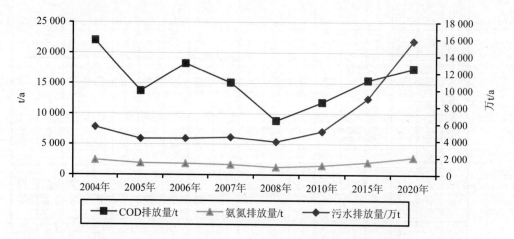

图 4-12　2004—2020 年 东孟姜女河污染物入河量变化趋势

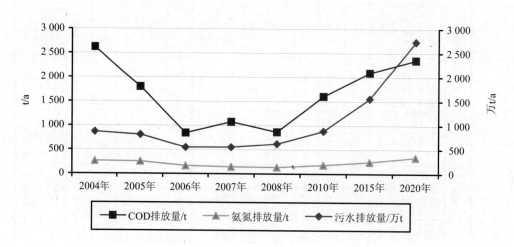

图 4-13　2004—2020 年西孟姜女河污染物入河量变化趋势

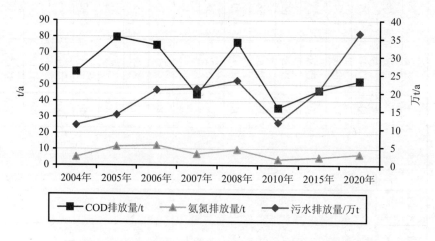

图 4-14　2004—2020 年共产主义渠污染物入河量变化趋势

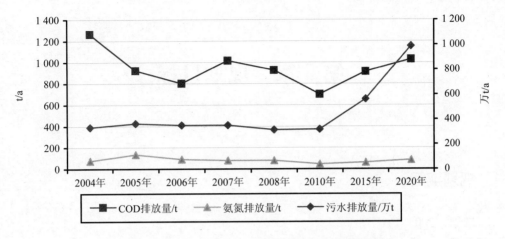

图 4-15　2004—2020 年大沙河污染物入河量变化趋势

第 5 章　规划目标

5.1　规划期限

基准年：2004 年。
规划第一阶段：2010 年以前。
规划第二阶段：2011—2015 年。
规划第三阶段：2016—2020 年。

5.2　规划目标

逐步建立起水资源与水环境综合管理体系与机制，减少新乡县污染物排放总量和蒸腾蒸发量（ET），保障河道生态流量，实现水资源与水环境的统一管理，不断改善地表水水质，以水资源可持续利用和良好的水环境促进新乡县经济和社会的可持续发展。新乡县各规划水平年规划指标见表 5-1。

表 5-1　新乡县各规划水平年规划目标

分类	序号	指标名称	2010 年规划目标	2015 年规划目标	2020 年规划目标
水质目标	1	东孟姜女河出境断面水质	COD 65 mg/L 氨氮 2 mg/L	COD 50 mg/L 氨氮 2 mg/L	COD 40 mg/L 氨氮 2 mg/L
	2	西孟姜女河出境断面水质	COD 65 mg/L 氨氮 2 mg/L	COD 50 mg/L 氨氮 2 mg/L	COD 40 mg/L 氨氮 2 mg/L
污染物总量控制目标	3	COD 入河排放总量	8 958.45 t/a	7 992.21 t/a	6 281.69 t/a
	4	氨氮入河排放总量	847.03 t/a	591.98 t/a	563.45 t/a
ET 目标	5	目标 ET	694.87 mm	656.80 mm	586.95 mm
地下水超采目标	6	地下水超采量	削减 10%	削减 15%	实现零超采

5.2.1　河流水质目标

不断改善河流水质，到 2010 年东孟姜女河、西孟姜女河出境断面 COD 浓度控制到 65 mg/L，氨氮浓度控制到 2 mg/L；2015 年东孟姜女河、西孟姜女河出境断面 COD 浓度控制到 50 mg/L，氨氮浓度控制到 2 mg/L；2020 年，使东孟姜女河、西孟姜女河基本恢复生态功能，达到功能区水质标准，COD 浓度控制到 40 mg/L，氨氮浓度控制到 2 mg/L。

5.2.2　污染物入河总量控制目标

主要污染物排放总量持续削减。到 2010 年，实现全县污染物入河量比 2004 年降低 10%以上；2015 年实现全县污染物入河量比 2004 年降低 15%以上；2020 年实现全县污染物入河量比 2004 年降低 20%以上。

5.2.3　ET 控制目标

以目标 ET 为控制目标，到 2010 年，ET 值较现状降低应削减 ET 的 10%；到 2015 年，ET 值较现状降低应削减 ET 的 15%；2020 年 ET 值满足天然与人工可补给水量水平，最终实现耗水平衡。

规划年根据目标 ET 的计算方法及地下水目标超采量，得到不同频率下规划年的目标 ET，见表 5-2。本项目采用平水年的目标 ET 为规划目标 ET。

表 5-2　规划年频率年下目标 ET 值

水平年	频率年	目标 ET/mm
2010 年	丰水年	858.87
	平水年	694.87
	枯水年	601.87
2015 年	丰水年	820.80
	平水年	656.80
	枯水年	563.80
2020 年	丰水年	750.95
	平水年	586.95
	枯水年	493.95

5.2.4　地下水超采控制目标

到 2010 年漏斗区面积不再扩大，实现地下水超采量比 2004 年减少 10%；2015 年实现地下水超采量比 2004 年减少 15%的目标；2020 年力争实现零超采，使地下水水位恢复到最佳状态。

第6章 构建新乡县水资源与水环境综合管理规划模型

6.1 新乡县 SWAT 模型构建

开发新乡县 SWAT 简化系统，首先要建立新乡县 SWAT 模型，然后对该模型进行参数率定，使其能够服务于新乡县。其次运用 C#语言编辑 SWAT 模型的可视化界面，对模型的输入数据做了更简单的输入方式，对输出数据做了整理和统计，使输出结果更明确和清楚，减少了对直接使用 SWAT 模型输出数据的整理和计算的繁杂过程。再次，该模型对 SWAT 模型进行了二次开发，使模型输出项中增加了氨氮和 COD 浓度的值。最后，将二次开发的 SWAT 模型加入由 C#编辑的系统中，使这两者有机的组合。

6.1.1 新乡县 SWAT 模型建立

6.1.1.1 模型数据收集与数据库建立

构建新乡县简化 SWAT 模型水量水质综合模型所需数据主要包括：新乡县的基础地理信息、气象信息、雨水情信息、地下水信息、水质信息、遥感信息、用水信息及社会经济信息等，见表 6-1。根据所需数据建立地理空间数据库和表数据库。

表 6-1 建立 SWAT 模型需要的数据

信息类型	详细类别	特征描述
基础地理信息	数字高程模型 DEM	县 1：10 万数字高程图
	河网图	县河网分布图
	行政区划图	县行政区划图（县、乡镇）
	灌区分布图	灌区基本信息及水源类型等
	土壤图	县大比例尺土壤图（第二次土壤普查资料）
	观测站点空间分布图	县气象站、水文站、地下水观测井、地表水监测站、地下水水质监测井和排污口等观测站的空间分布图
气象信息	温度	时间序列连续的日均资料且满足模型精度需求
	风速	时间序列连续的日均资料且满足模型精度需求
	相对湿度	时间序列连续的日均资料且满足模型精度需求
	太阳辐射	时间序列连续的日均资料且满足模型精度需求
雨水情信息	雨量站	时间序列连续的日降雨资料
	水文站	县水文站日过程系列观测数据

信息类型	详细类别	特征描述
水质信息	地下水观测井	地下水观测井的地下水位埋深资料
	地下水监测井	地下水监测井观测数据
	排污口	县工业生活排污口排污信息
	断面数据	河道出入境监测断面水质水量信息
遥感信息	土地利用图	TM 影像解译的土地利用资料
	遥感 ET	县土地利用调查图
		县遥感监测 ET 值
用水信息	灌区	县灌区用水信息
	重点工业、城镇	县重点工业和城镇用水信息
社会经济信息	农业管理措施	农业化肥施用量、农药使用量、牲畜数目数据和灌溉措施等农业管理数据
	社会经济基线数据	包括总人口（城镇常住、流动人口、农村人口）、国民经济总产值（工业、农业产值）、人均生活用水量、农田灌溉用水量、农田灌溉亩均用水量、工业用水量等基线数据
	项目县作物种植结构	县作物种植结构图

（1）新乡县地理空间数据库

地理空间数据库包括数字高程图、土地利用图、土壤图、行政区划图、河网图等，新乡县行政分区见图 6-1。

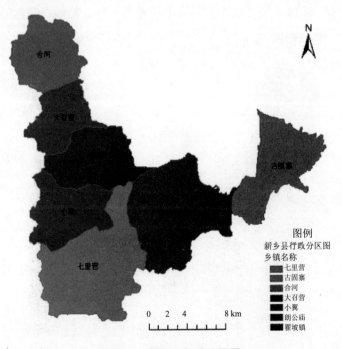

图 6-1 新乡县行政分区图

数字高程图是 SWAT 模型用来划分计算单元、提取高程信息的基础数据，新乡县数字高程图（DEM）见图 6-2。

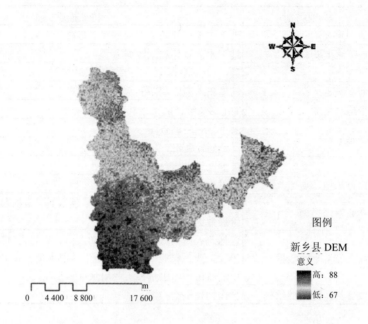

图 6-2　新乡县 DEM 图

　　流域内的土地利用图是重要的 GIS 数据，它真实反映了流域内土地利用状况以及各种植被的数量和分布。流域内植被是水文循环中的重要一环，植被在降雨的截留、陆面水分的蒸发中都起非常重要的作用。新乡县土地利用图见图 6-3。

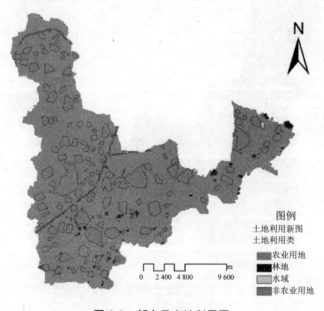

图 6-3　新乡县土地利用图

　　土壤类型图为新乡县第二次土壤普查资料，经过扫描、纠正和屏幕数字化生成新乡县数字土壤类型图，见图 6-4。

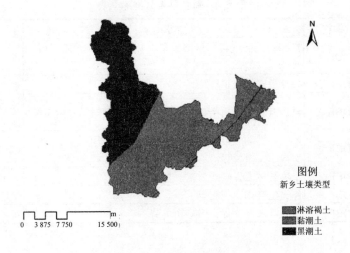

图例
新乡土壤类型

- 淋溶褐土
- 黏潮土
- 黑潮土

图6-4 新乡县土壤类型图

新乡县各种农作物的种植面积及种植制度见图6-5。

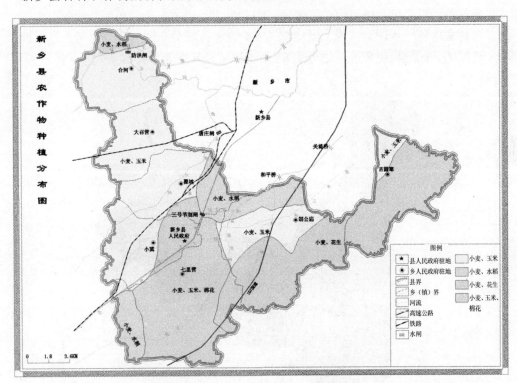

图6-5 新乡县各乡镇作物种植制度图

（2）新乡县表数据库

新乡县SWAT模型所需表数据库包括新乡县气象、水文、土地管理、土壤物理、土壤化学、作物管理、点源污染等数据，各数据库主要内容及来源见表6-2。

表 6-2　新乡县表数据库列表

数据类型	数据格式	主要内容	资料来源
气象数据	DBF 表	最高和最低气温、日降雨量、相对湿度、太阳辐射、风速	气象站点监测
水文数据	DBF 表	日流量、月流量等	水文站点资料
土地管理数据	DBF 表	耕作方式、植被类型、灌溉方式、施肥时间和数量等	现场调查、有关部门统计资料
土壤物理属性	DBF 表	密度、水力传导度、田间持水量、土壤可利用水量、土壤水文组成等	《新乡土壤志》
土壤化学属性	DBF 表	土壤有机氮、硝酸盐氮、有机磷含量等	中国土壤数据库
作物管理措施	DBF 表	作物生育期、施肥等	现场调查及统计资料
点源污染负荷	DBF 表	点源排放口位置、污染物负荷	新乡县环保局

6.1.1.2　流域空间离散化

模型建立的第一步就是把新乡县分成若干个子流域（SubBasian），子流域占据一个地理位置并和其他子流域在空间上有水力联系。子流域可以根据其中的土壤类型、土地利用和水力条件等予以划分。每一个子流域可以包含至少一个水文响应单元，一条支流或一条干流，两种蓄水体—水库和（或）湿地。图 6-6 为子流域分布图。模型是基于自然地形来划分子流域的，因此模型将区域划分为 63 个子流域，其中新乡县占 43 个。

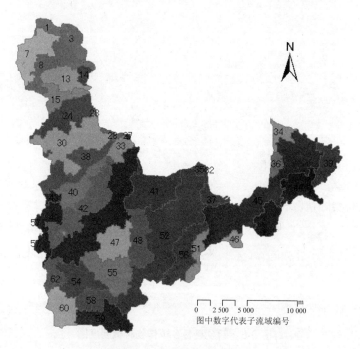

图 6-6　子流域分布图

6.1.1.3　水文响应单元分配

子流域定义后，利用土地利用和土壤类型的协同变化特征来定义水文响应单元，来计算每个子流域的基本参数，进行模拟运算。水文响应单元具有相同的土地利用类型，土壤类型。在子流域中水文响应单元是独立的，彼此之间并没有联系，每一个单元分别计算自己的输出结果，最后综合起来得出子流域的结果。水文响应单元地引入提高了模型的计算精度。模型根据 63 个子流域划分 180 个水文响应单元（见图 6-7），其中新乡县占 100 个。

图 6-7　水文响应单元分布图

6.1.1.4　模型输入信息初始化

在 HRU 分配确定之后，流域需要输入气象信息数据，在 SWAT 运行前，还必须写入流域的初始输入值，流域离散化和水文响应单元分配等 GIS 处理操作已经提供了部分初始输入信息，其他信息则需要采用默认值。

6.1.1.5　管理信息输入

输入初始信息之后，很多模型参数采用的是默认值或美国地区的适用值，这些参数并不能反映本地的实际情况，需要根据实际情况来修改输入。此外，区域内点源排污、农业制度、施肥和用水管理等信息也需要输入。

6.1.2　SWAT 模型的率定与验证

在模型运行初期，许多变量不能赋予合适的初值，如土壤初始含水量，这对模型模拟结果影响很大，因此在很多情况下，需要将模拟初期作为模型运行的启动（Setup）阶段，以合理估计模型初始变量，然后再将数据系列分为参数率定（校准）和验证阶段。根据数据获取的完整性，选用 6 个水文站径流进行校核，其中 1980—2004 年数据用作模型模拟的 Setup 阶段，2004—2005 年数据用作率定阶段，2006—2007 年数据用作验证阶段。

6.1.2.1　径流参数率定与验证

表 6-3 为参数率定后的参数表，率定及验证结果见图 6-8 至图 6-15。

表 6-3   模型参数率定表

参数名称	参数定义	参数值	
CN₂	SCS 径流曲线数	建筑用地	79
		农业用地	87
ESCO	土壤蒸发补偿系数	建筑用地	0.001
		农业用地	0.001
SOL_AWC	土壤层有效含水量	建筑用地	0.001
		农业用地	0.18
SOL_K	饱和水力传导度	建筑用地	0.5
		农业用地	4.1
EPCO	植被蒸腾补偿系数	建筑用地	0.001
		农业用地	0.85

率定期实测径流量与模拟径流量对比见图 6-8～图 6-15。

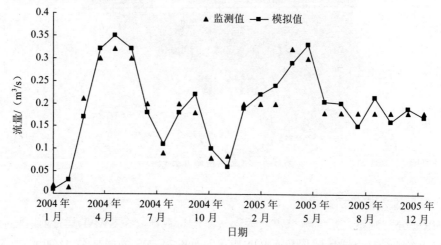

图 6-8   东孟姜女河入境监测断面—牛屯村率定期模拟与实测径流量对比图

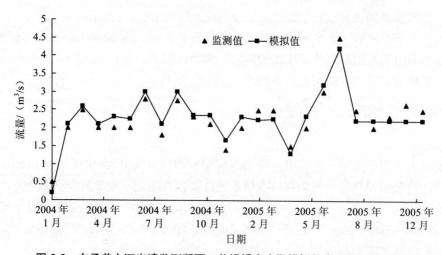

图 6-9   东孟姜女河出境监测断面—关堤桥率定期模拟与实测径流量对比图

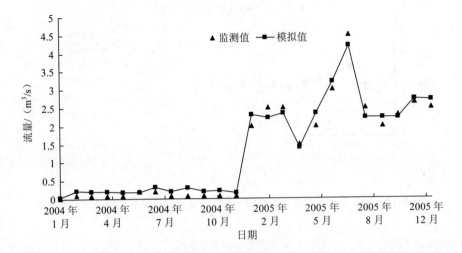

图 6-10　西孟姜女河入境监测断面—秦村营桥率定期模拟与实测径流量对比图

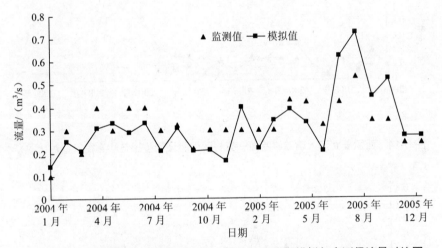

图 6-11　西孟姜女河出境监测断面—唐庄闸率定期模拟与实测径流量对比图

验证期实测径流量与模拟径流量如下：

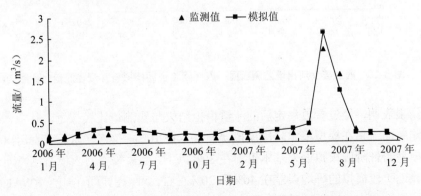

图 6-12　东孟姜女河入境监测断面—牛屯村验证期模拟与实测径流量对比图

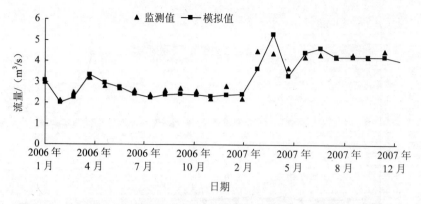

图 6-13　东孟姜女河出境监测断面—关堤桥验证期模拟与实测径流量对比图

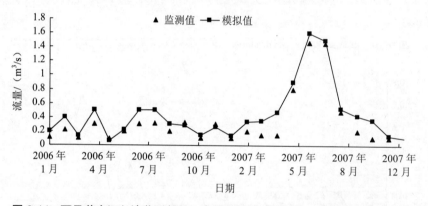

图 6-14　西孟姜女河入境监测断面—秦村营桥验证期模拟与实测径流量对比图

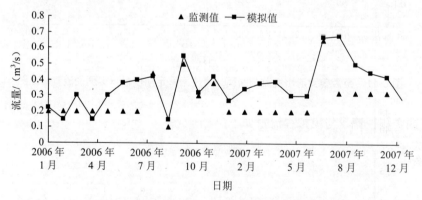

图 6-15　西孟姜女河出境监测断面—唐庄闸验证期模拟与实测径流量对比图

以上结果表明，经过参数率定后的流量模拟结果与实测值比较接近。其中，东孟姜女河出境监测断面流量在模型率定阶段模拟误差基本在 10%～30%，东孟姜女河出境监测断面流量在模型验证阶段模拟误差基本也都在 30%以下，西孟姜女河入境监测断面流量在模型率定及验证阶段模拟的平均误差在 40%和 20%左右。可得出以下结论：SWAT 模型可以较精确地模拟地表水二元循环过程；所建立的新乡县 SWAT 模型参数率定阶段和验证阶段的两次检验与实际均符合较好，较准确地反映了新乡县地表水资源和水环境状况，可以用来对未来年份近、中、长期研究目标下的地表水资源、水环境状况的模拟实现。

6.1.2.2 氨氮与COD参数率定与验证

从地表水体污染源来看，新乡县地表水污染分为点源污染与非点源污染。点源污染的水环境指标主要为BOD、COD和NH_3；面源污染的水环境指标主要为BOD、COD、N、P、NH_3-N。除此之外，新乡县水环境指标还包括生物学指标（细菌学超标、浮游生物指标等）、物理学超标因子（主要为浑浊度）和其他一些化学指标（如总硬度等）。本研究主要针对新乡县污染特点，选择当地最重要的两个水环境指标——NH_3-N和COD为控制对象。

（1）氨氮参数率定与验证

新乡县东、西孟姜女河氨氮浓度率定期与验证期结果如图6-16和图6-17所示：

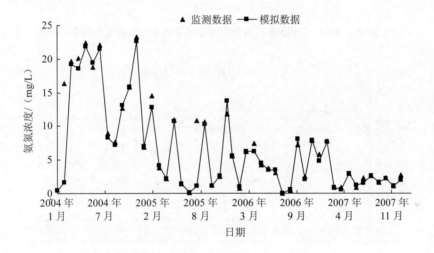

图6-16 2004—2007年东孟姜女河出境断面氨氮浓度率定与验证结果

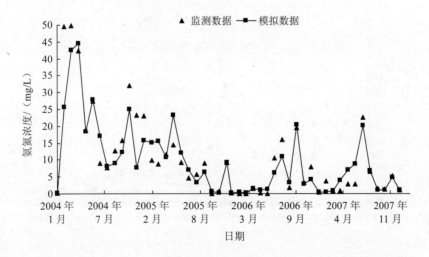

图6-17 2004—2007年西孟姜女河出境断面氨氮浓度率定与验证结果

（2）COD 参数率定与验证

新乡县东、西孟姜女河 COD 浓度率定期与验证期结果见图 6-18～图 6-21。

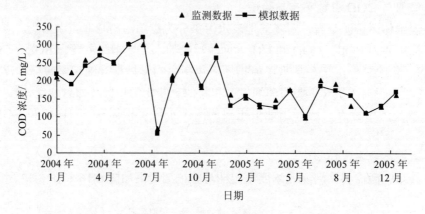

图 6-18　2004—2005 年东孟姜女河出境断面 COD 浓度参数率定结果

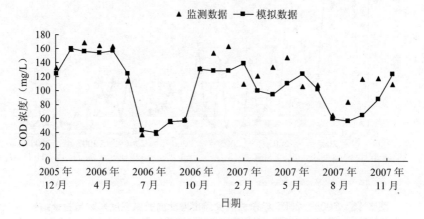

图 6-19　2006—2007 年东孟姜女河出境断面 COD 浓度验证期结果

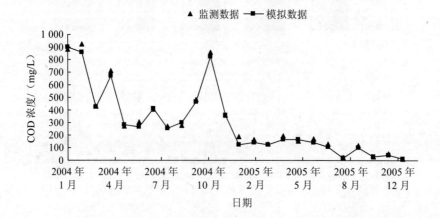

图 6-20　2004—2005 年西孟姜女河出境断面 COD 浓度参数率定结果

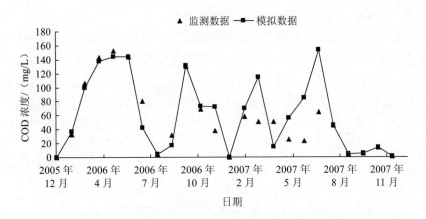

图 6-21　2006—2007 年西孟姜女河出境断面 COD 浓度验证期结果

图 6-16 和图 6-21 表明，参数率定后的新乡县 SWAT 模型能较准确地模拟当地地表水环境状况。上述实测值是按天来测量的，带有随机性，不能代表当月的污染物实际平均浓度，NH_3-N 和 COD 浓度均以模拟值为准。

6.1.2.3　ET 模拟分析

蒸散发受控于气候、地形、植被或土地利用、土壤水分状况等诸多因素，在这些因素的共同作用下，形成了区域蒸散发的时空差异。

（1）ET 验证

SWAT 模型模拟的 ET 值与遥感 ET 比较见图 6-22，从图中可以看出 SWAT 模拟值与遥感 ET 值相差不超过 ±10%，说明 SWAT 模型能较为准确地模拟区域蒸发耗水量。以下报告中的 ET 数值均以 SWAT 模拟结果为准。

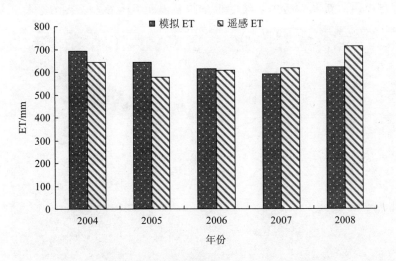

图 6-22　SWAT 模拟 ET 与遥感 ET 比较

（2）ET 的时间变化特征

①从图 6-22 中可以看出，ET 值的年际变化规律，其年际之间变化不大，最大值发生

在 2008 年为 716 mm，最小值在 2005 年为 590 mm。

②新乡县多年平均 ET 值年内分布见图 6-23，从图中可以看出，全县 2004—2008 年年内平均 ET 呈单峰趋势，峰值出现在 7 月，谷值出现在 12 月和 1 月，这主要是由于此阶段气温出现全年最低值，水域多结冰；随着气温的升高，ET 逐渐增大，在气温较高、风速较大、相对湿度较小的 7 月出现峰值；8 月气温继续升高达到全年气温的峰值，但由于进入汛期降雨较多，相对湿度较大，日照时数减少，ET 出现减小的趋势；9 月的降雨仍然较多，气温较 8 月出现回落，此后随着气温的减小，ET 开始降低。

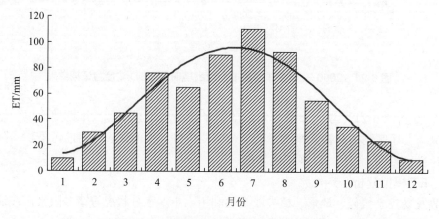

图 6-23　新乡县多年平均 ET 年内变化图

6.1.3　新乡县简化 SWAT 系统界面开发

本研究在 SWAT 模型的基础上，结合我国实际，进一步对模型进行简化和汉化，补充添加 COD 测算模块，新乡 SWAT 系统的框架图及界面见图 6-24、图 6-25。

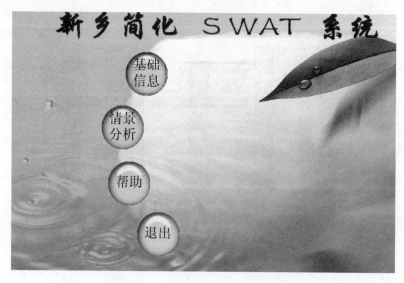

图 6-24　新乡简化 SWAT 系统界面

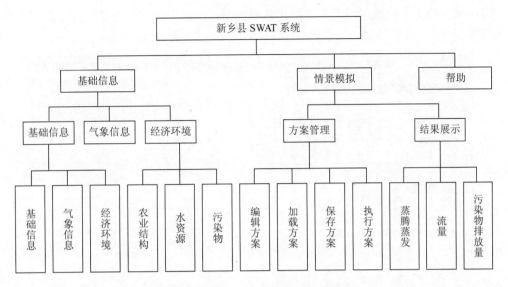

图 6-25 新乡县 SWAT 模型系统框架图

6.1.3.1 基础信息的查询

基础信息的查询包括基本信息（行政区划、土地利用、土壤类型、地形图、测站信息、水系图、人口信息、产值图）、气象信息、经济及环境信息。基础信息查询界面见图 6-26。

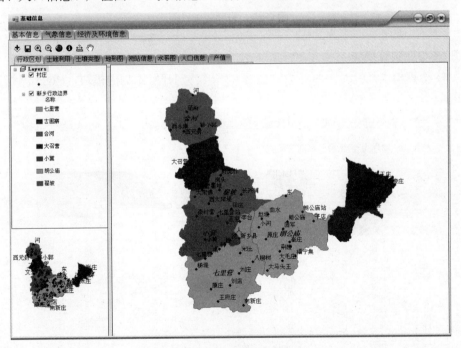

图 6-26 基础信息查询界面

6.1.3.2 方案管理

SWAT 模型提供简单、直观的图形界面系统，允许用户预选不同情景模拟方案，从降低 ET、减少地下水抽取、改善生态环境角度出发，预设多种情景方案。方案管理界面见图 6-27。

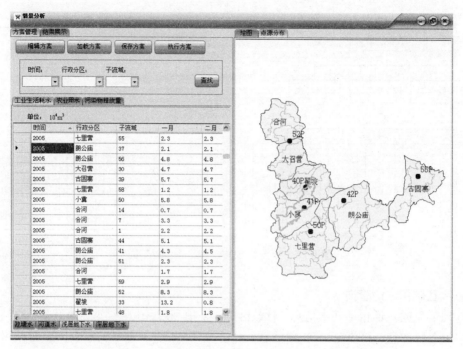

图 6-27　方案管理界面

6.1.3.3　COD 测算模块

COD 测算模块是针对国内环境管理目标需要特别开发添加的模块，COD 测算界面见图 6-28。

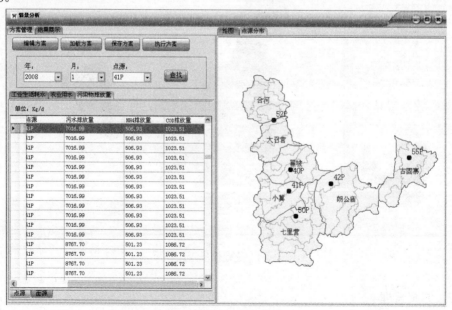

图 6-28　COD 测算界面

6.1.3.4 结果展示

当模型对方案运行完毕后，即可查看模拟结果，该模块可展示流量、ET 量、河道沉沙量、氨氮和 COD 浓度的值，并能以曲线和直方的形式展示出来。结果展示界面见图 6-29。

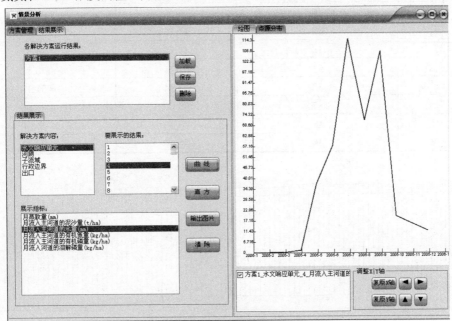

图 6-29 结果展示界面

6.2 新乡县 MODFLOW 模型的建立

6.2.1 水文地质概念模型的建立

水文地质模型来源于计算区的水文地质条件，但不完全等于该区的实际水文地质条件，它是实际条件的概化，是为了适应数学模型的要求而对复杂的地下水系统作的近似处理。其核心为边界条件、内部结构、地下水流态三大要素，根据新乡县的岩性构造场、水动力场、水化学场的分析，可确定如下新乡县水文地质概念模型要素。

6.2.1.1 新乡县地下水类型和含水层组的划分

依据新乡县含水介质及孔隙类型，在该县内调查深度范围内，地下水可划分为松散岩类孔隙水，半胶结碎屑岩类孔隙裂隙水两类，其含水层组按埋藏条件，可进一步划分为浅层含水层组、中深层含水层组、深层含水层组。与含水层划分相对应的，赋存于其中的地下水可划分为第三系松散岩类孔隙水和上第三系碎屑岩类孔隙裂隙水两类，其含水层组按埋藏条件可划分为浅层孔隙水（简称浅层水）、中深层孔隙水（简称中深层水）和深层孔隙裂隙水（简称深层水）。其中，浅层水为潜水——微承压水；中深层水和深层水为承压水。根据水文地质概念模型的需要，通过概化，本研究只考虑浅层含水层组，概化数据见表 6-4，其剖面图参见在 Visual MODFLOW 中所建立的横断面图见图 6-30。

表6-4 新乡县各乡镇地下浅层含水层组的概化数据

乡镇名	浅层顶板高程/m	浅层厚度/m	浅层底板高程/m
合河北	47	22.25	−42.25
合河南	49	24.00	−42.00
大召营	52	31.50	−47.50
翟坡	50	35.77	−47.57
七里营北	53	62.71	−70.71
七里营南	58	67.34	−51.14
七里营西	57	65.00	−46.00
朗公庙	48	70.00	−57.00
古固寨	49	92.00	−77.73

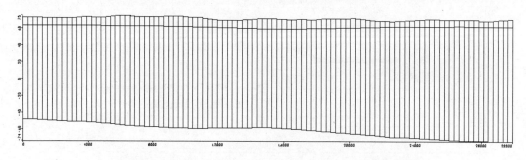

图6-30 新乡县水文地质MODFLOW模型东西向剖面图

6.2.1.2 含水层水力特征的概化

研究区地下水流从空间上看是以水平运动为主、垂向运动为辅，地下水系统符合质量守恒定律和能量守恒定律；一般情况下，在松散孔隙含水层及裂隙含水层中，地下水流动速度较小，属层流运动，符合达西定律；地下水流速矢量在 x、y 方向有分量，概化为二维流，参数随空间变化，体现了系统的非均质性；体现了地下水系统的输入输出随时间、空间变化，体现了地下水流为非稳定流。综上所述，新乡县含水层的系统结构及水动力学条件可概化为非均质各向同性二维非稳定流。

6.2.1.3 计算边界的概化

区内浅层水属潜水——微承压水，根据浅层地下水的流场特征，将浅层含水层的边界性质确定如下：

（1）周边为透水边界

西部边界的秀才庄南永康段，梁村—敦留庄—刘八庄段以及南部边界中的崔庄以东为补给边界；东部赵楼以南，北部的陈堡—东郭段，十五里铺至台头段为排泄边界；其余边界段大致平行于地下水流，按流浅型零通量边界处理。

（2）垂向边界

本区浅层含水层上部为透水边界，接大气降水入渗，引黄渠道渗漏和灌溉水回渗补给，并以蒸发、人工开采等方式排泄地下水，浅层含水层下部在古阳堤南为弱透水边界，古阳堤以北视为隔水边界，其与中深层含水层组之间的越流量忽略不计。

（3）内部边界

区内卫河、共产主义渠、东孟姜女河、西孟姜女河、人民胜利渠及其东三干等地表水体概化为线状补给边界（见图 6-31）。

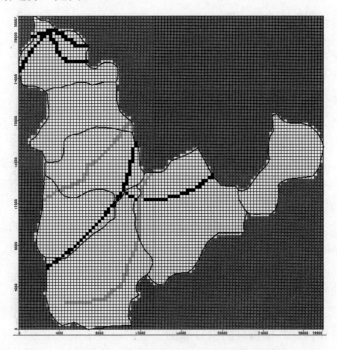

图 6-31　新乡县计算区边界及网格剖分

白色的为有效单元，绿色的为无效单元。深蓝色边界为河流补给边界，浅蓝色边界为排水边界。垂向上分为一层即承压含水层，将承压含水层的顶、底板标高以 ASCII 的形式输入到模型中。

6.2.2　模型的建立及解法

6.2.2.1　数学模型的建立

依据渗流的连续性方程和达西定律，结合地下水系统实际水文地质条件，建立了与研究区地下水系统水文地质概念模型相对应的二维非稳定流数学模型。其微分方程见式（6-1）。

$$
\begin{aligned}
\frac{\partial}{\partial x}\left(K\frac{\partial h}{\partial x}\right) + \frac{\partial}{\partial y}\left(K\frac{\partial h}{\partial y}\right) - W &= \mu * \frac{\partial h}{\partial t} & (x,y) &\in \Omega \\
K_n \frac{\partial H}{\partial n}\bigg|_{D_2} &= q(x,y,t) & (x,y) &\in D_2, t \geqslant 0 \\
K_n \frac{\partial H}{\partial n}\bigg|_{D_3} - \frac{H - H_{RIV}}{\sigma} &= 0 & (x,y) &\in D_3, t \geqslant 0 \\
h(x,y,t)\big|_{t=0} &= h_0(x,y) & (x,y) &\in \Omega \bigcup D_2 \bigcup D_3 \\
h(x,y,t)\big|_{t=0} &= h_0(x,y) & (x,y) &\in \Omega
\end{aligned}
$$

（6-1）

式中：Ω——立体计算域；

  K——沿 x、y 坐标轴方向的渗透系数，m/d；

  h——点（x，y）在 t 时刻水头值，m；

  h_0——含水层的初始水头，m；

  μ^*——承压含水层弹性释水系数，m^{-1}；

  W——源汇项，m/d；

  $\bar{n}$——边界的外法线方向；

  K_n——边界法线方向的渗透系数，m/d；

  H_{RIV}——河流边界的河水位，m；

  q——渗流区二类边界上的单位面积流量，m^3/d；

  D_2——第二类边界；

  D_3——第三类边界。

6.2.2.2 数学模型的求解

数学模型建立后，再给定含水层的水文地质参数和定解条件，就可以求解水头值。本研究采用 Visual MODFLOW4.1 对上述模型进行求解，求解方法采用 PCG（Pre-conditioned Conjugate-Gradient），即预调共扼梯度法迭代求解。

6.2.2.3 计算区剖分

先对新乡县综合水文地质图进行扫描，然后用 ArcGIS 进行矢量化处理，导入 Visual MODFLOW 模型作为计算模拟区的剖分底图。根据研究区域大小及计算精度要求，采用 100×100 的单元对模型进行剖分。

6.2.2.4 时间离散和初始条件的确定

模拟期为 2004 年 1 月到 2007 年 12 月，以一个月为一个时间段，每个时间段为一个时间步长；初始流场采用 2005 年 1 月 15 日观测井的观测水位，在 ArcGIS 上把各观测井的坐标和观测水位高程进行赋值，然后再以 shp 文件形式或 excel 格式导入 MODFLOW 即可建立初始流场图。

6.2.2.5 水文地质参数分区和初值的确定

水文地质参数是地下水评价的重要基础。根据地下水资源评价的数学模型，参与地下水均衡计算的水文地质参数主要有含水层渗透系数 k、给水度 μ（弹性释水系数 μ^*）等。水文地质参数的确定基于两种考虑：一是岩性和地质构造，根据水文地质调查资料，将重要的构造带、不同岩性的地带划分为不同的参数区；二是垂向补给条件，在接受降水入渗、渠系入渗、河床入渗时，将研究区域划分为不同参数区。将各观测井点附近的已知渗透系数和弹性释水系数输入 GIS，运用 GIS 的克里格（Kring）内插算法，将已剖分的单元赋予对应的渗透系数 k 和弹性释水系数 μ^* 值，将各个分区对应的所有单元的 k 和 μ^* 值叠加求平均值，得到每个分区相应的渗透系数和弹性释水系数。

6.2.2.6 源汇项的处理

地下水系统的均衡要素是指其补给和排泄项，而均衡区则为整个研究区及各乡镇。地下水补给量主要包括降雨入渗量、灌溉入渗量、侧向补给量、河流渗流补给量；地下水排泄项有工农业和生活用水开采。

对于源汇项的处理，主要包括三大类：第一类是以含水层面状补给率的形式给出，第四系承压含水层补给包括每个单元格上灌溉入渗补给率、工农业和生活用水开采率的叠加；第二类以点井量的形式给出；第三类是以线状补给率的形式，如河流渗流补给，本研究把此类补给归并到第一类的面状补给。总的来说，这三类源汇项的量均分配在活动单元格上参与计算。

①入渗补给量：田间入渗补给量包括降雨和灌溉入渗量，它受地下水位埋深、包气带岩性及降雨量、灌溉水量大小等因素的控制。

②侧向补给量：主要计算方法是沿补给边界切剖面，分段按达西公式计算。

③河流渗流补给量：研究区内，河流为季节性河流，补给时间为每年的4月到10月；在对河水与地下水的补排关系进行分析后，确定出河水补给地下水的河段，采用地下水动力学法计算得河流渗流补给量。

降雨、灌溉入渗量、侧向补给量、河流补给量均算做边界条件，用 Visual MODFLOW 中的 Recharge 模块来处理。

④开采量：地下水开采量主要包括工业、农业开采量及人畜用水量。农业开采为面状开采，主要用于农田灌溉，其开采量是按照调查的灌溉定额、种植作物种类、灌溉面积等资料确定的；工业开采量按统计资料查得；农村人畜用水量根据调查的人畜数与用水定额等资料计算求得。

建立模型过程中，把开采井在各区域（乡镇）概化成平均开采强度。根据单井开采强度和机井分布情况，将历年逐月地下水开采量分配到相应的井上。用 Visual MODFLOW 中的 Well 模块处理来完成。

6.2.3 模型的识别和验证

模型建立后，根据各观测井的水位观测资料及地貌单元含水岩性的分布情况，首先假定 组参数导入模型中，计算各观测点上各时段水位值，通过计算水位和实际水位的拟合分析，反复地修改参数，当两者之间的误差达到标准后，则认为参数达到了"最优"。达最优需满足：

①模拟的地下水流场要与实际地下水流场基本一致；

②模拟地下水的动态过程要与实测的动态过程基本相似；

③从均衡的角度出发，模拟的地下水均衡变化要与实际的地下水均衡变化基本相符；

④识别的水文地质参数要符合实际水文地质条件。

6.2.3.1 模型的识别

模型的识别采用 2004—2007 年观测井实测资料，源汇项包括降雨补给、灌溉补给、侧向补给、人工开采等，各项均换算成相应分区的开采强度分配到相应的单元格。模型识别主要考虑含水层的渗透系数（k）、弹性释水系数（μ^*），模型调参的初始值含水层初始水头采用 2004 年 1 月统测的地下水位。根据识别期间地下水系统各输入项资料和给出的参数初值运行模型，给出参数变化范围，其中渗透系数 k 的取值范围为 $1\sim99$ m/d，弹性释水系数 μ^* 的范围为 $0.000\,1\sim0.000\,5$，采用手动和自动相结合的方法，通过实际水位和计算水位拟合分析。如果计算水位与实测水位相差很大，则根据参数变化范围和实际水位差值，重新给定一组参数，直至二者拟合较好为止。

根据国标《地下水资源管理模型工作要求》（GB/T 14493—93）中规定"对于降深小的地区，要求水位拟合小于 0.5 m 的绝对误差必须占已知水位节点的 70%以上；对于降深较大的地区（大于 5 m），要求水位拟合小于 10%的相对误差节点必须占已知水位节点的 70%以上"，符合规定则认为参数达到了"最优"。同时还要注意到"对水文地质条件复杂的地区，拟合精度可适当降低。对于新乡县研究区，从水位拟合图上看，模型识别阶段共取观测井 15 个，误差绝对值的平均值为 0.411 m，其中拟合误差的绝对值小于 0.94 m 的观测井数占总观测井数的 70.9%，其中最大为 0.975 m，最小为 0.065 m。可见实测与计算水位的等值线在整体上也达到了很好的拟合，说明所建立的水文地质概念模型和数学模型是合理的。

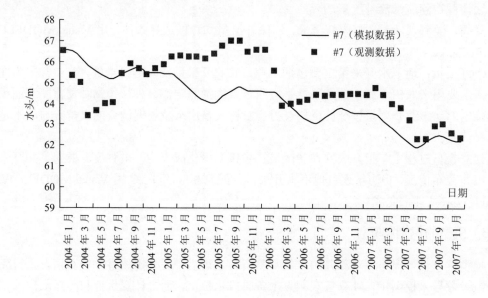

图 6-32   地下水位 7 号观测井的水位拟合情况

6.2.3.2   模型的验证

为进一步验证所建立的数学模型和模型参数的可靠性，选择 2008 年作为模型的检验时段，共分为 12 个应力期，每个月为一个应力期，每个应力期为一个时间步长。从检验结果可以看出，误差绝对值的平均值为 0.208 m，其中拟合误差的绝对值小于 0.208 m 的观测井数占总观测井数的 70.6%。在模拟区代表性观测井（#1、#7、#9、#21）的地下水位计算值与观测值拟合见图 6-33。

模型识别和验证结果证明所建立的数学模型、边界条件、水文地质参数和源汇项的确定都是合理的，该模型可以用于地下水流系统的预报。

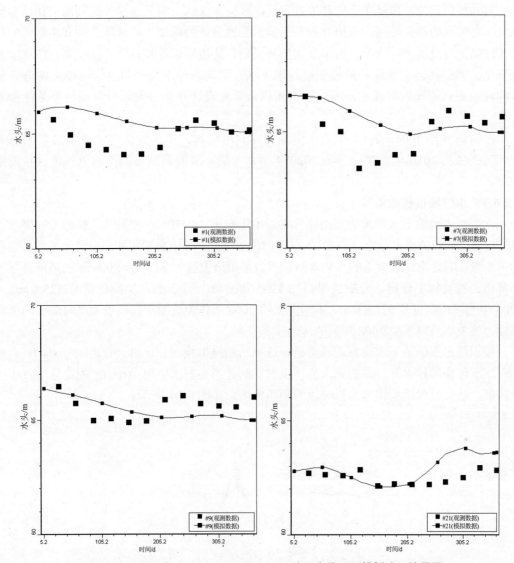

图 6-33　2008 年（#1、#7、#9、#21）地下水位观测模拟验证结果图

6.2.3.3　地下水均衡计算及分析

均衡计算包括以下几个方面：

①划分均衡区。以乡镇行政地下水系统边界圈定的范围作为均衡区。

②确定均衡期。以自然年为单位逐年计算，然后再进行均衡期内总水量平衡计算。

③水均衡分析。均衡要素是指通过均衡区水平周边边界及垂向边界流入或流出的水量项。首先确定天然条件下补给项和排泄项，然后再分析计算开采条件下可能增加开采的补给量和截取的排泄量，以此建立地下水均衡方程。

6.2.4　地下水位预报

地下水位预报，是将研究的地下水开采量和预测的地下水源汇项水量输入经过识别和验证后的数值模型，预报在一定开采方案下，水位降深的空间分布和随时间的演化，预测未来一定时期的水位降深，预报合理开采量。经过验证的模型，虽然符合客观实际，但只能反映勘探阶段的实际情况，而未来大量开采后，其边界条件和补给、排泄条件还可能发生变化。因此在运用验证后的模型进行地下水开采动态的水位预报时，还要依据边界条件的可能变化情况做出修正。所以模型预报前要先设计开采方案以及预报边界条件和源汇项。

根据新乡县 2004—2007 年的水资源开发利用现状，考虑各部门水资源的需求，本研究对新乡县 2010 年、2015 年、2020 年平水年的水资源需求情况及地下水位进行模拟预测。

6.2.4.1　水位预报初始条件

本节对未来地下水资源的预测评价将采用平均年（$P=50\%$）法处理。根据历年降雨资料进行降雨的经验频率分析，得出 $P=50\%$ 的典型年份。采用典型年的完整气象资料求得作物需水量，制定出此频率下的作物灌溉制度。采用研究区 1981 年到 2008 年的降雨资料进行降雨的经验频率分析，分析结果得知 1995 年的频率为 50%，年降雨量为 525.8 mm，2008 年的降雨量也是 525.8 mm。本研究采用 2008 年作为典型年，模型预测时需要的边界条件、气象资料将采用 2008 年研究区的实测资料。

根据已掌握的地下水动态观测资料，选择了距模拟预测计算时间较近的 2004 年 1 月的观测水位作为预报时段的初始水位，根据观测孔的实测水位用 ArcGIS 的克里格方法进行插值，然后导入模型作为预报时段的初始流场。如图 6-34 所示。

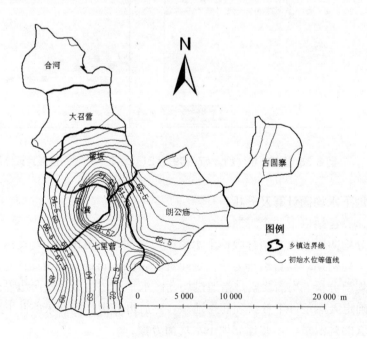

图 6-34　2004 年预报时段的初始流场

6.2.4.2　预报时段的确定

模拟预报期限为 2010 年、2015 年、2020 年，按时段长度由小到大的分配原则，对水位预报时段作了如下规定。

第一水位预报时段，长度为 7 年：2004 年 1 月～2010 年 12 月；

第二水位预报时段，长度为 12 年：2004 年 1 月～2015 年 12 月；

第三水位预报时段，长度为 17 年：2004 年 1 月～2020 年 12 月。

6.2.5　模型运行结果分析

6.2.5.1　新乡县现状年地下水位模拟结果

通过对 2004—2007 年新乡县地下水模拟得到现状年地下水位变化图（图 6-35），由图可以看出，地下水位具有明显的逐年持续下降趋势，1 号观测井地下水位由 2004 年的 66.5 m 降至 2007 年的 63 m 左右；年内地下水位大体从上年的 11 月到下年的 6 月呈逐月下降趋势，7 月到 10 月呈逐月上升趋势，地下水位的变化主要受降水补给和地区用水的影响。

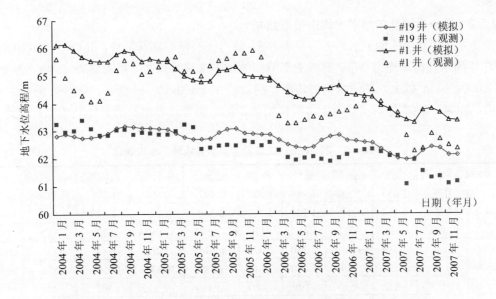

图 6-35　2004—2007 年新乡县地下水位变化趋势（以#1、#19 井为例）

由于地下水开采不合理，在现状年形成了以集中开采区为中心的地下水漏斗。以 2004 年地下水降深等值线图为例，在小冀镇和七里营镇一带形成了地下水漏斗，其中心水位降深大于 8 m。

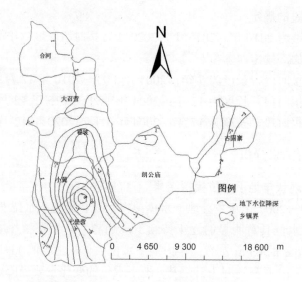

图 6-36　2004 年新乡县地下水降深等值线图

6.2.5.2　新乡县现状年地下水均衡模拟结果

新乡县现状年的地下水均衡表见表 6-5，除古固寨镇和高新区外，其他乡镇 2004 年到 2007 年的水均衡差均为负值，其中七里营镇的地下水采补均衡差最为显著，均衡差绝对值在 $2\ 000\times10^4\ m^3$ 以上，其他乡镇的均衡差绝对值在 $1\ 500\times10^4\ m^3$ 以下。从整个新乡县可以看出，2004—2007 年新乡县地下水采补均衡差均为负值，其绝对值总体处于上升趋势。

表 6-5　2004—2007 年新乡县各乡镇地下水均衡表　　　　　　　　单位：$10^4\ m^3$

乡镇名称		合河	大召营	翟坡	小冀	七里营	朗公庙	古固寨	高新区	合计
2004 年	开采	1 539	1 322	1 988	1 827	5 742	2 896	1 592	433	17 340
	补给	1 164	952	1 531	1 717	3 560	2 246	2 820	615	14 604
	均衡差	−376	−371	−457	−110	−2 182	−650	1 228	182	−2 736
2005 年	开采	1 744	1 509	2 260	2 078	6 578	3 283	1 803	491	19 746
	补给	1 112	919	1 470	1 618	3 389	2 171	2 505	571	13 755
	均衡差	−632	−590	−790	−460	−3 189	−1 112	702	80	−5 991
2006 年	开采	1 816	1 562	2 345	2 135	6 748	3 423	1 881	508	20 419
	补给	1 009	816	1 345	1 630	3 288	2 067	2 528	584	12 851
	均衡差	−808	−746	−1 000	−505	−3 460	−1 356	647	75	−7 568
2007 年	开采	1 918	1 685	2 507	2 344	7 473	3 606	1 977	547	22 058
	补给	954	785	1 286	1 533	3 140	1 985	2 209	539	12 430
	均衡差	−963	−900	−1 222	−811	−4 333	−1 621	233	−9	−9 628

6.3　新乡县二元水质水量模拟平台构建

本规划集成 SWAT 模型、MODFLOW 模型，构建新乡县水量水质综合模拟平台，实现地表水和地下水、天然水循环，水量和水质联合模拟，支撑不同节水、水资源配置、点源和非点源水污染控制规划方案的情景模拟，为方案优选提供数据支撑。新乡县二元水质水量模拟平台构建具体过程见图6-37。

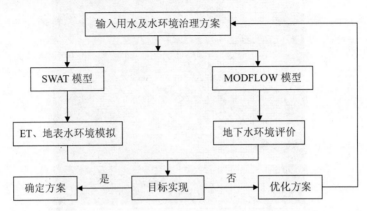

图6-37　新乡县二元水质水量模拟平台构建过程

6.3.1　平台构建与运行

根据新乡县地形图、水系、行政区划、土壤类型、土地利用及气象等情况，SWAT模型将新乡县划分成63个子流域，180个水文响应单元（见图6-38）进行模拟计算地表水循环。MODFLOW模型将区内卫河、共产主义渠、东孟姜女河、西孟姜女河、人民胜利渠及其东三干等地表水体概化为线状补给边界（见图6-39）。白色的为有效单元，绿色的为无效单元。深蓝色边界为河流补给边界，浅蓝色边界为排水边界。垂向上分为一层即承压含水层，将承压含水层的顶、底板标高以ASCII的形式输入到模型中。依据新乡县含水介质及孔隙类型，并根据水文地质概念模型的需要，通过概化，其剖面图参见在Visual MODFLOW中所建立的横断面图见图6-40。

图6-38　子流域划分布图

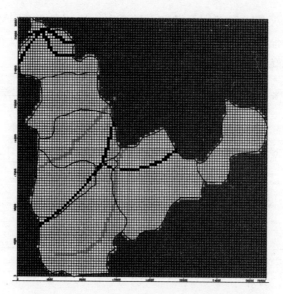

图 6-39　新乡县计算区边界及网格剖分图

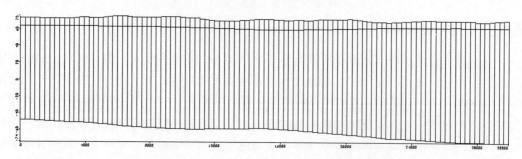

图 6-40　新乡县水文地质 MODFLOW 模型东西向剖面图

6.3.2　模拟步骤

SWAT 模型用于模拟不同情景下地表水水量水质及非点源污染的计算，ModFlow 模型用于模拟不同情景下地下水量和水位的变化，具体步骤如下：

①以现状条件下各耗水部门的耗水和污染物排放量为输入条件，验证 SWAT 和 ModFlow 模型，使模型具有适应性。

②将未来水平年配水方案输入到 SWAT 和 ModFlow 模型，得到未来水平年水循环状态和水环境状态。

③重复步骤①和步骤②直至计算结果稳定。

第7章 新乡县水资源与水环境综合管理规划方案

7.1 水资源与水环境综合管理规划方案设置

7.1.1 工业污染控制与节水方案设置

根据对新乡县现状年主要污染行业污染物排放情况的分析,规划水平年以造纸、医药卫材和化学化工等行业为重点,通过严格执行国家和地方的新标准,促使各重点行业加大污染深度治理和工艺改造力度,提高行业污染治理技术水平。严格限制新建造纸、医药卫材、化学化工等项目,推进重点行业清洁生产,有效减少污染物排放。

工业ET削减途径包括"自上而下"和"自下而上"两种调控方法。"自上而下"就是以国家政策法规的形式强制各工业部门削减耗水量,包括两个方面,一是制定取水定额,对在生产过程中耗水量较高、万元产值取水量较大、超过警戒线的单位予以惩罚,列入限制发展的目录;二是调整产业结构,对既不符合国家产业政策,又在生产过程中耗水量较高、万元产值取水量较大的产品,列入禁止发展的目录,强行关闭,鼓励发展低耗水、高收益的产业。"自下而上"就是通过企业自身技术改造,提高工业用水重复利用率,降低耗水率,带动各部门减少耗水。

针对新乡县水资源与水环境工业用水及污染中存在的问题,制定出不同规划措施下的工业节水和污染控制方案,如表7-1所示。

表 7-1 工业节水和污染控制规划方案

类别	方案名称	相应指标	方案一	方案二	方案三	方案四	方案五	方案六
工业	节水	重复利用率	63%	66%	80%	83%	88%	90%
		用水定额/(m^3/万元)	55	50	30	25	18	15
	污染控制	排放标准	各行业达到国家或地方相关污染物排放标准					
		清洁生产水平	二级	二级	二级	二级	一级	一级
		清洁生产执行率	80%	80%	90%	90%	100%	100%
		产业结构调整	按照国家或地方相关政策进行调整					

7.1.1.1 加强废水深度治理

(1)执行排放标准

目前,新乡县内执行实施的工业水污染物排放标准有《纺织染整工业水污染物排放标准》（GB 4283—92）、《合成氨工业水污染物地方排放标准》（DB 13458—2001）、《造纸工业污染物排放标准》（GB 3544—2001）、《污水综合排放标准》（GB 8978—1996）等。随着国家和河南省一批新的行业污染物排放标准的制定实施，部分工业企业的排放浓度与新的行业排放标准相比尚有一定差距，如表 7-2 所示。规划年应按照新的排放标准实现各行业污染物稳定达标排放。

表 7-2　部分行业污染物排放新标准

序号	标准名称	COD 限制/（mg/L）	氨氮限制/（mg/L）	执行日期
1	啤酒工业污染物排放标准（GB 19821—2005）	80	15	2006.1.1
2	制浆造纸工业水污染物排放标准（GB 3544—2008）	制浆 100/制浆和造纸联合 90/造纸 80	制浆 12/制浆和造纸联合 8/造纸 8	2008.8.1
3	发酵类制药工业水污染排放标准（GB 21903—2008）	120	35	2008.8.1
4	化学合成类制药工业水污染物排放标准（GB 21904—2008）	120	25	2008.8.1
5	提取类制药工业水污染物排放标准（GB 21905—2008）	100	15	2008.8.1
6	生物工程类制药工业水污染物排放标准（GB 21903—2008）	80	10	2008.8.1
7	中药类制药工业水污染物排放标准（GB 21906—2008）	100	8	2008.8.1
8	合成革与人造革工业污染物排放标准（GB 21902—2008）	80	8	2008.8.1
9	合成氨工业水污染物排放标准（DB 41/534—2008）	50	15	2009.1.1

（2）深度治理

①造纸行业：2015 年前，制浆造纸企业都要完善废水生化处理设施，配套建设相应碱回收工程、中段水处理工程和废水深度处理工程，污染物排放达到国家或地方新的行业排放标准要求。要重点推广原料洗涤水循环使用系统，推广应用制浆封闭筛选、无氯漂白、中浓造作工艺、纸机白水回用、生化处理后污水回用等技术，以及超效浅层气浮白水回收、多圆盘白水回收等技术和工艺，淘汰落后的生产工艺和装备。无碱回收的制浆造纸企业要限期建设碱回收，保证黑液提取率达到 90%以上，完善中段水生化处理工艺，确保企业达到国家或地方新的行业排放标准要求。

②医药卫材行业：2015 年前，进一步探索废水深度治理新技术，提高治污设施管理水平，用成熟的污染治理技术和高水平的管理，进一步降低污染排放量。

③化学化工行业：实施废水深度治理及开展清洁生产，鼓励中水回用和废水综合利用，到 2015 年底进一步降低 COD 和氨氮排放量。2020 年前，加快推进超低废水排放技术，将化工行业 COD 控制到 50 mg/L 以下。

④化纤纺织业：2010年底前，新乡县新建毛制品企业要开展深度治理；2015年前，所有棉、化纤印染精加工，毛染整精加工企业要进行深度治理。推动企业开展能源梯级使用、水分质利用；大力推广蒸汽冷凝水回收成套技术和工艺串联用水节水技术，实施生产废水的集中深度处理和再生水回用，努力实现废水"零排放"。

⑤其他行业：鼓励企业进行废水深度处理回用。

7.1.1.2　调整产业结构

在严格执行国家相关产业政策的基础上，结合新乡县实际，制定各重点行业的落后产能淘汰目录和指导意见；对污染物排放量较大的造纸、医药卫材和化学化工等重点行业，实施结构调整；对既不符合国家产业政策，又在生产过程中耗水量较高、万元产值取水量较大的产品，列入禁止发展的目录，强行关闭，鼓励发展低耗水、高收益的产业。逐步淘汰耗水大，技术落后的工艺设备。

①造纸行业：2010年前关闭以废纸为原料的年产1万t以下的造纸生产线、半化学浆生产线以及年生产能力5万t以下禾草类制浆企业及废纸造纸企业，逐步减少麦草制浆规模，扩大木浆、商品浆、废纸浆比例。2020年前，重点推进以骨干企业为主的造纸行业重组。大力发展造纸行业循环经济，延伸造纸产业链，构建多功能综合性链条产业基地。

②医药卫材行业：2015年前，要按照国家产业结构调整要求，淘汰"三废"治理不能达到国家标准的原料药生产装置。2020年前，重点发展现代中药工业，加速中药技术成果产业化，积极发展化学和生物制药，大力推行药品生产质量管理规范（GMP），提升新乡县医药工业的技术水平；结合医药产业大力发展医药包装、医疗器械等配套产业。

③化学化工行业：2010年前，化工行业需立足现有企业的技术改造，抓好现有化工产品的结构调整，开发高附加值的精细化工产品，发展下游系列产品，延伸产业链，不断提升市场竞争力。2015年前，氮肥行业加大结构调整力度，规范环境管理，以骨干企业实施行业重组，实现规模扩张。加快技术升级步伐，重点提高粮食化工加工水平，提升合成材料技术层次，调优农药和化肥品种结构，拓展新型精细化工产品领域。2020年前，延伸上下游产业链，重点开发精细化工产品，形成精细化工产业优势。

④化纤纺织业：2010年底前，对在主要河流两岸投产运营的印染生产企业通过搬迁、转产等方式逐步迁出；毛制品制造开展清洁生产及深度治理。对骨干纺织企业实施重组，提升产业集中度和整体竞争力，利用新技术、优质原料进一步提高产品的附加值。

⑤其他行业：关闭不符合产业政策的玻璃、水泥、皮革、毛皮、羽毛及其制品业生产线。

7.1.1.3　推行清洁生产

贯彻落实国家发展循环经济、推行清洁生产的政策和措施，严格执行国家清洁生产技术要求，把清洁生产审核作为环保审批、验收、核算污染物减排量的重要因素，进一步提升清洁生产水平。加强造纸和化学化工等重点行业的清洁生产审核，促进企业技术升级、工艺改革、设备更新，逐步淘汰耗水大、污染物产生量大、技术落后的工艺设备，促使各重点行业加大工艺改造力度和污染治理深度，提高行业节水和污染治理技术水平，有效降低单位产品的用水量、污水排放量和污染物排放强度。

①造纸行业：2010 年，积极推行清洁生产审计，80%的造纸企业要达到相关清洁生产审核二级水平，工业用水重复利用率为 80%～85%。2015 年前，进一步加大中水回用力度，采用循环供水工艺提高低浓度废水循环利用率，从源头上减少污染物的排放，保证 90%的造纸企业达到相关清洁生产二级水平，工业用水重复利用率为 85%～90%。2020 年前，利用"动态平衡短流程"、"动态零排放造纸废水处理技术"等清洁生产技术，改进现有工艺，应用"分段式提取纤维制浆"等新工艺，保证所有造纸企业达到清洁生产一级水平，工业用水重复利用率为 90%～95%。

②医药卫材行业：2010 年前，重点发展和推广循环用水系统和高效冷却节水技术等节水工艺技术，提高水的重复利用，工业用水重复利用率为 60%～70%。2015 年前，提高清洁生产水平，从源头上控制污染的产生与排放，在企业内部充分实现中水回用，提高过程中处理水（如冷凝水等）的回用率等，工业用水重复利用率为 70%～80%。2020 年前，进一步探索污染治理新技术，提高治污设施管理水平，用成熟的污染治理技术和高水平的管理，进一步降低污染排放负荷，工业用水重复利用率为 80%～90%。

③化学化工行业：2010 年前，化工企业要积极采用先进的清洁生产工艺，开展生产装置清洁生产审计，实施节水减污的清洁生产方案，工业用水重复利用率为 80%～85%；2015 年前实施污水单独收集、输送和分类分质处理，特殊水质的高浓度污水（含硫污水、含碱污水等）有独立的排水系统和预处理设施，开展污水回用，工业用水重复利用率为 85%～90%；2020 年底，实现所有企业、新建项目的废水排放量下降到 10 m³/t，工业用水重复利用率为 90%～95%。

④化纤纺织业：2010 年底前，新乡县新建毛制品企业要开展清洁生产，工业用水重复利用率为 70%～75%。2015 年以前，棉、化纤印染精加工，毛染整精加工企业要加强清洁生产，工业用水重复利用率为 80%～85%。2020 年前，鼓励所有化纤纺织类企业开展清洁生产，争取达到国家先进水平，工业用水重复利用率为 85%～90%。

目前新乡县全县工业用水重复利用率为 42%，根据上述管理方案中对规划年新乡县各行业生产工艺改进方案的分析以及结合相应清洁生产标准，确定不同方案下的新乡县工业用水重复利用率的综合值，具体如表 7-3 所示。

表 7-3　各方案下新乡县工业用水重复利用率

指标	方案一	方案二	方案三	方案四	方案五	方案六
重复利用率	63%	66%	80%	83%	88%	90%

规划年用水定额的确定采用重复利用率提高法计算，计算公式见式（7-1）。

$$q = \frac{q' \times (1-\alpha)}{(1-\alpha')} \tag{7-1}$$

式中：q——规划年工业用水定额，m³/万元；

　　　q'——现状年工业用水定额，m³/万元；

　　　α——规划年工业用水重复利用率；

α'——现状年的工业用水重复利用率。

由式（7-1）结合各方案工业用水重复利用率得知不同方案下的工业用水定额，具体方案见表 7-4。

表 7-4　各方案下新乡县工业用水定额

指标	方案一	方案二	方案三	方案四	方案五	方案六
用水定额/（m³/万元）	55	50	30	25	18	15

7.1.1.4　推进新建企业入园建设

认真贯彻省委、省政府有关推进产业集聚区建设的有关要求，积极推进新乡经济技术产业集聚区和工业园区的建设，争取 80%的新建企业入驻产业集聚区和专业园区。遵循"总量控制、动态管理、优进劣汰"的原则，切实加强产业集聚区和工业园区的环境保护，严格节能环保准入门槛，关闭淘汰落后工艺技术装备和环保不达标企业，促使园区资源合理利用，形成多级循环、梯级利用的水循环体系。

7.1.1.5　工业污染控制与节水方案综合分析

（1）工业污染控制方案计算结果

综合上述各工业污染减排措施，设置不同规划措施下的工业污染减排方案，共三种方案，各方案下污染物减排计算结果如表 7-5～表 7-13 所示：

表 7-5　方案一：废水减排量　　　　　　　　　　　　单位：万 t/a

行业	清洁生产减排	产业结构调整减排	深度治理减排	总计
造纸	484.53	140	—	624.53
化工	73.99	—	—	73.99
化纤纺织	—	—	—	0
医药	110.1	—	—	110.1
其他	65.9	—	—	65.9
合计	484.53	140	—	624.53

表 7-6　方案一：COD 减排量　　　　　　　　　　　单位：t/a

行业	清洁生产减排	产业结构调整减排	深度治理减排	总计
造纸	1 038.80	506.6	3 751	5 296.4
化工	69.68	—	113	182.68
化纤纺织	—	—	—	0
医药	150.49	—	1 067	1 217.49
其他	91.26	—	319	410.26
合计	1 350.23	506.6	5 250	7 106.83

表 7-7　方案一：氨氮减排量　　　　　　　　　单位：t/a

行业	清洁生产减排	产业结构调整减排	深度治理减排	总计
造纸	121.59	26.4	360	507.99
化工	40.81	—	100	140.81
化纤纺织	—	—	—	—
医药	48		186	234
其他	15	—	58	73
合计	225.4	26.4	704	955.8

表 7-8　方案二：废水减排量　　　　　　　　　单位：万 t/a

行业	清洁生产减排	产业结构调整减排	深度治理减排	总计
造纸	646.05	2 309	—	2 955.05
化工	103.96	—	—	103.96
化纤纺织	—	—	—	0
医药	275.25		—	275.25
其他	164.74		—	164.74
合计	1 190	2 309		3 499

表 7-9　方案二：COD 减排量　　　　　　　　　单位：t/a

行业	清洁生产减排	产业结构调整减排	深度治理减排	总计
造纸	1 518.4	2 795.6	3 753	8 067
化工	111.83	—	123	234.83
化纤纺织	—	—		0
医药	626.23	—	1 054	1 680.23
其他	253.16	—	266	519.16
合计	2 509.62	2 795.6	5 196	10 501.22

表 7-10　方案二：氨氮减排量　　　　　　　　　单位：t/a

行业	清洁生产减排	产业结构调整减排	深度治理减排	总计
造纸	167.41	445.4	442	1 054.81
化工	42.03	—	112	154.03
化纤纺织	0	—	—	0
医药	120	127.6	237	484.6
其他	37.5	75.35	48	160.85
合计	366.94	648.35	839	1 854.29

表 7-11　方案三：废水减排量　　　　　　　　　单位：万 t/a

行业	清洁生产减排	产业结构调整减排	深度治理减排	总计
造纸	807.56	3 237	—	4 044.56
化工	153.93	44	—	197.93
化纤纺织	—	—	—	
医药	879.98	830		1 709.98
其他	329.48	1 132		1 461.48
合计	2 170.95	5 243	—	7 413.95

表 7-12　方案三：COD 减排量　　　　　　　　　　　单位：t/a

行业	清洁生产减排	产业结构调整减排	深度治理减排	总计
造纸	1 898	4 726.5	4 240	10 864.5
化工	165.42	—	122	287.42
化纤纺织	—	—	—	—
医药	1 758.77	123	936	2 817.77
其他	506.31	—	179	685.31
合计	4 328.5	4 849.5	5 477	14 655

表 7-13　方案三：氨氮减排量　　　　　　　　　　　单位：t/a

行业	清洁生产减排	产业结构调整减排	深度治理减排	总计
造纸	209.26	726.1	415	1 350.36
化工	44.06	15	42	101.06
化纤纺织	—	—	—	0
医药	240	315	448	1 003
其他	75	103.4	50	228.4
合计	568.32	1 159.5	955	2 682.82

（2）工业节水方案计算结果

根据《新乡县"十二五"水利发展目标》和《新乡生态县规划》，新乡县的工业产值年增长率为 12%，利用定额法计算得到规划年不同节水程度的工业 ET 情况（本规划工业耗水系数取 0.2）计算公式见式（7-2）和式（7-3）。

$$W_t = Y_t \times q \qquad\qquad (7\text{-}2)$$

$$H_{工业} = W_t \times \eta \qquad\qquad (7\text{-}3)$$

式中：W_t——第 t 年的工业需水总量，$10^4\,m^3$；

　　　$H_{工业}$——工业耗水量，$10^4\,m^3$；

　　　Y_t——第 t 年的工业总产值，万元；

　　　q——万元产值用水量，m^3/万元；

　　　η——工业用水耗水系数。

由式（7-2）和式（7-3）预测出规划年的工业用水和 ET 值。由表 7-14 可知新乡县在各方案条件下的工业 ET。

表 7-14　新乡县规划年工业 ET 预测　　　　　　　　　　　单位：$10^4\,m^3$

指标	方案一	方案二	方案三	方案四	方案五	方案六
用水量	6 282	5 711	6 039	5 032	6 385	5 321
耗水量	1 256	1 142	1 208	1 006	1 277	1 064

7.1.2 生活污染控制与节水方案设置

针对新乡县水资源与水环境中生活用水及污染中存在的问题，制定出不同规划措施下的生活节水和污染控制方案，如表 7-15 所示。

表 7-15 生活节水和污染控制规划方案

类别	方案名称	相应指标	方案一	方案二	方案三	方案四	方案五	方案六
生活	节水	城镇生活用水定额/（L/人·d）	180	180	180	180	180	180
		农村生活用水定额/（L/人·d）	60	60	60	60	60	60
		管网漏失率	12%	12%	10%	10%	6%	6%
		节水器具普及率	50%	60%	75%	80%	85%	90%
	污染控制	污水处理厂出水水质	一级 B	一级 B	一级 A	一级 A	一级 A	一级 A
		污水处理率	70%	80%	80%	90%	90%	100%
		污水处理厂规模/（万 t/d）	1.5	1.5	2.35	2.35	3	3
		再生水回用率	10%	15%	15%	20%	20%	25%
		再生水回用处理规模/（万 t/d）	1	1	2	2	2	2

7.1.2.1 改造供水管网

合理规划和科学管理供水管网建设，建立健全供水运行模式，使供水流量、水压在合理的范围内，既能保障城市发展和人民生活的需要，又能保证供水管网的合理、安全运行。抓好管道工程安装质量，严格安装规范，做好管道基础的处理以及全程质量监埋。做好管道试水试压工作，严格按照验收规范进行，认真做好管道施工竣工图绘制，及时归档备案，以便管网维修管理。成立专业的测漏队，配备先进的探测设备，充实相应的技术人才。加强管网维修工作，调查地下管网的位置、管材、管径、消防栓和闸阀的位置等信息，当发生跑水漏水情况时，能及时找到跑漏点，及时发现及时抢修，提高维修及时率。加快老城区供水管网改造，根据城市建设发展制定供水管网改造方案，对于经常发生爆管漏水的管段和年代已久的老化管网，尽快实施改造。2010 年将管网漏失率控制到《城市供水管网漏损控制及评定标准》（CJJ 92—2002）规定的 12%，2015 年控制到 10%，2020 年控制到 6%。

7.1.2.2 普及推广节水器具

结合节水器具市场准入制度建设，禁止使用国家明令淘汰的用水器具，大力普及推广住宅和公共节水便器、流量控制淋浴器、节水龙头出流调节器、小水量两档冲洗水箱、节水型洗衣机等节水器具，使城镇耗水率降为 12%，农村生活耗水率降为 50%，2015 年全县节水器具普及率达到 75% 以上，2020 年全县基本普及节水型用水器具。

7.1.2.3 确定生活用水定额

随着生活水平的不断提高，人均生活用水是在逐步提高的，根据新乡县城镇和农村生活用水的不同特点和变化趋势，考虑节水型社会建设的各项措施。具体措施包括：对新乡县各乡镇的城镇及农村生活用水实施定额管理，按照各乡镇生活用水定额控制生活用水过程中每个环节的耗水量。2015 年城镇和农村用水户全部安置水表，加大生活用水的监督检测力度，通过控制规划年的生活用水定额和用水量从而减少生活用水中产生的无效损耗。同时在保障居民生活的情况下，通过制定阶梯式水价以及其他强制措施惩罚节水意识差的用户，加强居民节水意识，通过这些措施，可节水 3%～10%。

根据实际生活水平及用水情况，确定基准年全县城镇（含第三产业用水）和农村人均用水定额分别为 210 L/（人·d）和 55 L/（人·d）。随着社会的发展，人均用水会增加，为保证生活用水量，本规划将规划年的城镇（含第三产业）和农村用水定额分别定为 180 L/（人·d）和 60 L/（人·d）。

7.1.2.4 新建污水处理设施和升级改造现有设施

新乡县农村生活污水一般不进入河道，本规划中不计算农村生活污水的控制，规划年确保新乡县各乡镇和城镇生活污水都进污水处理厂进行处理。设计各污水处理厂项目建成及提标改造后，依托新乡县的污水处理厂完成的污水处理规模不同、出水水质不同、生活污水处理率不同方案下的城镇生活污染减排方案。

设计方案一和方案二污水处理厂处理规模为 1.5 万 t/d，出水水质为一级 B 标准，污水处理率分别为 70% 和 80%；设计方案三和方案四污水处理厂处理规模为 2.35 万 t/d，出水水质为一级 A 标准，污水处理率分别为 80% 和 90%；方案五和方案六污水处理厂处理规模为 3 万 t/d，出水水质为一级 A 标准，污水处理率分别为 90% 和 100%。

7.1.2.5 完善污水管网系统

进一步完善新乡县生活及工业污水处理厂的收水管网，扩大收水范围，提高收水率和处理率。污水处理厂收水范围内的生活污水全部截流进入污水处理厂处理，能进污水处理厂的工业废水在企业治理达到相应行业排放标准或者综合排放标准要求后进入污水处理厂进行进一步深度治理。2010 年收水范围覆盖面积达到 90% 以上，2015 年收水范围覆盖面积达到 95% 以上，2020 年收水范围覆盖面积达到 100%。

7.1.2.6 加大中水回用力度

要加大城镇生活污水中水回用力度，设计方案一和方案二污水处理厂再生水处理规模为 1 万 t/d，出水水质为一级 A 标准，再生水回用率分别为 10% 和 15%；设计方案三到方案六污水处理厂再生水处理规模为 2 万 t/d，出水水质为一级 A 标准，再生水回用率分别为 15%、20%、20%、25%。

7.1.2.7 生活污染控制与节水方案综合分析

（1）生活污染控制方案综合分析

综合上述各城镇生活污染减排措施，设置不同规划措施下的城镇生活污染减排方案，共六种方案，其削减污染物量计算结果如表 7-16 所示。

表 7-16 城镇生活污染控制方案

方案	新增 COD 削减量/ （t/a）	中水回用 COD 削减量/ （t/a）	COD 削减总量/ （t/a）	新增氨氮 削减量/ （t/a）	中水回用 氨氮削减量/ （t/a）	氨氮 削减总量/ （t/a）	废水 削减总量/ （万 t/a）
方案一	1 475.51	21.9	1 497.41	195.46	2.92	198.38	68.98
方案二	1 686.3	32.85	1 719.15	223.38	4.38	227.76	103.47
方案三	2 703.63	54.75	2 758.38	370.55	5.48	376.02	127.74
方案四	3 041.58	73	3 114.58	416.87	7.3	424.17	170.32
方案五	3 882.87	73	3 955.87	532.17	7.3	539.47	204.58
方案六	4 314.3	91.25	4 405.55	591.3	9.125	600.43	255.725

（2）生活节水方案综合分析

根据预测的规划年人口数据，用定额法式（7-4）、式（7-5）计算出城镇和农村生活的用水量及新乡县生活总用水量和 ET 值（城镇生活耗水系数取 0.1，农村生活耗水系数取 0.6）。

$$W_{生活} = q \times N \tag{7-4}$$

$$H_{生活} = W_{生活} \times \eta \tag{7-5}$$

式中：$W_{生活}$——生活需水总量，10^4 m^3；

N——预测人数，人；

$H_{生活}$——生活耗水量，10^4 m^3；

q——用水定额，L/（人·d）；

η——生活用水耗水系数。

由式（7-4）和式（7-5）预测出规划年的生活用水和 ET 值。详细情况见表 7-17。

表 7-17 生活耗水预测表   单位：10^4 m^3

相应指标	方案一	方案二	方案三
城镇生活用水量	919.8	1 135.3	1 363.93
农村生活用水量	430.34	380.84	327.84
城镇生活耗水量	91.98	113.53	136.39
农村生活耗水量	258.20	228.50	196.70

7.1.3 畜禽养殖污染控制与节水方案设置

与工业和生活污染物不同，绝大多数畜禽养殖废弃物可以通过资源化利用的途径在农业生产中得到再利用，即只要能认定某种废弃物经处理后作为原料，采用可核证的处理、处置、贮存措施，能稳定持续的进入农业生产或被综合利用，则可视为有效的畜禽养殖污染治理项目。不支持不能综合利用、没有采取有效措施妥善贮存，直接排放的项目。

不同规划措施下的畜禽养殖节水和污染控制方案，如表 7-18 所示。

表7-18　畜禽养殖节水和污染控制规划方案

类别	方案名称	相应指标	方案一	方案二	方案三	方案四	方案五	方案六
畜禽养殖	节水	畜禽养殖用水定额/[L/（头·d）]	20	18	18	16	16	15
	污染治理	处理设施完善率	50%	50%	80%	80%	100%	100%

7.1.3.1　建设治污设施减排

畜禽养殖建设治污设施减排措施主要包括：按照干清粪、混合液厌氧处理产生沼气、粪渣生产有机肥、沼液处理等措施进行畜禽污染治理。

采用干清粪方式治理的削减量，按COD产生量的10%、氨氮产生量的4%计算。采用混合液厌氧处理产生沼气治理的削减量，按COD产生量的10%，氨氮产生量的2%计算。采用粪渣生产有机肥治理的削减量，按COD产生量的50%，氨氮产生量的28%计算。采用沼液处理（包括灌溉还田和经生化处理达标排放）的削减量，灌溉还田的，按COD产生量的10%，氨氮产生量的5%计算；沼液经生化处理达标排放的。按COD产生量的10%，氨氮产生量的33%计算。

鼓励有条件的规模化畜禽养殖场和养殖小区采用全过程综合治理技术进行处理，包括建设雨污分离污水收集系统，采用干清粪的方法收集粪便，尿液进入沼气池发酵处理，沼液经生化处理或多级氧化塘处理后达标排放，粪渣和沼渣通过堆肥发酵制取颗粒有机肥或有机无机复混肥。采用全过程综合治理技术的，COD最多按产生量的80%，氨氮最多按产生量的70%计算减排量。

规模化畜禽养殖场和养殖小区建设治污设施的，如没有独立的污水排放口，且所生产的废弃物综合利用产品（有机肥、沼渣、沼液及经处理后的污水等）经认定能完全进入农田利用的COD和氨氮可按产生量计算减排量。

规划到2010年，确保50%以上的规模化畜禽养殖场和养殖小区配套完善固体废物和污水贮存处理设施，并正常运行；到2015年，80%以上的规模化畜禽养殖场和养殖小区配套完善固体废物和污水贮存处理设施，并正常运行；到2020年100%规模化畜禽养殖场和养殖小区配套完善固体废物和污水处理设置。

7.1.3.2　畜禽养殖用水定额的确定

根据新乡县畜禽养殖发展变化趋势，考虑节水型社会建设的各项措施，在计算畜禽养殖用水量时，将大小畜禽和家禽均折合成生猪数量，用生猪用水定额计算畜禽用水定额。用水定额见表7-19。

表7-19　规划水平年新乡县畜禽用水定额　　　　　　　　　　　单位：L/（头·d）

项目	方案一	方案二	方案三	方案四	方案五	方案六
畜禽	20	18	18	16	16	15

7.1.3.3　畜禽养殖污染控制与节水方案综合分析

各畜禽养殖污染控制方案综合分析指标计算结果如表7-20所示。

表 7-20　畜禽养殖节水和污染控制规划方案计算结果

类别	方案名称	相应指标	方案一	方案二	方案三
畜禽	污染物削减量	废水/（万 t/a）	10.06	14.9	20.7
		COD/（t/a）	5 869.72	7 082.05	9 183.6
		氨氮/（t/a）	171.72	606.81	836.74

根据预测的规划年畜禽养殖数据，利用定额法式（7-6）、式（7-7）计算出畜禽养殖用水量和 ET 值，畜禽的用水基本被消耗。

$$W_{畜禽} = Q \times N/10 \tag{7-6}$$
$$H_{畜禽} = W_{畜禽} \times \eta \tag{7-7}$$

式中：$W_{畜禽}$——畜禽需水总量，10^4 m^3；

　　　N——预测头数，万头；

　　　$H_{畜禽}$——畜禽耗水量，10^4 m^3；

　　　Q——用水定额，L/（头·d）；

　　　η——畜禽用水耗水系数。

由式（7-6）和式（7-7）预测出规划年的畜禽用水和 ET 值。详细情况见表 7-21。

表 7-21　畜禽养殖耗水预测表　　　　　　　单位：10^4 m^3

相应指标	方案一	方案二	方案三	方案四	方案五	方案六
用水量	272.86	245.86	367.86	326.86	491.23	460.23
ET	269.82	243.82	359.97	321.97	471.91	440.91

7.1.4　农业节水方案设置

根据区域经济发展规划，同时考虑到规划年份节水型社会建设，目标 ET 要相应减少，而农业是 ET 消耗的最大组成部分，因此要实现目标 ET 减少，就要减少农业耗水量。减少农业耗水量，一般有以下措施：减少农业用水量（包括减少灌水次数和灌水定额）、采取节水技术措施、调整种植结构等。另外，规划措施需考虑到国家粮食安全的要求及改善环境的需要。

根据对新乡县水资源中农业用水存在的问题进行分析，制定出不同规划措施下的农业节水控制方案，如表 7-22 所示：

表 7-22　农业节水控制方案

类别	方案名称	相应指标	方案一	方案二	方案三
农业	节水	种植制度和结构调整	结合新乡县实际，在保证粮食安全情况下调整种植结构		
		灌溉定额	现状灌溉定额减少 10%	现状灌溉定额减少 20%	现状灌溉定额减少 30%

类别	方案名称	相应指标	方案一	方案二	方案三
农业	节水	灌水技术、耕作制度、土地整理调整	按照相关新技术发展调整相关指标		
		秸秆还田面积占耕地面积比率	15%	40%	60%
		粮食新品种种植占粮食总面积比率	15%	30%	50%
		蔬菜大棚种植占蔬菜总面积比率	30%	50%	70%
		灌溉水利用系数	0.62	0.63	0.65

7.1.4.1 农业种植制度和结构调整

种植制度和种植结构的调整是同步进行的，各方案具体量化确定必须综合考虑国家土地利用相关政策、粮食安全生产计划和新乡县的节水规划等各方面因素。节水分析制订出的方案必须考虑当地可承受的最大限度，即 2010 年和 2015 年的作物种植结构调整结果为 10%小麦—玉米改种小麦—花生，20%水稻改种植小麦—玉米，小麦—玉米和小麦—花生面积减少 10%；2020 年作物种植结构调整结果为 15%小麦—花生改种棉花，30%的水稻改种小麦—玉米，调整结果如表 7-23～表 7-25 所示。

表 7-23　2010 年作物种植面积调整结果　　　　　　　　单位：hm²

乡镇名称	小麦	玉米	花生	棉花	水稻	豆类	红薯	蔬菜	小计
合河乡	2 151	1 857	181	134	181	33	0	436	4 975
大召营镇	1 086	655	118	1 049	0	113	0	123	3 145
翟坡镇	2 570	2 104	220	351	289	17	7	92	5 652
小冀镇	1 529	1 144	214	303	0	18	5	159	3 372
七里营镇	4 258	975	225	2 715	232	100	0	1 195	9 701
朗公庙镇	2 687	1 717	473	1 719	81	50	202	653	7 582
古固寨镇	2 195	947	1 208	250	0	7	19	95	4 721
高新西区	429	372	70	58	0	25	0	62	1 016
县直农场	88	0	0	88	0	0	0	0	176
合计	16 994.2	9 772.2	2 709.6	6 667	784.8	363	233	2 815	40 339

表 7-24　2015 年作物种植面积调整结果　　　　　　　　单位：hm²

乡镇名称	小麦	玉米	花生	棉花	水稻	豆类	红薯	蔬菜	小计
合河乡	1 941	1 676	0	328	182	33	0	436	4 596
大召营镇	977	590	53	1 147	0	113	0	123	3 003
翟坡镇	2 321	1 901	17	583	290	17	7	92	5 227
小冀镇	1 376	1 030	100	441	0	18	5	159	3 128
七里营镇	3 838	884	133	3 099	233	100	0	1 195	9 481
朗公庙镇	2 421	1 548	303	1 961	81	50	202	653	7 218

乡镇名称	小麦	玉米	花生	棉花	水稻	豆类	红薯	蔬菜	小计
古固寨镇	1 976	852	1 113	448	0	7	19	95	4 509
高新西区	386	335	33	97	0	25	0	62	938
县直农场	79	0	0	96	0	0	0	0	175
合计	15 314	8 815	1 752	8 198	785	363	233	2 815	38 275

表 7-25　2020 年作物种植面积调整结果　　　　　　　　单位：hm²

乡镇名称	小麦	玉米	花生	棉花	水稻	豆类	红薯	蔬菜	小计
合河乡	1 858	1 880	0	450	159	33	0	436	4 816
大召营镇	923	655	45	1 212	0	113	0	123	3 071
翟坡镇	2 232	2 141	14	726	253	17	7	92	5 482
小冀镇	1 300	1 144	85	532	0	18	5	159	3 243
七里营镇	3 657	1 004	113	3 345	204	100	0	1 195	9 618
朗公庙镇	2 297	1 727	258	2 119	71	50	202	653	7 377
古固寨镇	1 866	947	946	579	0	7	19	95	4 459
高新西区	365	372	28	122	0	25	0	62	974
县直农场	75	0	0	101	0	0	0	0	176
合计	14 573	9 870	1 489	9 187	687	363	233	2 815	39 217

7.1.4.2　灌溉制度调整与灌水技术、耕作制度、土地整理

在方案三下的灌溉制度采取非充分灌溉下的灌溉制度，即在灌水次数不变的情况下，将现状灌溉定额减少 30%，方案二为 20%，方案一为 10%，规划措施调整结果如表 7-26～表 7-27 所示。

表 7-26　2010 年作物灌溉制度

灌溉指标		小麦	玉米	花生	棉花	水稻
第一次灌溉	灌溉量/[m³/（亩·次）]	40.5	72	54	36	180
第二次灌溉	灌溉量/[m³/（亩·次）]	31.5	40.5	36	30.6	135
第三次灌溉	灌溉量/[m³/（亩·次）]	27	31.5	—	25.2	90
第四次灌溉	灌溉量/[m³/（亩·次）]	27	—			72
合计	灌溉量/（m³/亩）	126	144	90	91.8	477

表 7-27　2015 年和 2020 年作物灌溉制度

灌溉指标		小麦	玉米	花生	棉花	水稻
第一次灌溉	灌溉量/[m³/（亩·次）]	36	64	48	32	160
第二次灌溉	灌溉量/[m³/（亩·次）]	28	36	32	27.2	120
第三次灌溉	灌溉量/[m³/（亩·次）]	24	28	—	22.4	80
第四次灌溉	灌溉量/[m³/（亩·次）]	24	—		—	64
合计	灌溉量/（m³/亩）	112	128	80	81.6	424

灌水技术推广的方案三定为节水工程控制面积提高到 30%,方案二为 20%;耕作技术中机械蓄水保墒推广面积占耕地总面积的 60% 作为方案三,50% 作为方案一;土地整理面积占总耕地面积的 70% 作为方案三,60% 作为种方案二,10% 作为方案一,规划措施调整结果如表 7-28 所示。

表 7-28 新乡县规划年节水灌溉工程及规划面积表

年份	类型	节水灌溉工程									
		合计/ (万亩)	渠道防渗 面积/ (万亩)	低压管道 面积/ (万亩)	喷灌					微灌		其他
					小计/ (万亩)	管道式/(万亩)			小计/ (万亩)	设施/ (万亩)	
						固定式	半固定式	移动式			
2010	小型灌区	6.55	5	—	—	—	—	—	—	—	1.55
	纯井灌区	18.21	3.7	10.94	0.39	—	0.3	0.09	0.17	0.17	3
	小计	24.76	8.7	10.94	0.39	—	0.3	0.09	0.17	0.17	4.55
2015	小型灌区	6.55	5	—	—	—	—	—	—	—	1.55
	纯井灌区	20.61	4.5	12.54	0.39	—	0.3	0.09	0.17	0.17	4.55
	小计	27.16	9.5	12.54	0.39	—	0.3	0.09	0.17	0.17	4.55
2020	小型灌区	6.55	5	—	—	—	—	—	—	—	1.55
	纯井灌区	23.61	4.5	15.54	0.59	0.1	0.4	0.09	0.17	0.17	3
	小计	30.16	9.5	15.54	0.59	0.1	0.4	0.09	0.17	0.17	4.55

7.1.4.3 秸秆还田

秸秆还田面积占耕地总面积的 60% 作为方案三,40% 作为方案二,15% 作为方案一。

7.1.4.4 节水抗旱新品种与大棚种植

推广高产节水抗旱新品种,小麦、玉米、棉花、水稻种植面积的 50% 采用节水高产新品种作为方案三,30% 作为方案二,15% 作为方案一;蔬菜种植面积的 70% 采用大棚种植作为方案三,50% 作为方案二,30% 作为方案一。

7.1.4.5 灌区改造

进行渠系整治,提高灌溉水利用系数,将灌溉水利用系数提高到 0.65 作为方案三,提高到 0.63 作为方案二,提高到 0.62 作为方案一。

7.1.4.6 农业节水方案综合分析

在农业节水 20% 时,对农业 ET 的减少有一定的影响,节水 30% 时具有明显的影响。根据规划年农业用水的实际,近期内农业用水量不可能一下减少 20%,这中间应当有一个过渡,可取 10% 灌水量作为过渡期。种植结构调整,对农业 ET 的影响不大,但作物总体产量和经济效益却有明显的提高,可根据基准年种植结构状况及其变化趋势,结合规划年制定的各种措施定出规划年种植结构调整的方案。具体方案如图 7-1 所示。

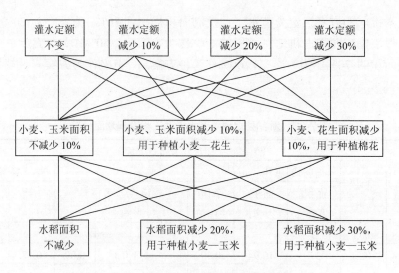

图 7-1　规划年农业节水规划方案组合

从节水的角度来讲，灌溉定额减少 20%基本已达极限，而水稻面积的灌溉定额不能减少的太多。从保证粮食安全额角度来看，小麦和玉米的种植面积如果继续减少，势必将对总粮食产量造成较大影响，因此可以确定方案一为新乡县 2010 年农业节水方案，方案二为 2015 年农业节水方案，方案三为 2020 年农业节水方案。

各规划措施下农业 ET 值计算结果如表 7-29 所示：

表 7-29　农业节水和面源污染控制规划方案计算结果

类别	方案名称	相应指标	方案一	方案二	方案三
农业	节水	ET/mm	542	496	450

7.1.5　河道综合整治方案设置

7.1.5.1　开展县域内河流的综合整治

重点为东、西孟姜女河，人民胜利渠和共产主义渠的河道综合整治，主要措施为实施底泥清淤和水生态的修复，通过河道清淤和水体生物修复，在区域内各河道逐步建立起洁净好氧生态系统，提高河道水体自净能力和环境容量，保证到 2020 年县区内无劣Ⅴ类水体和水体黑臭现象。

7.1.5.2　规范沿河道排污口整治

对东、西孟姜女河工业废水进行统一收集，能够纳入污水处理厂处理的，一律纳入污水处理厂进行二级处理。对不能收入集中污水处理厂进行处理的化肥、造纸等重点企业废水一律按照新标准最严要求进行提标处理及回用，确保入河排污口水质浓度达标。

加快管网完善工程，加强农业灌溉期间的农灌管理，推广节水灌溉，减少农灌退水对水质的影响。

7.1.5.3 生态引水工程

除了从排污根源控制水环境外，还应考虑河道流量情况，如果河道流量较小，即使污染物排放较少，也可能会造成水环境状况较差，因此，适当的生态供水量不仅可以维持当地良好的河道景观，还能改善河道水质。规划中将考虑生态补水对地表水环境的影响。2020 年前，建设东孟姜女河、西孟姜女河两条排污河和湿地、农田马蹄形湿地等多种人工湿地，使之成为新乡县的"绿肾"，强化新乡县生态调节功能，同时每年适量引入黄河生态水，改善东、西孟姜女河水体生态指标，以恢复一定的生态自净能力。

具体计算方法为 Tennant 法计算，该方法将引水分成八个等级，见表 7-30。

表 7-30 基于 Tennant 法生态引水量情况

流量描述	推荐基流标准（多年平均流量百分比）/%	
	10 月—3 月	4 月—9 月
最大	200	200
最佳范围	60～100	60～100
极好	40	60
很好	30	50
良好	20	40
一般或较差	10	30
差或极小	10	10
极差	0～10	0～10

由于新乡县的东、西孟姜女河为主要的纳污河，出流量相对较大，结合考虑该地区的水功能和水系等情况，最终以"很好"等级作为规划年的生态引水量，其值为 3 943.34×10^4 m³。其中，东孟姜女河生态补水 9.73 万 m³/d，西孟姜女河生态补水 1.08 万 m³/d。见表 7-31。

表 7-31 河流生态引水量　　　　　　　　单位：10^4 m³

月份	东孟姜女河	西孟姜女河	合计
1	43.86	5.83	49.69
2	79.32	11.47	90.78
3	243.91	9.85	253.76
4	388.80	25.92	414.72
5	374.98	23.00	397.98
6	401.76	22.68	424.44
7	481.94	197.34	679.28
8	265.85	39.20	305.06
9	399.17	22.68	421.85
10	388.11	22.90	411.00

月份	东孟姜女河	西孟姜女河	合计
11	245.72	6.03	251.75
12	237.01	6.03	243.04
全年	3 550.42	392.93	3 943.34

7.1.6　减少地下水开采方案设置

7.1.6.1　严格划分地下水开采区

根据新乡县具体乡镇的地下水开采程度不同，将新乡县划分为地下水禁采区、限采区和适当限采区，不同规划区采取不同管理措施。禁采区（七里营镇，朗公庙镇等部分区域）严禁以各种形式开采地下水，必须封停现有超采机井；限采区在南水北调通水前，逐渐减少地下水开采量，减少地下取水工程修建，水源解决后，封停部分地下水井；适当限采区有限度地开采地下水，保证地下水采补平衡。

7.1.6.2　开发利用咸水微咸水

为控制地下水超采，实现采补平衡，确保地下水资源的可持续利用，可鼓励各行业发展新水源。新乡县的咸水区主要分布在合河乡、大召营镇和翟坡镇，其中合河乡有 5.6 km²，大召营镇有 18.5 km²，翟坡镇有 7.45 km²。结合新乡县未来水平年的需水情况，本次规划将地下水中未被充分利用的咸水微咸水作为新水源参与到水资源分配中，由于其特定的水质条件，主要将咸水微咸水用于补充农业灌溉用水和生态景观用水。

7.1.6.3　新建当地地表水蓄水工程

为改善新乡县水利条件，有效提高地下水补给，促进农业经济和生态环境发展，根据省市要求，拟修建七里营镇龙泉村、新乡经济开发区大兴村、新乡县新连心有限公司小河村、合河乡行洪区等 4 座水库，工程共形成水库面积 652 万 m²，库容 1 859 万 m³，占地0.98 万亩，2011 年开始实施工程。

7.1.6.4　开发非常规水源

作为重度资源型缺水地区，着力开发利用再生水等非常规水源是提高水资源承载能力、实现水资源可持续发展的必要保障。新乡县非常规水源主要有污水处理厂再生水、雨水、咸水微咸水，其中咸水微咸水为地下水。

雨水的水利工程如下：规划期间在新乡县的北部和东北部的合河乡、大召营镇和古固寨等地势上略高的乡镇发展微型集蓄水工程 200 个左右，并配备相应的滴灌设备，改善农田灌溉条件和减少部分生态用水。另外，在条件较好的工业企业区进行雨水收集利用试点，2020 年在有条件的企业和小区全面实现雨水收集利用。

7.1.7　能力建设管理方案设置

7.1.7.1　建立水资源与水环境综合管理监测体系

水资源与水环境综合管理监测体系主要包括取水监测、用水监测、ET 监测及水质监测四个方面。

取水监测包括对引黄水及将来的南水北调引水工程各乡镇取水闸口的监测，所有机井取水口的监测等；用水监测主要为完善新乡县各企事业单位、公共用水单位及城乡居民的生产、生活用水计量监测，实现"一户一表"制；ET 监测主要为完善遥感监测站的建设，对 ET 实施连续、实时监测，通过水量平衡计算和水文模型模拟计算的验证，保证监测 ET 的准确性；水质监测主要为加强各排污河主要排污口的水质监测，完善东、西孟姜女河流断面水质自动监测站建设，加强对牛屯村、关堤桥、秦村营桥、唐庄闸的水质自动监测。

7.1.7.2 建立水资源与水环境综合管理评价体系

新乡县水资源与水环境综合管理规划是动态规划，规划建设是一个动态性的建设活动。因此，应当对监测结果进行评估，评估新乡县规划建设的成效。

评价体系主要是分析规划实施后所能带来的污染物削减效益，水质、水量改善效益等，确定行动效益的优先性；了解示范项目所需要的技术是否成熟，建设项目所需要的建设费用和运行费用是否符合新乡县经济发展现状，由此评价行动的技术经济优先性；调查新乡县水资源与水环境综合管理规划指导委员会对行动计划的态度，了解示范项目能否得到强有力的支持，确定项目在保障方面的优先性。

7.1.7.3 信息服务平台建设

加强信息服务平台建设，充分利用管理平台，建立共享数据库，使新乡县主要涉水部门的信息中心通过网络平台互联互通，建立业务协作关系。应用管理平台，对新乡县进行水质和水量的高效管理。包括土地管理单元、农作物类型和种植方式、非农业区域（如城区、工业区等）、地表水（包括河流、水库、引水点等）、地下水（包括含水层、水文地质条件、地下水管理单元、水井等）、污染区（包括点源污染、面源污染、污染程度分级系统）等信息的共享，计算机模型、地理信息系统（GIS）、遥感监测 ET 管理、取水和污水排放许可、排污监督活动的跟踪，同时包括对违反排污条例的处理措施和对违反行为的处罚以及罚金的收取。

7.1.7.4 完善水资源水环境综合管理政策管理体系

全面贯彻基于 ET 的水资源管理理念，将控制 ET 量与取水结合起来，形成以 ET 为基础的取水许可制度；建立"总量控制、定额管理"的水权分配的方针，在水权分配水量内节余水量可以互相交易，节余水量用户可与超用水量的用户进行水量交易。交易必须在用水者协会的监控和调控下进行，交易金额按用水者协会制定的交易价格执行。制定阶梯水价，实施用水计量，针对不同部门制定不同等级的水价，实行定额用水管理，用水单位按批准的用水量用水，超计划用水量 50%以内的，超过部分按基本价的 2 倍收费；超计划用水量 1 倍及以上的，超过部分按基本价加三倍收费。从对具体排污口排污量的控制出发，责任到具体的企业排放量的控制，实现排污总量控制目标，保证减缓新乡县河流生态环境的恶化程度。

7.1.8 公众参与机制建设方案设置

7.1.8.1 社区驱动发展（CDD）机制建设

CDD 是一种发展模式，强调用一种"自下而上"的方法减轻贫困和发展干预，当地的社区参与项目的设计、融资、实施、管理和监测评价的所有方面。在本项目的准备过程引入 CDD 的初始目标是降低 ET 值和加强地下水管理的有效措施。

根据新乡县水权管理与打井许可等相关规范,可实行 CDD 试点,推广 CDD 试点的主要内容为:①分析新乡县内水危机状况、地方经济状况、人口统计信息以及其他的社会规章和环境政策;确认公众参与者及其在项目活动中的行为和扮演的角色。②开展 CDD 的机构能力建设,为公共参与者提供适宜的环境,制定社区及技术训练框架。③通过可参与的农村评估(PRA)加强社区居民的主动性和参与性。④采用"自下而上"的方法,制定与水资源管理相结合的社区/村庄(或者选定的城镇)的经济发展计划。⑤建立 CDD 参与的监测评估机制。

7.1.8.2 推广农民用水者协会

用水者协会(WUA)是农民自己的组织,负责及时组织用水户进行农业灌溉,协调各种用水矛盾等事务。引导农民自主参加用水者协会,可使广大农民用水者参与灌溉管理、实行按方收费、负责田间工程的运行管理与维护,树立农民对资源管理的主人翁意识。

新乡县用水协会推广具体包括:①搞好试点。可在用水者协会的统管下,下设 WUA 小组,负责管电、机井、管道和项目区的统一灌溉,统一机耕,统一机播,统一工程的运行维护和统一核定水价计收水费,制订村庄的《用水公约》,可对改变农民的用水观念和节水起到重要作用。②农民参与监测评价。推广由农民技术员进行地下水位、降雨、投入产出和部分土壤含水量的取样和监测,让农民逐步了解地下水的动态变化规律,能根据监测资料自行绘制年内地下水变化曲线图。③不断推广示范区已有村用水者协会的经验和做法。推广示范区农民用水者协会的做法,通过会议、现场参观和培训,不断向项目区和全县推广,为节水打下广泛的群众参与基础。④积极推广标准较高的村级用水者协会,把灌溉管理交给用水者协会统管,并迅速落实组织、办公室和各种规章制度。各村用水者协会在县、乡(镇)项目办的带动下,在项目设计、施工和运行管理中发挥积极作用。

7.2 基于多目标决策的水资源与水环境综合管理规划方案优选

7.2.1 决策方案集的确定

根据新乡县水资源与水环境现状,结合县域内水资源及环境保护的相关规划,将上述工业节水与污染控制方案集、生活节水与污染控制方案集、畜禽养殖节水与污染控制方案集、农业节水控制方案集、地下水开采控制方案集、河道综合整治方案集两两组合形成初始决策方案,进一步考虑合理决策方案的非劣特性,采用人机交互及专家评审的方式,排除初始决策方案集中代表性不够和明显较差的方案,在 2010 年、2015 年和 2020 年分别都得到 4 套方案。各方案的设置情况见表 7-32。

表7-32　水资源水环境综合规划方案设置

影响因子	方案代码	2004年	2010年				2015年				2020年			
			101	102	103	104	151	152	153	154	201	202	203	204
1. 外调水因子 南水北调		×	×	×	×	×	×	×	×	×	√	√	√	√
引黄水		√	√	√	√	√	√	√	√	√	√	√	√	√
2. 地下水因子 地下水超采控制		×	↓10%	↓10%	↓10%	↓10%	↓15%	↓15%	↓15%	↓15%	100%	100%	100%	100%
3. 环境因子 3.1 工业污染控制方案		现状	方案一	方案二	方案二	方案二	方案二	方案二	方案二	方案二	方案三	方案三	方案三	方案三
3.2 生活污染控制方案		现状	方案二	方案二	方案二	方案二	方案四	方案四	方案四	方案三	方案五	方案六	方案五	方案六
3.3 畜禽养殖污染控制方案		现状	方案一	方案一	方案一	方案一	方案三	方案三	方案三	方案三	方案三	方案三	方案三	方案三
3.4 污染物排放削减比例		×	↓10%	↓10%	↓10%	↓10%	↓15%	↓15%	↓15%	↓15%	100%	100%	100%	100%
4. 节水因子 4.1 雨水利用		×	√	√	√	√	√	√	√	√	√	√	√	√
4.2 再生水回用		√	√	√	√	√	√	√	√	√	√	√	√	√
4.3 农业及生活节水方案		现状	方案一	方案二	方案二	方案二	方案二	方案二	方案二	方案二	方案三	方案三	方案三	方案三
4.4 工业节水方案		现状	方案一	方案二	方案二	方案二	方案四	方案四	方案三	方案三	方案六	方案六	方案五	方案五
4.5 畜禽节水方案		现状	方案一	方案一	方案二	方案二	方案四	方案四	方案四	方案三	方案五	方案五	方案六	方案五
4.6 ET控制目标/mm		√	694.87	694.87	694.87	694.87	656.8	656.8	656.8	656.8	586.95	586.95	586.95	586.95
5. 生态因子 生态引水		√	√	√	√	√	√	√	√	√	√	√	√	√

注：表中101、102、103……等指的是2010年各方案的代码，151、152、153……等指的是2015年各方案的代码，201、202、203……等指的是2020年各方案的代码；"×"表示未生效的因子，"√"表示生效的因子；节水因子与环境因子中节水因子中↓10%指比现状年减少10%，100%指达到水环境功能区要求；地下水因子中↓10%指超采年比现状年减少10%，100%指实现现状补平衡；污染物排放量↓10%指污染物排放量比现状量↓10%指比现状年减少10%，100%指实现现状补平衡；ET控制目标为规划水平年各方案下的目标ET。

7.2.2 决策方案集计算

7.2.2.1 2010 年决策方案计算

（1）外调水因子

2010 年外调水因子考虑引黄水 $4\,000 \times 10^4\,m^3$。

（2）生态引水因子

2010 年设计东孟姜女河生态补水 9.73 万 m^3/天，西孟姜女河生态补水 1.08 万 m^3/天。

（3）节水因子方案集计算结果

表 7-33　新乡县 2010 年各行业 ET 计算结果　　　　　单位：mm

水平年	方案	工业生活 ET	农业 ET	生态 ET	综合 ET	目标 ET
基准年	2004 年	50.74	559.96	81.14	691.84	634.22
2010 年	101	52.42	546.00	72.09	670.51	694.87
	102	48.55	546.00	72.09	666.64	694.87
	103	49.27	546.00	72.09	667.36	694.87
	104	51.70	546.00	72.09	669.79	694.87

（4）地下水超采控制因子

表 7-34　新乡县 2010 年地下水超采量　　　　　单位：$10^4\,m^3$

水平年	方案	开采量	允许开采量	超采量	超采率
基准年	2004 年	17 341.11	13 547.51	3 793.6	28%
2010 年	101	15 613	12 882	2 731	21.20%
	102	15 214	12 882	2 322	18.03%
	103	15 242	12 882	2 360	18.32%
	104	15 585	12 882	2 703	20.98%

（5）环境因子方案集计算

①排放量计算。

表 7-35 2010 年 101 和 103 方案水污染减排分析

项目	2008年排放量				2010年相对于2008年新增量				2010年相对于2008年减排量				2010年相对于2008年净减排量			
	工业	生活	畜禽	合计	工业	生活	畜禽	合计	工业	生活	畜禽	合计	工业	生活	畜禽	合计
废水/(万 t/a)	5 546.09	647.95	9.85	6 203.89	—	—	—	—	624.53	68.98	10.06	703.57	—	—	—	—
COD/(t/a)	11 691.53	2 314.1	1 811.64	15 817.27	2 826.87	751.9	5 322.02	8 900.79	7 106.83	1 497.41	5 869.72	14 473.96	4 279.96	745.51	547.7	5 573.17
氨氮/(t/a)	1 635.14	323.97	176.52	2 135.63	228.91	84.83	98.71	412.45	955.8	198.38	171.2	1 325.38	726.89	113.55	72.49	912.93

表 7-36 2010 年 101 和 103 方案水污染减排分析

项目	2004年排放量	2008年相对于2004年减排量	2010年相对于2004年减排量	2010年相对于2008年净减排量	2010年相对于2004年总减排比例
废水/(万 t/a)	7 266.38	1 062.49	703.57	24.30%	
COD/(t/a)	28 941.37	13 124.1	5 573.17	64.60%	
氨氮/(t/a)	3 174.93	1 039.3	912.93	61.49%	

表 7-37　2010 年 102 和 104 方案水污染减排分析

项目	2008 年排放量				2010 年相对于 2008 年新增量				2010 年相对于 2008 年减排量				2010 年相对于 2008 年净减排量			
	工业	生活	畜禽	合计	工业	生活	畜禽	合计	工业	生活	畜禽	合计	工业	生活	畜禽	合计
废水/（万 t/a）	5 546.09	647.95	9.85	6 203.89	—	—	—	—	624.53	103.47	10.06	738.06	—	—	—	—
COD/（t/a）	11 691.53	2 314.1	1 811.64	15 817.27	2 826.87	751.9	5 322.02	8 900.79	7 106.83	1 719.15	5 869.72	14 695.7	4 279.96	967.25	547.7	5 794.91
氨氮/（t/a）	1 635.14	323.97	176.52	2 135.63	228.91	84.83	98.71	412.45	955.8	227.76	171.2	1 354.76	726.89	142.93	72.49	942.31

表 7-38　2010 年 102 和 104 方案水污染减排汇总分析

项目	2004 年排放量	2008 年相对于 2004 年减排量	2010 年相对于 2008 年净减排量	2010 年相对于 2004 年总减排比例
废水/（万 t/a）	7 266.38	1 062.49	738.06	24.78%
COD/（t/a）	28 941.37	13 124.1	5 794.91	65.37%
氨氮/（t/a）	3 174.93	1 039.3	942.31	62.41%

②入河量计算。本研究采用式（7-8）计算规划年污染物入河量。

$$P = \sum B_i \gamma_i \tag{7-8}$$

式中：P——当地所有污染源污染物入河量；

B_i——第 i 污染源的污染物排放量；

γ_i——第 i 污染源的入河系数，根据新乡县水平年污染物入河系数，结合《新乡县"十一五"环境保护规划》要求，确定理想污染物入河量的入河系数，工业取 0.6~1，城镇生活取 0.1~1，畜禽养殖取 0.01~0.1。

按照公式（7-8），结合水污染减排方案计算结果对新乡县规划年各类污染源污染物入河量进行预测计算，各方案下规划水平年污染物入河量测算结果如下。

首先，根据各方案组合计算规划水平年污染物排放总量，如表 7-39 和表 7-40 所示。

表 7-39 2010 年各方案污染物排放量

方案	COD/（t/a）				氨氮/（t/a）			
	工业	城镇生活	畜禽养殖	小计	工业	城镇生活	畜禽养殖	小计
101/103	7 411.57	1 568.59	2 000.33	10 980.04	908.25	210.42	115	1 233.67
102/104	7 411.57	1 346.85	2 000.33	10 758.3	908.25	181.04	115	1 204.29

表 7-40 2010 年各方案污染物入河量

方案	COD/（t/a）				氨氮/（t/a）			
	工业	城镇生活	畜禽养殖	小计	工业	城镇生活	畜禽养殖	小计
101/103	7 411.57	1 568.59	200.03	9 180.19	817.425	21.042	11.5	849.97
102/104	7 411.57	1 346.85	200.03	8 958.45	817.425	18.104	11.5	847.03

7.2.2.2 2015 年决策方案计算

（1）外调水因子

2015 年外调水因子考虑引黄水 $4\,000 \times 10^4$ m³。

（2）生态引水因子

2015 年设计东孟姜女河生态补水 9.73 万 m³/d，西孟姜女河生态补水 1.08 万 m³/d。

（3）节水因子方案集计算结果

表 7-41 新乡县 2015 年各行业 ET 计算结果   单位：mm

水平年	方案	工业生活 ET	农业 ET	生态 ET	综合 ET	目标 ET
基准年	2004	50.74	559.96	81.14	691.84	634.22
2015 年	151	53.17	492.00	72.09	617.26	656.80
	152	47.08	492.00	72.09	611.18	656.80
	153	47.62	492.00	72.09	611.71	656.80
	154	52.63	492.00	72.09	616.72	656.80

（4）地下水超采控制因子

表 7-42　新乡县 2015 年地下水超采量　　　　　　　　　　单位：$10^4\,m^3$

水平年	方案	开采量	允许开采量	超采量	超采率
基准年	2004 年	17 341.11	13 547.51	3 793.6	28%
2015 年	151	14 902	12 882	2 020	15.68%
	152	13 916	12 882	1 034	8.03%
	153	13 896	12 882	1 014	7.87%
	154	14 923	12 882	2 041	15.84%

（5）环境因子方案集计算

①排放量计算。

表 7-43　2015 年 151 和 153 方案水污染减排分析

项目	2008 年排放量				2015 年相对于 2008 年新增量				2015 年相对于 2008 年减排量				2015 年相对于 2008 年净减排量			
	工业	生活	畜禽	合计	工业	生活	畜禽	合计	工业	生活	畜禽	合计	工业	生活	畜禽	合计
废水/（万 t/a）	5 546.09	647.95	9.85	6 203.89	—	—	—	—	3 499	170.32	14.9	3 684.22	—	—	—	—
COD/(t/a)	11 691.53	2 314.1	1 811.64	15 817.27	7 315.42	1 470.22	4 820	13 605.64	10 501.22	3 114.58	7 082.05	20 697.85	3 185.8	1 644.36	2 262.05	7 092.21
氨氮/(t/a)	1 635.14	323.97	176.52	2 135.63	844.69	180.61	655.78	1 681.06	1 854.29	424.17	606.81	2 885.27	1 009.6	243.56	-48.97	1 204.21

表 7-44　2015 年 151 和 153 方案水污染减排汇总分析

项目	2004 年排放量	2008 年相对于 2004 年减排量	2015 年相对于 2008 年净减排量	2015 年相对于 2004 年总减排比例
废水/（万 t/a）	7 266.38	1 062.49	3 684.22	65.32%
COD/(t/a)	28 941.37	13 124.1	7 092.21	69.85%
氨氮/(t/a)	3 174.93	1 039.3	1 204.21	70.66%

表 7-45 2015 年 152 和 154 方案水污染减排分析

项目	2008 年排放量				2015 年相对于 2008 年新增量				2015 年减排量				2015 年相对于 2008 年净减排量			
	工业	生活	畜禽	合计	工业	生活	畜禽	合计	工业	生活	畜禽	合计	工业	生活	畜禽	合计
废水/（万 t/a）	5 546.09	647.95	9.85	6 203.89	—	—	—	—	3 499	127.74	14.9	3 641.64	—	—	—	—
COD/（t/a）	11 691.53	2 314.1	1 811.64	15 817.27	7 315.42	1 470.22	4820	13 605.64	10 501.22	2 758.38	7 082.05	20 341.65	3 185.8	1 288.16	2 262.05	6 736.01
氨氮/（t/a）	1 635.14	323.97	176.52	2 135.63	844.69	180.61	655.78	1 681.06	1 854.29	376.02	606.81	2 837.12	1 009.6	195.41	−48.97	1 156.06

表 7-46 2015 年 152 和 154 方案水污染减排汇总分析

项目	2004 年排放量	2008 年相对于 2004 年减排量	2015 年相对于 2008 年净减排量	2015 年相对于 2004 年总减排比例
废水/（万 t/a）	1 022.43	28.69%	3 641.64	64.74%
COD/（t/a）	3 437.91	57.23%	6 736.01	68.62%
氨氮/（t/a）	513.42	48.91%	1 156.06	69.15%

②入河量计算。

表 7-47　2015 年各方案污染物排放量

方案	COD/（t/a）				氨氮/（t/a）			
	工业	城镇生活	畜禽养殖	小计	工业	城镇生活	畜禽养殖	小计
151/153	10 494.73	669.74	3 913.15	15 077.62	853.71	80.41	326.53	1 260.65
152/154	10 494.73	1 025.94	3 913.15	15 433.82	853.71	128.56	326.53	1 308.8

表 7-48　2015 年各方案污染物入河量

方案	COD/（t/a）				氨氮/（t/a）			
	工业	城镇生活	畜禽养殖	小计	工业	城镇生活	畜禽养殖	小计
151/153	7 655.16	66.97	270.08	7 992.21	562.99	8.04	20.95	591.98
152/154	7 655.16	102.59	270.08	8 027.83	562.99	12.86	20.95	596.79

7.2.2.3　2020 年决策方案分析

（1）外调水因子

2020 年外调水因子考虑引黄水 $4\,000\times10^4\ \text{m}^3$，分配南水北调工程引水 $2.3\times10^7\ \text{m}^3$。

（2）生态引水因子

2020 年设计东孟姜女河生态补水 9.73 万 m^3/d，西孟姜女河生态补水 1.08 万 m^3/d。

（3）节水因子方案集计算结果

表 7-49　新乡县 2020 年各行业 ET 计算结果　　　　　　　单位：mm

水平年	方案	工业生活 ET	农业 ET	生态 ET	综合 ET	目标 ET
基准年	2004 年	50.74	559.96	81.14	691.84	634.22
2020 年	151　201	57.37	450.00	72.09	579.46	
	152　202	50.67	450.00	72.09	572.75	
	153　203	51.51	450.00	72.09	573.60	
	154　204	56.53	450.00	72.09	578.62	

（4）地下水超采控制因子

表 7-50　新乡县 2020 年地下水超采量　　　　　　　单位：$10^4\ \text{m}^3$

水平年	方案	开采量	允许开采量	超采量	超采率
基准年	2004 年	17 341.11	13 547.51	3 793.6	28%
2020 年	201	12 382	12 882	−00	0.00%
	202	11 287	12 882	−1 595	0.00%
	203	11 318	12 882	−1 564	0.00%
	204	12 352	12 882	−530	0.00%

（5）环境因子方案集计算结果

①排放量计算。

表 7-51　2020 年 201 和 203 方案的水污染减排分析

项目	2008 年排放量				2020 年相对于 2008 年新增量				2020 年相对于 2008 年减排量				2020 年相对于 2008 年净减排量			
	工业	生活	畜禽	合计	工业	生活	畜禽	合计	工业	生活	畜禽	合计	工业	生活	畜禽	合计
废水/（万 t/a）	5 546.09	647.95	9.85	6 203.89	—	—	—	—	7 413.95	204.58	20.7	7 639.23	—	—	—	—
COD/(t/a)	11 691.53	2 314.1	1 811.64	15 817.27	9 586.41	2 232.34	4 656.62	16 475.37	14655	3 955.87	9 183.6	27 794.47	5 068.59	1 723.53	4 526.98	11 319.1
氨氮/(t/a)	1 635.14	323.97	176.52	2 135.63	1 810.99	282.22	899.21	2 992.42	2 682.82	539.47	836.74	4 059.03	871.83	257.25	-62.47	1 066.61

表 7-52　2020 年 201 和 203 方案的水污染减排汇总分析

项目	2004 年排放量	2008 年相对于 2004 年减排量	2020 年相对于 2008 年净减排量	2020 年相对于 2004 年总减排比例
废水/（万 t/a）	7 266.38	1 062.49	7 639.23	119.75%
COD/(t/a)	28 941.37	13 124.1	11 319.1	84.46%
氨氮/(t/a)	3 174.93	1 039.3	1 066.61	66.33%

表 7-53 2020 年 202 和 204 方案的水污染减排分析

项目	2008 年排放量				2020 年相对于 2008 年新增量				2020 年相对于 2008 年减排量				2020 年相对于 2008 年净减排量			
	工业	生活	畜禽	合计	工业	生活	畜禽	合计	工业	生活	畜禽	合计	工业	生活	畜禽	合计
废水/(万 t/a)	5 546.09	647.95	9.85	6 203.89	—	—	—	—	7 413.95	255.73	20.7	7 690.38	—	—	—	—
COD/(t/a)	11 691.53	2 314.1	1 811.64	15 817.27	9 586.41	2 232.34	4 656.62	16 475.37	14 655	4 405.55	9 183.6	28 244.15	5 068.59	2 173.21	4 526.98	11 768.78
氨氮/(t/a)	1 635.14	323.97	176.52	2 135.63	1 810.99	282.22	899.21	2 992.42	2 682.82	600.43	836.74	4 119.99	871.83	318.21	−62.47	1 127.57

表 7-54 2020 年 204 和 204 方案的水污染减排汇总分析

项目	2004 年排放量	2008 年相对于 2004 年减排量	2020 年相对于 2008 年净减排量	2020 年相对于 2004 年总减排量	2020 年相对于 2004 年总减排比例
废水/(万 t/a)	7 266.38	1 062.49	7 690.38		120.46%
COD/(t/a)	28 941.37	13 124.1	11 768.78		86.01%
氨氮/(t/a)	3 174.93	1 039.3	1 127.57		68.25%

②入河量计算。

表 7-55　2020 年各方案污染物排放量

方案	COD/（t/a）				氨氮/（t/a）			
	工业	城镇生活	畜禽养殖	小计	工业	城镇生活	畜禽养殖	小计
201/203	6 622.94	590.57	2 619.82	9 833.53	763.31	66.72	224.61	1 054.64
202/204	6 622.94	140.89	2 619.82	9 383.85	763.31	5.76	224.61	993.68

表 7-56　2020 年各方案污染物入河量

方案	COD/（t/a）				氨氮/（t/a）			
	工业	城镇生活	畜禽养殖	小计	工业	城镇生活	畜禽养殖	小计
201/203	5 960.65	59.06	261.98	6 281.69	534.32	6.67	22.46	563.45
202/204	7 411.57	14.09	261.98	7 687.64	534.32	0.58	22.46	557.35

7.2.3　基于多目标决策的决策方案集优选

7.2.3.1　决策方法

本研究中采用矩阵法对决策方案集进行优选。首先建立新乡县水资源与水环境综合管理规划决策目标集，分为决策目标层、子目标层和决策因子三层，决策目标集区域的水资源水环境状况。区域水资源水环境规划方案的效果是由社会经济、水资源、水环境三个子目标状况综合决定的。为实现社会经济可持续发展，一方面要实现水资源的可持续利用与水环境状况的逐步改善；另一方面节水及水环境治理必须适应当前经济社会发展的实际，同时不能对其他方面产生过大的不利影响，比如为追求单一的节水而忽视粮食生产，为急于实现环境状况的改善而不考虑当地经济发展的承受能力等。本规划在综合考虑新乡县实际状况和其他相关研究的基础上，建立了新乡县水资源与水环境综合管理规划决策目标集（见表 7-57）。

表 7-57　新乡县水资源与水环境综合管理规划决策目标集

决策目标	子目标	决策因子
区域水资源水环境状况	C_1—社会经济层	P_1—人均 GDP（万元）
		P_2—人均粮食产量（kg/人）
		P_3—城市人均用水量[L/（人·d）]
		P_4—农村人均用水量[L/（人·d）]
	C_2—水资源层	P_5—地下水超采率
		P_6—目标 ET 的实现程度（mm）
		P_7—节水器具的普及率
		P_8—生态用水量
	C_3—水环境层	P_9—出境断面水质
		P_{10}—COD 排放削减率
		P_{11}—氨氮排放削减率

上述决策因子的量化指标为各规划年的各方案指标，各决策因子对应的标准集参考国内外的先进值、新乡县的规划目标等。

（1）指标属性值标准化

本研究采用式（7-9）对各指标的属性值进行标准化，各单项指标的量划分为两类，一类是正效指标（效益型），越大越优；另一类是负效指标（成本型），越小越优。

$$r_{ij} = \begin{cases} \dfrac{u_{ij}}{u_{i\max}} & \text{当}u_{ij}\text{为越大越优指标时} \\[2mm] \dfrac{u_{i\min}}{u_{ij}} & \text{当}u_{ij}\text{为越大越优指标时} \end{cases} \tag{7-9}$$

式中：u_{ij}——方案j下第i指标的值；

$u_{i\max}$、$u_{i\min}$——第i个指标的最大值与最小值；

r_{ij}——方案j下第i指标经过标准化后的值。

（2）计算决策指标权重

决策指标权重的计算方法见式（7-10）。

$$\omega_j = \sum_{i=1}^{m} r_{ij} \tag{7-10}$$

式中：ω_j——j方案的权重；

r_{ij}——方案j下第i指标经过标准化后的值。

7.2.3.2 方案优选

（1）规划水平年各方案指标值

通过对规划年各方案的设置，得到规划年各方案的指标值，表7-58～表7-60。

表7-58 2010年各方案指标值

决策目标	子目标	决策因子	2010年			
			101	102	103	104
区域水资源水环境状况	C_1—社会经济层	P_1—人均 GDP/万元	4.74	4.74	4.74	4.74
		P_2—人均粮食产量/（kg/人）	591.68	591.68	591.68	591.68
		P_3—城市人均用水量/[L/（人·d）]	180	180	180	180
		P_4—农村人均用水量/[L/（人·d）]	60	60	60	60
	C_2—水资源层	P_5—地下水超采率	21.2%	18.03%	18.32%	20.98%
		P_6—目标 ET 的实现程度/mm	670.51	666.25	667.36	669.79
		P_7—节水器具的普及率	50%	60%	50%	60%
		P_8—生态用水量	√	√	√	√
	C_3—水环境层	P_9—出境断面水质	劣Ⅴ	劣Ⅴ	劣Ⅴ	劣Ⅴ
		P_{10}—COD 排放削减率	64.60%	65.37%	64.60%	65.37%
		P_{11}—氨氮排放削减率	61.49%	62.41%	61.49%	62.41%

表 7-59　2015 年各方案指标值

决策目标	子目标	决策因子	2015 年			
			151	152	153	154
区域水资源水环境状况	C_1—社会经济层	P_1—人均 GDP/万元	10.10	10.10	10.10	10.10
		P_2—人均粮食产量/（kg/人）	657.92	657.92	657.92	657.92
		P_3—城市人均用水量/[L/（人·d）]	180	180	180	180
		P_4—农村人均用水量/[L/（人·d）]	60	60	60	60
	C_2—水资源层	P_5—地下水超采率	15.7%	8.0%	7.9%	15.8%
		P_6—目标 ET 的实现程度/mm	617.26	611.16	611.71	616.72
		P_7—节水器具的普及率	75%	75%	80%	80%
		P_8—生态用水量	√	√	√	√
	C_3—水环境层	P_9—出境断面水质	劣 V	劣 V	劣 V	劣 V
		P_{10}—COD 排放削减率	69.85%	68.62%	69.85%	68.62%
		P_{11}—氨氮排放削减率	70.66%	69.15%	70.66%	69.15%

表 7-60　2020 年各方案指标值

决策目标	子目标	决策因子	2020 年			
			201	202	203	204
区域水资源水环境状况	C_1—社会经济层	P_1—人均 GDP/万元	18.87	18.87	18.87	18.87
		P_2—人均粮食产量/（kg/人）	639.24	639.24	639.24	639.24
		P_3—城市人均用水量/[L/（人·d）]	180	180	180	180
		P_4—农村人均用水量/[L/（人·d）]	60	60	60	60
	C_2—水资源层	P_5—地下水超采率	0%	0%	0%	0%
		P_6—目标 ET 的实现程度/mm	579.46	572.87	573.60	578.62
		P_7—节水器具的普及率	80%	90%	80%	80%
		P_8—生态用水量	√	√	√	√
	C_3—水环境层	P_9—出境断面水质	V	V	V	V
		P_{10}—COD 排放削减率	84.46%	86.01%	84.46%	86.01%
		P_{11}—氨氮排放削减率	66.33%	68.25%	66.33%	68.25%

（2）指标标准化

表 7-61　规划年各方案指标标准值

规划年	决策因子	方案 1	方案 2	方案 3	方案 4
2010 年	P_1—人均 GDP/万元	1.00	1.00	1.00	1.00
	P_2—人均粮食产量/（kg/人）	1.00	1.00	1.00	1.00
	P_3—城市人均用水量/[L/（人·d）]	0.83	1.00	0.83	1.00
	P_4—农村人均用水量/[L/（人·d）]	0.90	1.00	1.00	0.91
	P_5—地下水超采率	0.99	1.00	1.00	0.99
	P_6—目标 ET 的实现程度/mm	1.00	1.00	1.00	1.00
	P_7—节水器具的普及率	1.00	1.00	1.00	1.00
	P_8—生态用水量	1.00	1.00	0.35	0.35
	P_9—出境断面水质	1.00	1.00	1.00	1.00
	P_{10}—COD 排放削减率	0.54	1.00	0.54	1.00
	P_{11}—氨氮排放削减率	0.54	1.00	0.54	1.00

规划年	决策因子	方案 1	方案 2	方案 3	方案 4
	P_1—人均 GDP/万元	1.00	1.00	1.00	1.00
	P_2—人均粮食产量/（kg/人）	1.00	1.00	1.00	1.00
	P_3—城市人均用水量/[L/（人·d）]	0.94	0.94	1.00	1.00
	P_4—农村人均用水量/[L/（人·d）]	0.82	1.00	1.00	0.81
	P_5—地下水超采率	0.99	1.00	1.00	0.99
2015 年	P_6—目标 ET 的实现程度/mm	1.00	1.00	1.00	1.00
	P_7—节水器具的普及率	1.00	1.00	1.00	1.00
	P_8—生态用水量	1.00	0.27	1.00	0.27
	P_9—出境断面水质	1.00	1.00	1.00	1.00
	P_{10}—COD 排放削减率	1.00	0.37	1.00	0.37
	P_{11}—氨氮排放削减率	1.00	0.37	1.00	0.37
	P_1—人均 GDP/万元	1.00	1.00	1.00	1.00
	P_2—人均粮食产量/（kg/人）	1.00	1.00	1.00	1.00
	P_3—城市人均用水量/[L/（人·d）]	0.89	1.00	0.89	0.89
	P_4—农村人均用水量/[L/（人·d）]	0.63	1.00	0.98	0.64
	P_5—地下水超采率	0.99	1.00	1.00	0.99
2020 年	P_6—目标 ET 的实现程度/mm	1.00	1.00	1.00	1.00
	P_7—节水器具的普及率	1.00	1.00	1.00	1.00
	P_8—生态用水量	0.35	1.00	0.35	1.00
	P_9—出境断面水质	1.00	1.00	1.00	1.00
	P_{10}—COD 排放削减率	0.54	1.00	0.54	1.00
	P_{11}—氨氮排放削减率	1.00	1.00	1.00	1.00

（3）方案优选

由式（7-11）可算出各方案的权重，计算结果见表 7-62。

表 7-62　规划年各方案综合权重评选

年份	方案 1	方案 2	方案 3	方案 4
2010	9.8	11	9.26	10.25
2015	10.75	8.95	11	8.81
2020	9.4	11	9.76	10.52

从表 7-62 中可以看出，2010 年的方案 102 的权重最大，表明在综合考虑社会经济、生态环境等因素情况下 102 方案最优，因此 2010 年选择方案 102 为最终方案，以此可知 2015 年和 2020 年的最终方案分别为 153 和 202。

（4）最终方案

为实现水功能区水质目标以及 ET 控制和地下水控制的双重目标，根据评价体系中各评价指标及评价方法，对规划年各耗水及排污部门不同方案进行综合评价和优选，最终确定不同规划年的节水方案，见表 7-63。

表 7-63 规划年最终方案

规划年	方案代码	最终方案描述
2010 年	102	①工业采用高节水方案即万元增加值用水控制在 50 m³ 以内，总用水量控制在 5 711×10⁴ m³ 以内；生活采用低节水方案即城镇人口、农村人口和牲畜的用水定额分别为 180 L/(人·d)、60 L/(人·d)、20 L/(头·d)，生活用水总量为 1 650×10⁴ m³；农业采用低节水方案，农业用水量为 10 840×10⁴ m³（农业灌水量减少 10%，10% 小麦—玉米改种小麦—花生，20%水稻改种植小麦—玉米）；生态用水总量为 840×10⁴ m³；②工业污染控制方案采用加强废水深度治理，按新排放标准稳定达标排放；调整产业结构，达到清洁生产二级水平，清洁生产执行率为 80%；城镇生活污水处理厂出水水质为一级 B 标准，污水处理率为 80%，处理规模为 1.5 万 t/d，再生水回用率 15%，再生水处理规模 1 万 t/d；确保 50%以上的规模化畜禽养殖场和养殖小区配套完善固体废物和污水贮存处理设施，并正常运行；设计东孟姜女河生态补水 9.73 万 m³/d，西孟姜女河生态补水 1.08 万 m³/d；入河 COD 减排率为 65.37%，入河氨氮减排率为 62.41%。
2015 年	153	①工业采用高节水方案即万元产值用水控制在 25 m³ 以内，总用水量控制在 5 032×10⁴ m³ 以内；生活采用低节水方案即城镇人口、农村人口和牲畜的用水定额分别为 180 L/(人·d)、60 L/(人·d)、19 L/(头·d)，生活用水总量为 1 904×10⁴ m³；农业采用中节水方案，农业用水量为 10 140×10⁴ m³（农业灌水量减少 20%，10% 小麦—玉米改种植棉花，20%水稻改种植小麦—玉米）；生态用水总量为 840×10⁴ m³；②工业污染控制方案采用加强废水深度治理，按新排放标准稳定达标排放；调整产业结构，达到清洁生产二级水平，清洁生产执行率为 90%；城镇生活污水处理厂出水水质为一级 A 标准，污水处理率为 90%，处理规模为 2.35 万 t/d，再生水回用率 20%，再生水处理规模 2 万 t/d；确保 80%以上的规模化畜禽养殖场和养殖小区配套完善固体废物和污水贮存处理设施，并正常运行；设计东孟姜女河生态补水 9.73 万 m³/d，西孟姜女河生态补水 1.08 万 m³/d；入河 COD 减排率为 69.85%，入河氨氮减排率为 70.66%。
2020 年	202	①工业采用高节水方案即万元产值用水控制在 15 m³ 以内，总用水量控制在 5 321×10⁴ m³ 以内；生活采用高节水方案即城镇人口、农村人口和牲畜的用水定额分别为 180 L/(人·d)、60 L/(人·d)、16 L/(头·d)，生活用水量为 2 152×10⁴ m³；农业采用高低节水方案，农业用水量为 9 274×10⁴ m³（农业灌水量减少 20%，15% 小麦—花生改种棉花，30%水稻改种小麦—玉米）；生态用水总量为 840×10⁴ m³；②工业污染控制方案采用加强废水深度治理，按新排放标准稳定达标排放；调整产业结构，达到清洁生产一级水平，清洁生产执行率为 100%；城镇生活污水处理厂出水水质为一级 A 标准，污水处理率为 100%，处理规模为 3 万 t/d，再生水回用率 25%，再生水处理规模 2 万 t/d；确保 100%以上的规模化畜禽养殖场和养殖小区配套完善固体废物和污水贮存处理设施，并正常运行；设计东孟姜女河生态补水 9.73 万 m³/d，西孟姜女河生态补水 1.08 万 m³/d；入河 COD 减排率为 86.01%，入河氨氮减排率为 68.25%。

7.3 优选方案总量分配

7.3.1 污染物入河排放量分配

表 7-64　总量分配常用准则

分配准则	说明
按照现状排污量等比例分配	以现状排污量为基础，按照比例分配允许排污量
按人口平均分配	允许排污量与人口成正比（人均允许排污量相等）
按基准量平均分配	允许排污量与基准量成正比
按人口等贡献量分配	允许排污量与人口成正比，与污染贡献率成反比（人均允许排污量对环境造成的影响相等）
按照基准排放量等贡献量分配	允许排污量与基准排污成正比，与贡献率成反比

尽管按照现状排污量等比例分配存在一定缺陷，但目前仍然是最常用的一种分配方式，且有利于尊重历史形成的排污格局和保持良好的延续性。因此本规划采用按照现状排污量等比例分配水污染控制总量。可得规划年各优选方案下各乡镇的污染物入河量，分配结果见表 7-65。

表 7-65　规划年各优选方案入河总量分配

乡镇名称	2010 年		2015 年		2020 年	
	COD/（t/a）	氨氮/（t/a）	COD/（t/a）	氨氮/（t/a）	COD/（t/a）	氨氮/（t/a）
七里营镇	6 858.44	660.49	6 118.70	461.61	4 809.16	439.36
高新西区	208.77	59.73	186.25	41.74	146.39	39.73
朗公庙镇	440.42	15.19	392.92	10.62	308.83	10.11
小冀镇	65.61	5.66	58.54	3.96	46.01	3.77
翟坡镇	867.67	72.86	774.09	50.92	608.42	48.46
大召营镇	81.95	9.29	73.11	6.49	57.46	6.18
合河乡	22.54	1.74	20.11	1.22	15.81	1.16
古固寨	443.62	22.04	395.77	15.40	311.07	14.66
合计	8 958.45	847.03	7 992.21	591.98	6 281.69	563.45

7.3.2 ET 水权分配

（1）地表水分配

新乡县地表水可利用为引黄水 $4\,000 \times 10^4\ \mathrm{m}^3$ 以及 2015 年后的南水北调工程水 $2\,300 \times 10^4\ \mathrm{m}^3$。引黄水量根据现有的乡镇的分配方式按耕地面积比例分配，南水北调工程水按耕地面积比例分配到各个乡镇。各乡镇地表水分配结果见表 7-66。

表 7-66　新乡县各乡镇规划年地表水分配量　　　　单位：10^4m^3

乡镇名称	2010 年	2015 年	2020 年
合河乡	0	0	244
大召营镇	0	0	178
翟坡镇	627	627	913
小冀镇	523	523	761
七里营镇	1 246	1 246	1 814
朗公庙镇	1 032	1 032	1 502
古固寨镇	572	572	833
高新区	0	0	55
合计	4 000	4 000	6 300

（2）地下水分配

以新乡县地下水的超采目标为分配限制条件，各乡镇地下水分配按乡镇的行政面积占总面积的百分比分配，各乡镇地表下分配结果见表 7-67。

表 7-67　新乡县各乡镇规划年地下水分配量　　　　单位：10^4m^3

乡镇名称	2010 年	2015 年	2020 年
合河乡	2 031	1 884	1 370
大召营镇	1 568	1 455	1 058
翟坡镇	2 442	2 265	1 647
小冀镇	1 474	1 367	994
七里营镇	4 363	4 047	2 943
朗公庙镇	4 221	3 915	2 847
古固寨镇	2 473	2 295	1 668
高新区	526	488	355
合计	19 098	17 717	12 882

（3）ET 水权分配

ET 水权分配主要根据各乡镇的可供水量分配，可供水量是指降雨量、引黄水量、南水北调水量及地下水允许超采量之和并扣除出流量的值。由此可得到新乡县各乡镇的 ET 分配情况，见表 7-68。

表 7-68　新乡县各乡镇规划年 ET 水权分配量　　　　单位：mm

乡镇名称	2010 年	2015 年	2020 年
合河乡	584.64	546.58	476.48
大召营镇	584.64	546.58	473.09
翟坡镇	719.77	681.71	610.06

乡镇名称	2010 年	2015 年	2020 年
小冀镇	771.43	733.36	685.18
七里营镇	734.94	696.88	632.14
朗公庙镇	713.32	675.26	600.67
古固寨镇	706.34	668.28	590.53
高新区	584.64	546.58	468.82
合计	694.87	656.80	586.95

第8章 重点建设项目和示范工程

8.1 重点工程项目

8.1.1 工业节水与污染防治工程项目

8.1.1.1 产业结构调整减排工程

根据国家的相关要求和前面确定的产业结构调整原则，确定造纸行业关闭企业名单，见表 8-1，在 2010 年以前，共关闭企业 11 家。

表 8-1 关闭、停产企业项目清单

序号	企业名称	性质	废水治理措施	完成时限	废水减排量/（万 t/a）	COD 减排量/（t/a）	氨氮减排量/（t/a）
1	新乡金源纸业有限公司	造纸	关闭	2005	264.00	1 056.00	37.44
2	新乡县四达公司造纸厂	造纸	关闭	2005	102.40	378.80	40.08
3	新乡东兴纸业有限责任公司	造纸	关闭	2006	75.00	67.80	24.00
4	新乡兴宁集团	造纸	关闭	2006	278.40	1 113.60	81.60
5	河南省新乡县造纸厂	造纸	关闭	2007	175.00	665.00	61.25
6	新乡县七里营镇第四造纸厂	造纸	关闭	2005	236.80	879.60	97.68
7	新乡顺达纸业有限公司	造纸	关闭	2006	213.60	854.40	68.35
8	新乡县华东造纸总厂	造纸	关闭	2009	72.00	71.28	20.88
9	河南省新乡县新原造纸厂	造纸	关闭	2005	80.00	80.00	14.40
10	新乡县七里营二村第二造纸厂	造纸	关闭	2008	75	180	40
11	新乡县宏发纸业有限公司	造纸	关闭	2006	138	72	24
	合计				1 710.2	5 418.48	509.68

8.1.1.2 工程措施减排项目

（1）造纸行业工程减排

新乡县造纸行业水污染防治骨干工程主要涉及 7 家企业的水污染防治项目，项目实施后预期总投资 37 933 万元，各工程项目的企业工程内容、减排效果、投资及完成时间具体如表 8-2 所示。

表 8-2　造纸企业减排项目清单

序号	企业	措施	完成时间/年	投资/万元
1	新乡县福利新星造纸厂	深度治理，开展清洁生产	2020	300
2	河南省龙泉集团实业有限公司	深度治理，建成 30 万 t 废纸浆生产线，废水回用	2020	4 000
3	新乡新亚集团股份有限公司	实施废水深度处理，生产线升级改造，提高废水回用率	2020	16 000
4	河南兴泰纸业有限公司	碱回收及废水深度治理工程	2015	14 833
5	河南省新乡鸿达纸业有限公司	生产线升级改造，废水深度处理及回用	2020	1 300
6	河南省新乡市华中纸厂	开展清洁生产	2020	500
7	新乡市鸿泰纸业有限公司	开展清洁生产	2020	1 000

①河南省龙泉集团实业有限公司。建设内容：a. 实施污水深度治理，2011 年将排水 COD 浓度控制在 90 mg/L 以下；2020 年以前 COD 控制在 60 mg/L。b. 建成 10 万 t 废纸浆生产线，使污水回用率达 70%，废水外排量减少 40% 以上。投资及来源：项目总投资 4 000 万元，投资来源为企业自筹。最终完成年限：2019 年。

②新乡新亚纸业集团股份有限公司水污染防治措施。建设内容：a. 实施污水深度治理，2011 年将排水 COD 控制在 90 mg/L 以下；2020 年以前 COD 控制在 60 mg/L。b. 淘汰现有全部半化学浆生产线，改造为废纸浆、瓦楞纸生产线，并全部使用回收水，加大污水回用力度，使全厂污水回用率达 70%。投资及来源：项目总投资 16 000 万元，投资来源为企业自筹。完成年限：2019 年。

③河南省新乡鸿达纸业有限公司水污染防治措施。建设内容：a. 淘汰现有亚胺法制浆生产线，新上 30 万 t 高强瓦楞纸生产线。b. 实施污水深度治理及回用工程，2011 年 COD 控制在 90 mg/L 以下；2020 年以前 COD 控制在 60 mg/L；c. 污水进小店污水处理厂进一步处理。投资及来源：项目总投资 1 300 万元，投资来源为企业自筹。完成年限：2020 年。

④河南兴泰纸业有限公司水污染防治措施。建设内容：a. 150 t/d 碱回收。b. 3 万 t/日中断水深度治理及中水回用工程，2011 年 COD 控制在 65 mg/L 以下。c. 2020 年以前 COD 控制在 60 mg/L；d. 加大污水回用力度，使污水回用率达 70%。投资及来源：项目总投资 14 833 万元，投资来源为企业自筹。完成年限：2015 年。

⑤其他造纸企业工程减排措施。主要指的是需要开展深度治理及清洁生产的企业，包括：新乡县福利新星造纸厂、新乡鸿泰纸业有限公司、河南省新乡市华中纸厂三家造纸企业。建设内容：a. 对现有排水进行深度治理，2010 年 COD 控制在 100 mg/L；2015 年 COD 控制在 60 mg/L 以下。b. 开展清洁生产，达到国内清洁生产先进水平，污水排放量控制在 10 m^3/Adt。投资及来源：项目总投资 1 800 万元，投资来源为企业自筹。最终完成年限：2020 年。

（2）化学化工行业工程减排

新乡县化工行业水污染防治骨干工程主要涉及 1 家企业的水污染防治项目，项目实施后预期总投资 1 000 万元。

建设内容：a. 实施污水深度治理，执行河南省合成氨工业水污染排放标准，2011 年 COD 控制在 50 mg/L；2015 年 COD 控制在 40 mg/L。b. 鼓励回用，提高工业用水重复利用率。投资及来源：项目总投资 1 000 万元，投资来源为企业自筹。完成年限：2015 年。

（3）医药行业工程减排

新乡县医药行业水污染防治骨干工程主要涉及新乡华星药厂的水污染防治项目。建设内容：a. 实施 6 万 t/d 污水深度治理及污水深度治理及废水套用工程，2010 年 COD 控制在 120 mg/L；2015 年 COD 控制在 90 mg/L；2020 年 COD 控制在 60 mg/L。b. 鼓励回用，提高工业用水重复利用率。投资及来源：项目总投资 5 000 万元，投资来源为企业自筹。最终完成年限：2020 年。

（4）其他行业工程减排

主要为泰隆制版有限公司工程的水污染防治项目，建设内容：a. 实施污水深度治理及回用，2010 年 COD 控制在 100 mg/L；2015 年底前将排水 COD 浓度控制在 80 mg/L 以下；2020 年以前 COD 控制在 60 mg/L；b. 鼓励回用，提高工业用水重负利用率。投资及来源：项目总投资 200 万元，投资来源为企业自筹。最终完成年限：2020 年。

8.1.1.3 工业节水工程

（1）企业节水工程

重点抓好造纸、医药、化工、印染行业的结构调整。针对新乡县工业用水量大的现状，强化高耗水行业的企业节水，提高工业用水重复利用率，2010 年达到 70%左右；2015 年工业用水定额降到 25 m³/万元，工业用水重复利用率达到 80.55%；2020 年工业用水重复利用率达到 91%左右。推进一次水、中水、再生水、循环水等多级循环、阶梯利用的水循环体系，积极推广成套节水、中水回用、水网络集成等节水技术，每年节约水资源 2 000 多万 m³。投资及来源：项目总投资 1 000 万元，投资来源为企业自筹。最终完成年限：2020 年。

（2）其他工业节水工程

积极推进工业园区、工业集聚区建设，促使园区资源合理利用多级循环、梯级利用的水循环体系，工业区中水回用率达到 50%以上。投资及来源：项目总投资 500 万元，投资来源为政府财政贷款。最终完成年限：2015 年。

8.1.2 生活节水与污染防治工程项目

8.1.2.1 生活污染防治工程

（1）新建污水处理工程

新建新乡县大召营污水处理厂、新乡县小冀镇污水处理厂、古固寨镇祥和新村污水处理厂。工程投资及资金来源：总投资 8 330 万元，其中政府财政 5 500 万元，企业自筹 2 830 万元。完成时间：2020 年。

（2）管网改造工程

新乡县管网改造工程主要包括两处管网的改造完善建设，投资共 4 661 万元。其建设计划、内容、投资如下所示。通过管网完善与改造工程的实施，可增加收水面积，提高收水率，以确保县区生活污水集中处理水平。

①新乡县城区污水管网改造。建设内容：新乡县城区污水管网改造，2011 年达到 80% 以上的城镇生活污水处理率，2015 年前城镇生活污水处理率达到 90%以上的，2020 年实

现城镇生活污水处理率100%。服务范围：新乡县城区。工程投资及资金来源：政府财政2 761万元，自筹1 700万元。完成时间：2020年。

②小尚庄污水管网改造。建设内容：西孟姜女河暗沟中的生活和工业污水引入小尚庄污水处理厂，截污规模为7万t/d。服务范围：新乡县部分企业。工程投资及资金来源：政府财政贷款200万元。完成时间：2020年。

8.1.2.2　生活节水工程

（1）供水管网改造工程

加快改造城镇供水管网，强化城镇生活用水管理，合理利用多种水源，计划到2020年管网漏失率控制在国家规定的12%的标准范围内，将原有老旧管网逐年换成带衬里的球墨铸铁管，支管换成优质高强度塑料管或塑钢管。同时对重点老化户内管网进行改造，完成城镇居民生活"一户一表"工程。投资及来源：项目总投资500万元，投资来源为自筹、银行贷款。最终完成年限：2015年。

（2）推广节水型器具

推广节水型器具和设备，现有住宅普及率70%以上，新建的建筑全面普及。投资及来源：项目总投资150万元，投资来源为自筹、银行贷款。最终完成年限：2020年。

（3）城镇雨水利用工程

利用屋顶做集雨面来集蓄雨水，主要用于家庭、公共等，建立集雨池用于生态用水和灌溉；在县域内的部分广场、道路便道、单位庭院等通过铺设透水砖等措施，增加雨水渗透量。投资及来源：项目总投资300万元，投资来源为自筹、银行贷款。

最终完成年限：2015年。

（4）节水宣传工程

张贴节水宣传标语，印发宣传材料，制作大型宣传版面，组织节水型社会知识竞赛，开展节水型城市、节水型单位（企业）、节水型社区创建等。投资及来源：项目总投资50万元，投资来源为地方财政拨款。最终完成年限：2010年。

8.1.3　农业节水与污染控制工程

建设内容：重点在田间的渠道防渗、低压管道、喷灌和微灌。改造节水灌溉面积1.6万亩，新建节水灌溉面积2.4万亩，修硬化渠道60 km，埋低压管道128 km。投资及来源：项目总投资720万元，投资来源为中央、地方财政拨款和贷款。最终完成年限：2015年。

8.1.4　畜禽养殖节水与污染防治工程

提高禽畜养殖粪便处理率以及生物质能源工程建设，对现有210家规模化养殖场的污水、废渣、恶臭进行治理，实现达标排放。工程投资及资金来源：企业自筹贷款500万元。完成时间：2020年。

8.1.5　河流综合整治工程

8.1.5.1　防洪除涝工程

建设内容：经过长期运行的一支排、二支排、三支排、五支排、六支排、东五干排、大泉排、墩孟排、南支排、杨庄排、新磁排、顺公路排等 15 条主要排河，目前已经形成大量淤积，防洪除涝能力明显下降，给新乡县防汛安全带来隐患。未来 5 年内，新乡县可根据排河的淤积程度，全面给予清淤治理，需完成治理长度 120 km。同时，对上述排河上的 37 座损毁桥梁实施重建加固，规划完成土方开挖 144.2 万 m^3，桥梁建筑面积 4 320 m^2。工程投资及资金来源：县级财政拨款共 3 199.6 万元。完成时间：2015 年。

8.1.5.2 东、西孟姜女河治理改造工程

建设内容：河道清淤 257 万 m^3，长度 81.7 km；复堤 132 万 m^3，穿堤闸修建 22 座，桥梁 5 490 m^2，占地 0.17 万亩；新建防汛道路 29.2 km，土方 14.6 万 m^3。投资及来源：项目总投资 11 009.6 万元，投资来源为中央财政拨款。最终完成年限：2010 年。

8.1.5.3 人民胜利渠新乡县段生态、景观衬砌项目工程

建设内容：人民胜利渠新乡县段生态、景观衬砌项目，上游起于七里营镇墩留店村，下游止田庄三号跌水，长度 9.8 km。施工采取边坡混凝土护砌，渠底免衬，以利于河水入渗，保证新乡县地下水补给；边坡外建成人行横道和斜面绿化基础，实现景观衬砌，工程完成混凝土 0.9 万 m^3，浆砌石 0.9 万 m^3。投资及来源：项目总投资 900 万元，投资来源为省级财政拨款。最终完成年限：2010 年。

8.1.6 减少地下水开采工程

8.1.6.1 地表水利用工程

建设内容：修建七里营镇龙泉村，新乡经济开发区大兴村、新乡县心连心有限公司小河村、合河乡行洪区 4 座水库，工程共形成水库面积 652 万 m^2，库容 1 859 万 m^3，占地 0.98 万亩，工程量为：土方开挖 1 161 万 m^3，砼 0.2 万 m^3，浆砌石 0.3 万 m^3，新修节制闸 6 座，铺设引水管道 2.5 km。投资及来源：项目总投资 14 600 万元，投资来源为省财政拨款。最终完成年限：2015 年。

8.1.6.2 地下水利用工程

建设内容：河南心连心化肥有限公司引黄补源替代地下水工程，主要为减少地下水开采，保护水生态环境，规划建设用境外黄河水取代地下水，解决工农业用水矛盾。工程设计两个地点：第一水处理厂位于七里营镇大兴村，占地面积 230 亩，第二水处理厂位于朗公庙镇小河村，占地面积 500 亩。该项目建成投入运行后，公司生产用水将全部由地下水改为黄河水，每年可节约地下水资源 2 102.4 万 m^3，可减少对地下水的开采。投资及来源：项目总投资 3 528 万元，投资来源为企业自筹。最终完成年限：2012 年。

8.1.7 能力建设工程项目

8.1.7.1 管理体系工程

（1）水管理体制建设和管理队伍建设工程

水资源与水环境综合管理体系建设，主要包括加强各涉水部门之间的定期沟通与交流；管理队伍建设主要包括管理人员定期培训与交流等。投资及来源：项目总投资 200 万元，投资来源为地方财政拨款。最终完成年限：2015 年。

（2）执法能力建设工程

主要包括新乡县地方水资源、水环境相关政策的制定，执法能力建设。投资及来源：项目总投资 100 万元，投资来源为地方财政拨款。最终完成年限：2020 年。

（3）制度与科技支撑体系建设工程

主要包括水权、整合水功能区、绩效考核、地下水开采区。投资及来源：项目总投资 200 万元，投资来源为地方财政拨款。最终完成年限：2020 年。

8.1.7.2　公众参与体系工程

主要为组织多形式、多层次的社会公众参与机制，在新乡县建立用水者协会，在农村建立自主管理灌排区和农民用水者协会等组织。投资及来源：项目总投资 300 万元，投资来源为地方财政拨款。最终完成年限：2020 年。

8.1.7.3　监测评价与信息化建设工程

（1）监测评价与信息化建设工程

完善取水监测、用水监测、生活用水计量监测，完善重要县界断面的水量监测，加强入境、出境的水量监测、ET 监测、水质监测。建设水资源与水环境综合管理中心，监控全县取水、用水、ET 及水质变化情况。投资及来源：项目总投资 500 万元，投资来源为银行拨款。最终完成年限：2015 年。

（2）信息平台建设工程

加强互联网建设，充分利用管理平台，建立共享数据库，使新乡县主要涉水部门的信息中心通过网络平台互联互通，建立业务协作关系。投资及来源：项目总投资 800 万元，投资来源为地方财政拨款。最终完成年限：2020 年。

8.1.8　重点项目投资及建设计划

为了全面完成各项规划指标，顺利实现新乡水资源与水环境综合管理规划任务，确定规划项目 37 个，总投资约 96 181.2 万元，其中申请上级财政 27 041.6 万元，地方政府投资 13 098.6 万元，社会和企业自筹 56 041 万元。

重点投资项目有工业节水与污染防治工程、生活节水与污染防治工程、农业节水与污染控制工程、畜禽养殖节水与污染防治工程、河道综合整治工程、减少地下水开采工程、能力建设工程项目等。其中，工业节水与污染防治工程项目 12 个，总投资共 45 633 万元；生活节水与污染防治工程项目 9 个，总投资共 13 991 万元；农业节水与污染控制工程项目 1 个，总投资共 720 万元；畜禽养殖节水与污染防治工程项目 1 个，总投资共 500 万元；河道综合整治工程项目 3 个，总投资共 15 109.2 万元；减少地下水开采工程项目 5 个，总投资共 18 128 万元；能力建设工程项目 6 个，投资共 2 100 万元。

2010 年前完成的项目共 20 个，总投资约 11 959.6 万元，其中申请上级财政 11 909.6 万元，地方政府投资 50 万元。

2015 年前完成的项目共 14 个，总投资约 24 547.6 万元，其中申请上级财政 15 132 万元，地方政府投资 4 487.6 万元，社会和企业自筹 4 928 万元。

2020 年前完成的规划项目共 3 个，总投资约 59 674 万元，其中申请地方政府投资 8 561 万元，社会和企业自筹 51 113 万元。见表 8-3。

表8-3 重点工程项目投资及建设计划

分类	序号	项目类别	建设内容	投资/万元	责任单位	资金来源/万元 上级财政	地方财政	自筹、银行贷款	最终完成年限
1 工业节水与污染防治工程	1	工业水污染治理工程	新乡县造纸行业、化工行业、医药行业等重点企业进行废水深度治理，达标改造工程，开展清洁生产工程，产业结构调整等	44 133	环保局			44 133	2020
	2	工业节水工程	企业节水工程，主要为抓好造纸、医药、化工、印染行业的结构调整，以及强化高耗水行业企业节水、强化工业节水和企业用水重复利用，提高工业用水重复利用率，降低用水定额	1 000	水利局			1 000	2020
	3	工业节水工程	积极推进工业园区、工业聚集区建设，促使园区资源合理利用多级循环、梯级利用的水循环体系，工业区中水回用率达到50%以上	500	水利局		500		2015
工业节水与污染防治工程小计				45 633			500	45 133	
2 生活节水与污染防治工程	1	城市污水处理工程	新乡县大召营污水处理厂，新乡县小冀镇污水处理厂，古固寨镇祥和新村污水处理厂	8 330	建设局		5 500	2 830	2020
	2	城市污水处理工程	新乡县城区污水管网，小尚庄污水管网改造	4 661	建设局		2 961	1 700	2020
	3	生活节水工程	供水管网改造工程，加强新乡县节水型城市的创建，城市供水管网漏失率小于8%	500	建设局		500		2015
	4	生活节水工程	推广节水型器具和设备，现有住宅普及率70%以上，新建的建筑全面普及	150	水利局			150	2020
	5	生活节水工程	城市雨水利用工程	300	水利局			300	2015
	6	生活节水工程	节水宣传工程	50	水利局		50		2010

分类	序号	项目类别	建设内容	投资/万元	责任单位	资金来源/万元			最终完成年限
						上级财政	地方财政	自筹、银行贷款	
生活节水与污染防治工程小计				13 991			8 511	5 480	
农业节水与污染控制工程	3	节水灌溉工程	重点在田间的渠道防渗、低压管道、喷灌和微灌。改造节水灌溉面积1.6万亩，新建节水灌溉面积2.4万亩，修硬化渠道60 km，埋低压管道128 km	720	农业局	532	88	100	2015
农业节水与污染控制工程小计				720		532	88	100	
畜禽养殖节水与污染防治工程	4	规模化畜禽养殖污染治理工程	提高畜禽养殖粪便处理率以及生物质能源工程建设，对现有210家规模化养殖场污水、废渣、恶臭进行治理，实行达标排放	500	畜牧局			500	2020
畜禽养殖节水与污染防治工程小计				500				500	
河道综合整治工程	1	河流综合整治工程	防洪除涝工程	3 199.6	水利局		3 199.6		2015
	2	河流综合整治工程	东、西孟姜女河治理改造工程	11 009.6	水利局	11 009.6			2010
	3	河流综合整治工程	人民胜利渠新乡县段生态、景观村镇项目工程	900	水利局	900			2010
河道综合整治工程小计				15 109.2		11 909.6	3 199.6		
减少地下水开采工程	1	地表水利用工程	平原水库建设	14 600	水利局	14 600			2015
	2	地下水利用工程	河南心连心化肥有限公司引黄补源替代地下水工程	3 528	水利局			3 528	2012
减少地下水开采工程小计				18 128		14 600		3 528	
能力建设工程	1	管理体系建设工程	水资源与水环境综合管理体系建设，主要包括加强各涉水部门之间的定期沟通与交流，管理队伍建设，管理人员定期培训与交流等	200	环保局和水利局		200		2015
	2	管理体系建设工程	地方水资源、水环境相关政策的制定，执法能力建设	100	环保局和水利局		100		2020

分类	序号	项目类别	建设内容	投资/万元	责任单位	资金来源/万元 上级财政	地方财政	自筹、银行贷款	最终完成年限
7 能力建设工程	3	制度与科技支撑体系建设	水权制度建设，水价，水费，排污费等制度建设，科技支撑体系建设	200	环保局和水利局		200		2015
	4	公众参与体系建设	组织多形式、多层次的社会公众参与机制，在市区建立用水者协会，在农村建立自主管理灌排区和农民用水者协会等组织	300	环保局和水利局		300		2015
	5	监测评价与信息化建设项目	完善取水监测、用水监测，生活用水计量监测，完善重要县界断面的水量监测，加强入海，出境及入海断面的水量监测，ET监测，水质监测。建设水资源与水环境综合管理中心，监控全县取水、用水、ET及水质变化情况	500	环保局			500	2015
	6	信息服务平台建设	加强互联网建设，充分利用KM系统，建立共享数据库，使新乡县主要涉水部门的信息中心通过网络平台互联互通，建立业务协作关系	800	环保局		800	800	2020
能力建设工程小计				2 100			800	1 300	
工程项目合计				96 181.2		27 041.6	13 098.6	56 041	

8.2 示范工程项目

8.2.1 企业概况

河南省龙泉集团实业有限公司是国家级文明村——龙泉村的村办企业，20世纪90年代已被命名为国家二级企业、河南省重点企业、河南省AAA信誉企业。公司坐落在豫北平原的黄河故道，位于新乡市区西南十公里处的河南省新乡县龙泉村，西临京广铁路，东临京深高速国道，交通便利，物流发达。目前公司已发展下属企业13家，总资产达5亿多元，年工农业总产值突破7亿元。

河南省龙泉集团实业有限公司的支柱企业——河南省龙泉集团公司造纸总厂是小麦草为主要原料，采用碱法制浆、CEH三段漂白工艺生产各类高（中）档文化用纸的制浆造纸企业，生产文化用纸已有二十多年的历史。目前已发展成为拥有九条不同规格、不同机型造纸生产线和两条制浆生产线，环保设施及其他配套设施齐全，总固定资产3亿多元，产品总生产能力超过9万t/年，年产值突破5亿元的大中型企业。目前漂白碱法麦草浆实际生产总产量110～130 t/d，机制纸实际生产总产量220～240 t/d。

8.2.2 方案设计的基本思路

①进一步降低COD难度越来越大，为保证达到目标要求，必须充分调研，确保治理效果。

②经过深度治理后的污水必须能够回用于对生产用水水质要求最高的抄纸工段，也就是说系统出水水质必须达到抄纸工段生产用水水质要求，从根本上取代清水。

③要充分考虑处理费用。

④回用率必须保证不低于40%。

8.2.3 治理标准和要求

治理标准：COD≤120 mg/L，色度100倍以下，中水回用40%以上。

8.2.4 实施方案

经过多方考察和论证，最终确定采用的治理方案是：①在企业原有环保治理设施的基础上，通过新增水解酸化调节池、脱色车间、脱色沉淀池、人工湿地、浅层气浮等设施设备及配套管线建设来满足深度治理和中水回用的要求；②建成30万t废纸浆生产线，使废水回用率达40%。

8.2.5 项目投资汇总

项目总投资包括土建投资、机械、电气设备投资、配套服务费用，其中土建投资900万元，机械、电气设备投资735万元，配套服务费用474万元，共计投资2 109万元。

8.2.6 运行效果分析

①项目建设前，全厂排放污水总量 23 000 t/d 左右，COD 排放浓度 200～250 mg/L，全天 COD 排放总量 5 000～6 000 kg。BOD 排放浓度 100～120 mg/L，全天 BOD 排放总量 2 500～3 000 kg。SS 排放浓度 120～150 mg/L，全天 SS 排放总量 3 000～3 600 kg。

②项目建成后，计划将处理后污水最大限度地回用于制浆造纸生产系统，考虑到生产系统用水量和排水量都存在一定的波动性，预计处理后污水平均回用率应该能达到 80%。暂按处理后污水平均回用率 70%计算，项目建成后全厂排放污水总量 9 200 t/d。系统运行后排放的污水主要是浅层气浮机后蓄水池溢流水，也有少量为克服水量波动而从浅层气浮机前集水池排出的溢流水。按全部排放水来自于浅层气浮机前集水池排出的溢流水计算，治理后排放水中 COD 排放浓度 120 mg/L，全天 COD 排放总量 900 kg。BOD 排放浓度 60～75 mg/L，全天 BOD 排放总量 450～550 kg。SS 排放浓度 80～100 mg/L，全天 SS 排放总量 600～700 kg。

③处理前后污染物排放量见表 8-4。

表 8-4 处理前后全厂污染物排放量对照表

类别	处理前排放量/ （t/d）	处理后排放量/ （t/d）	削减量/ （t/d）	处理前排放浓度/ （mg/L）	处理后排放浓度/ （mg/L）	削减率/ %
废水	23 000	9 200	13 800	—	—	—
COD	5.75	0.83	4.92	250	120	52%

8.2.7 运行成本

造纸污水深度治理项目运行成本由化学药剂费用、电费、人工工资、机械设备维修费用、固定资产折旧费用及综合管理费用构成。其中化学试剂为 8 500 元/d、电费 4 871.88 元/d、人工工资 800 元/d、固定资产折旧费 3 246.58 元/d、机械设备维修费用按 1 200 元/d、综合管理费用按 500 元/d，总计 19 118.46 元/d。

8.2.8 项目建设

项目由河南省龙泉实业集团有限公司承担，于 2008 年 4 月开工，7 月完工，8 月通过新乡市环保局验收，在新乡市制浆造纸企业中率先实现了废水 COD 排放达到 120 mg/L 的标准，在全县造纸企业废水深度治理探索方面起到了示范表率作用。

8.2.9 综合评定

在碱法制浆产生的造纸黑液污染问题通过碱回收得以解决之后，造纸污水深度治理问题便成了国内制浆造纸企业必须面对的污染治理首要问题，也是最大难题。这个问题得不到解决，使得制浆造纸企业在为社会创造国计民生不可缺少的纸张产品的同时严重地危害社会生态环境，制浆造纸企业必将面临遭社会制裁、遭国策封杀的危险境地。因而，对造纸污水进行彻底治理是制浆造纸企业必须向社会承担的责任，也是制浆造纸企业保护自己的生存环境的必行之举。目前，国内制浆造纸企业都在研究这一课题，但都没有成熟的经验。

　　本项目建设的造纸污水深度治理项目正是在向社会承担保护生态环境的应尽责任，是在为企业能够长久生存创造必要的生存条件。本项目正常投运后，将使造纸污水中污染物的排放降低 80%以上，每天将至少节约原生水资源 1.6 万～1.8 万 t。本项目节能减排效果显著，是缓解我国原生水资源危机的有效措施，是急需全力筹建的、行之有效的环保、节能项目。

第9章 规划实施效益分析

9.1 社会效益

9.1.1 水资源与水环境综合管理理念得到推广

9.1.1.1 初步建立水利与环保部门的合作机制

本规划促成了新乡县以主管县长为组长的水资源与水环境综合管理领导小组的建立，下设办公室，协调环保、水利等有关部门密切合作，建立了合作机制，做到了数据共享，积极探索合作渠道，推进了新乡县水资源和水环境综合管理。

9.1.1.2 改变了管理理念

本规划使新乡县涉水部门逐步吸取了国际上先进的基于 ET 的水资源管理理念和水资源与水环境综合管理理念，为水资源与水环境综合管理工作在新乡县的进一步开展奠定了基础。

9.1.2 示范应用

本规划中水资源与水环境综合管理的先进理念为海河流域其他县区、漳卫南子流域 IWEMP 战略行动计划及河南省"十二五"环境保护规划的编制提供了示范与技术支持。

9.2 环境效益

9.2.1 污染物减排效益分析

表 9-1 各规划水平年污染物入河量及削减率

类别	2004 年入河总量	2010 年		2015 年		2020 年	
		入河总量	削减率	入河总量	削减率	入河总量	削减率
COD/（t/a）	23 227.16	8 958.45	65.37%	7 992.21	69.85%	6 281.69	86.01%
氨氮/（t/a）	2 546.19	847.03	62.41%	591.98	70.66%	563.45	68.25%

2010 年新乡县 COD 控制入河排放量为 8 958.45 t，相对于 2004 年削减 65.37%；氨氮排放总量为 847.03 t，相对 2004 年削减率为 62.41%。2015 年新乡县 COD 控制入河排放量

为 7 992.21 t，相对于 2004 年削减 69.85%；氨氮排放总量为 591.98 t，相对 2004 年削减率为 70.66%。虽然 2010 年和 2015 年污染物排放都达到入河总量削减 10% 和 15% 的目标，但东、西孟姜女河出境水质断面多数仍为劣 V 类，水质较差。见表 9-1。

2020 年，新乡县 COD 控制入河排放量为 6 281.69 t，相对于 2004 年削减 86.01%；氨氮排放总量为 563.45 t，相对 2004 年削减率为 68.25%。由于 2020 年，新乡县东、西孟姜女河将完成人工湿地水质净化工程，对污染河水进行处理，根据 SWAT 模型模拟结果显示：2020 年东、西孟姜女河出境断面 COD 浓度多在 Ⅳ～Ⅴ 类水之间，氨氮浓度多在 Ⅰ～Ⅱ 类水之间，达到了水功能区要求。见表 9-2～表 9-3。

表 9-2　2020 年东、西孟出境断面 COD 浓度

月份	东孟姜女河出境断面		西孟姜女河出境断面	
	水质浓度/（mg/L）	等级	水质浓度/（mg/L）	等级
1	26.8	Ⅳ	40.1	劣V
2	27.4	Ⅳ	38.8	V
3	25.1	Ⅳ	38.0	V
4	30.5	Ⅳ	39.6	V
5	36.8	V	37.0	V
6	200.0	劣V	10.0	Ⅰ
7	31.6	V	58.8	劣V
8	100.1	劣V	45	V
9	37.4	V	71.9	劣V
10	24.9	Ⅳ	44.0	V
11	62.4	劣V	49.7	劣V
12	67.9	劣V	71.9	劣V

表 9-3　2020 年东、西孟出境断面氨氮浓度

月份	东孟姜女河出境断面		西孟姜女河出境断面	
	水质浓度/（mg/L）	等级	水质浓度/（mg/L）	等级
1	0.01	Ⅰ	0.01	Ⅰ
2	0.02	Ⅰ	0.02	Ⅰ
3	0.05	Ⅰ	0.05	Ⅰ
4	0.06	Ⅰ	0.07	Ⅰ
5	0.03	Ⅰ	0.01	Ⅰ
6	0.05	Ⅰ	0.14	Ⅰ
7	0.83	Ⅱ	0.65	Ⅱ
8	0.5	Ⅱ	0.56	Ⅱ
9	0.16	Ⅰ	0.31	Ⅱ
10	0.14	Ⅰ	0.56	Ⅱ
11	0.01	Ⅰ	0.02	Ⅰ
12	0.02	Ⅰ	0.02	Ⅰ

9.2.2 ET 控制效益分析

规划实施后，2010 年到 2020 年的综合 ET 呈减少趋势，2010 年新乡县综合 ET 为 666.24 mm，目标 ET 为 694.87 mm；2015 年新乡县综合 ET 为 611.16 mm，目标 ET 为 656.80 mm；2020 年新乡县综合 ET 为 572.87 mm，目标 ET 为 586.95 mm；各规划年综合 ET 都控制在了目标 ET 范围内，新乡县耗水总量得到控制。

从耗水行业上看 2010 年的生态 ET 为 60.89 mm，水面为 11.2 mm，农业为 545.6 mm，工业和生活分别为 31.47 mm 和 17.08 mm。2015 年的生态 ET 为 60.89 mm，水面为 11.2 mm，农业为 492.6 mm，工业和生活分别为 27.72 mm 和 19.35 mm。2020 年的生态 ET 为 60.89 mm，水面为 11.2 mm，农业为 450.6 mm，工业和生活分别为 29.32 mm 和 21.34 mm。

表 9-4　新乡县规划年 ET 量表　　　　单位：mm

年份	生态	水面	农业	工业	生活	ET$_{综合}$	ET$_{目标}$	耗水差
2010	60.89	11.2	545.60	31.47	17.08	666.24	694.87	−28.63
2015	60.89	11.2	492.00	27.72	19.35	611.16	656.80	−45.64
2020	60.89	11.2	450.12	29.32	21.34	572.87	586.95	−14.08

由表 9-5 可知生态、水面、生活和工业 ET 比例呈上升趋势，耗水大户农业 ET 呈下降趋势，可见农业 ET 得到了较好的控制。

表 9-5　新乡县不同水平年各行业 ET 比例分布

年份	生态	水面	农业	工业	生活
2010	9.14%	1.68%	81.89%	4.72%	2.56%
2015	9.96%	1.83%	80.50%	4.54%	3.17%
2020	10.63%	1.96%	78.57%	5.12%	3.73%

9.2.3 地下水超采控制效益分析

9.2.3.1 地下水水位分析

规划实施后，从 2004 年始到 2010 年，地下水位呈现明显的逐年持续下降趋势；而采取节水和最大量地利用区外调水等措施后，从 2011 年到 2015 年新乡县地下水位呈现明显的逐年持续上升趋势。2015 年后由于南水北调，减少了对地下水的利用，2016 年到 2020 年地下水位逐年回升并达到一个相对稳定的水平。2010 年新乡县地下水超采量为 2 322 万 m³，超采率为 18.03%，相对于 2004 年降低 36.85%；2015 年新乡县超采量为 1 012 万 m³，地下水超采率为 8.03%，相对于 2004 年降低 45.75%；2020 年地下水不超采，实现采补平衡。

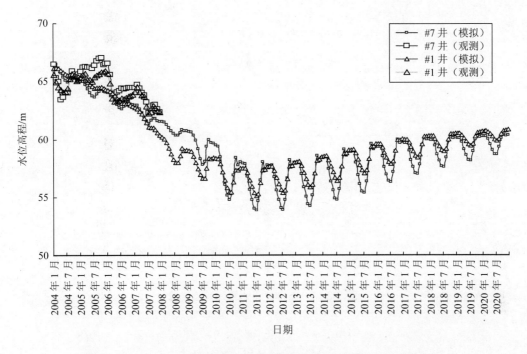

图 9-1　2004—2020 年新乡县地下水位变化趋势（以#1、#7 井为例）

从地下水漏斗变化情况看，在采取节水和合理利用区外调水等措施后，规划年新乡县地下水漏斗有所缓解，2010 年、2015 年和 2020 年地下水降深等值线图分别见图 9-2、图 9-3 和图 9-4，由图可知，在小冀镇和七里营镇一带所形成的地下水漏斗面积减小，规划年地下水漏斗中心水位降深较 2004 年的 8 m 分别减少 2 m、4 m、3 m，即规划年地下水漏斗中心水位降深分别为 6 m、4 m、5 m。

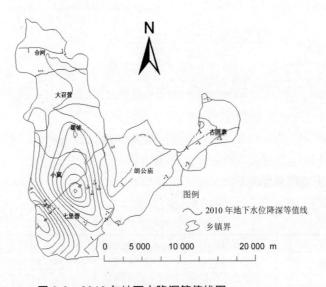

图 9-2　2010 年地下水降深等值线图

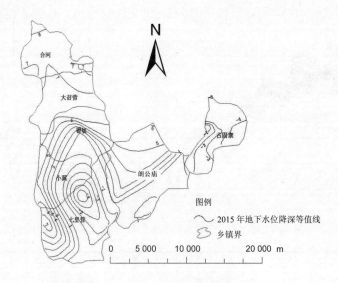

图 9-3　2015 年地下水降深等值线图

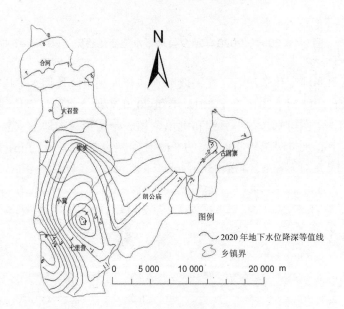

图 9-4　2020 年地下水降深等值线图

9.2.3.2　地下水超采量分析

表 9-6　各规划水平年地下水超采情况　　　　　单位：10^4 m^3

水平年	开采量	允许开采量	超采量	超采率
基准年	17 341.11	13 547.51	3 793.6	28%
2010	15 214	12 882	2 322	18.03%
2015	13 896	12 882	1 014	7.87%
2020	11 287	12 882	−1 595	0.00%

根据各规划水平年地下水超采情况表 9-6 可知，2010 年，地下水超采量为 $2\,322\times10^4\,m^3$，超采率为 18.03%，相对 2004 年下降了 10%；2015 年地下水超采量为 $1\,014\times10^4\,m^3$，超采率为 7.87%，相对 2004 年下降了 21.87%；2020 年超采量为 0，最终实现了地下水采补平衡。

9.3　经济效益

实施新乡县水资源与水环境综合管理，对于提高用水效率、减少水污染、改善当地生态环境具有重要的战略意义，可以促进国民经济可持续发展目标的实现，对新乡县中长期经济社会发展目标的实现具有积极的影响。

通过建立有效的水资源与水环境管理政策与法规体系，必将促使新乡县工业企业向节水型企业转变，更加重视污水处理和环境保护，推动节水和治污产业经济的发展。采用遥感监测 ET 技术，依靠科技进步，改进水资源管理，实现资源性节水，提高水分生产率，增加农民的收入，维护社会的稳定。

通过水资源的合理调配必将带动产业结构的优化调整。由于提高了水资源的综合管理水平，可以减少当地水旱灾害损失；由于减少了水污染，整个县内的水环境质量将得到明显改善，从某种意义上讲也改善了投资环境，将使新乡县经济实力进一步加强。

第 10 章　保障措施

10.1　加强机构建设

建立由水利、环保、农业部门共同参与的水资源与水环境综合管理合作机制，实现数据共享。工作方式逐步转变为"自上而下"和"自下而上"，即通过管理机制的建立，达到自上至下，自下至上的多级互动管理。上至中央项目办、水利部、国家环保项目办，下至农民用水者协会、社区组织和排污企业，结合取水管理和排污管理，细化责任，建立一套完整的互动的水资源与水环境综合管理机制。

10.2　健全政策制度

10.2.1　健全制度标准

完善水环境管理制度，建立基于 ET 的取水许可、地下水管理、排污许可、水环境和污水排放监测监督等制度。修订完善取水、环境和排污等标准，实行取水总量控制，并根据水功能区划，实行排污总量控制，同时分解到各个用水和排污单位，实施河流水量水质跨地区断面达标管理。

10.2.2　建立目标责任制

落实规划建设目标责任制，明确重大工程建设和管理的领导分工，列入干部政绩考核范围。建立规划建设的激励机制，表彰或奖励贡献突出的单位和个人，追究失职、渎职责任。各部门要把规划建设列入议事日程，纳入本地区、本部门年度计划和中长期发展规划，认真组织，精心实施。建立新乡县水资源与水环境综合管理规划建设的审计制度，确保重大工程的投资效益。

10.3　建立投融资机制

10.3.1　完善经济政策

为满足近期行动计划中水资源与水环境建设的资金需求，保障规划的顺利实施，必须制定和完善各种经济优惠政策，多元化筹集资金，建立稳定的环境保护资金来源渠道，引导、鼓励企业和民众将资金投入到规划建设中来，对有利于规划建设并具有良好市场前景的项目，在税收、土地使用权转让、出口退税等方面给予一定的优惠；对企业进行的技术履行和升级活动，可采取某些灵活的资金筹措措施。

10.3.2 建立多元化投入机制

鼓励不同经济成分和各类投资主体，以独资、合资、承包、租赁、拍卖、股份制、股份合作制、BOT 等多种形式参与规划工程建设。积极争取国家、市财政的各项建设资金，加大对水资源建设及水环境保护与监测等项目的投资力度。县财政各项基本建设、产业发展资金都要围绕规划实施合理安排使用。拓宽外资利用渠道，积极争取世行、亚行等国际组织以及各国政府贷款、赠款等外资投入。依法完善与之相配套的资金、信贷、土地、税收等优惠政策，为扩大国际交流与合作提供良好的软环境，加快规划实施进程。

10.4 加强公众参与

完善新乡县社会公众参与机制，建立、健全城镇用水者协会、农民用水者协会、农村社区驱动发展（CDD）机制等组织，提高项目区广大人民群众实现自身发展计划的能力，增加其进入社会和生产部门及下属组织机构的途径。加强节水宣传教育，树立公众的水资源稀缺、用水有偿意识。在参与项目管理的同时，扩大人民群众的权利，提高其生活水平、社会地位，为其发展提供新的机会。

10.5 加强规划实施和管理

10.5.1 重视人才培养

坚持"科学技术是第一生产力"，依靠科技进步实现区域经济增长方式的转变。重视发挥人力资本作用，完善用人机制，鼓励高等院校和科研院所积极参与新乡县规划建设。放宽政策，创造条件，吸引国内外专业人才，加快培养与引进急需的高层次管理人才和科技创新人才。依托高等院校和科研院所围绕水资源管理、水污染防治等领域中的重点、难点问题，进行深入研究，对技术含量高、市场潜力大并可形成产业化的项目，优先予以发展和扶持。

10.5.2 开展动态监测与评估

新乡县水资源与水环境综合管理规划是动态规划，规划建设是一个动态性的建设活动。因此，应在县环保局内建立规划动态监测中心，拨出专款，配备专职人员，各有关部门应配备相关设备与人员。开展监测工作，并对监测结果进行评估，评估新乡县规划建设的成效。

10.5.3 建立 KM 管理系统

在已建立的规划模型基础上，进一步建立 KM 管理系统。将水资源管理工具、水环境管理工具、水资源与水环境综合管理工具、ET 工具进行整合，提供统一访问界面，并进行应用系统的统一权限控制。该系统服务于 GEF 海河项目重点县与示范项目区的水资源与水环境综合管理，同时与县级 ET 工具、流域级 KM 系统和 IWEMP 等有数据交换需求。

附录 河南省新乡县水资源与水环境综合管理规划

（批复稿）

第一章 水资源与水环境现状

新乡县位于漳卫南运河子流域卫河的上游，在河南省的中北部，辖区有 6 镇 1 区 1 乡，总面积 362.9 km²，辖七里营镇、小冀镇、翟坡镇、大召营镇、古固寨镇、朗公庙镇、合河乡、高新西区，176 个行政村。2004 年新乡县总人口 31.6 万人，GDP 约 41.98 亿元，三产结构为 12：63：25。目前水资源与水环境管理中存在的问题如下：

一、资源型缺水严重，水资源利用率不均衡

2004 年新乡县水资源总量为 1.42 亿 m³，人均可利用水资源量为 446 m³，参照联合国系统制定的一些标准，属于重度缺水地区。全县水资源利用率偏低，工业用水重复利用率仅为 42%，城镇供水管网漏失率高达 20%，农业节水多注重工程节水措施，缺乏其他措施的配合，再加上重建轻管，部分节水灌溉工程已受到破坏，造成水资源浪费和低效利用。水资源利用率不均衡，主要表现在各行业用水效率存在很大的差异，工业用水效率较高，而农业相对效率较低；城镇生活用水效率较高，而农村生活用水效率较低。

二、地下水严重超采

新乡县除定量的黄河供水外，目前无其他地表水水源，地下水是新乡县最主要的来源，随着经济的发展各部门需水也不断增加，全县工业和农业不得不连续超采地下水，加剧了县内水资源供需矛盾。2004 年农业灌溉用水开采浅层地下水资源占浅层水开采量的 90%；工业开采中深层地下水水资源占中深层地下水开采量的 90%，地下水埋深下降幅度加快，超采地下水 3 793.58 万 m³，全县人均地下水资源量降到 412 m³。

三、工业结构性污染严重，生活和农业污染增长趋势明显

2004 年新乡县污染源主要来自工业、城镇生活和畜禽养殖，COD 排放量为 28 941.36 t，氨氮排放量为 3 174.92 t，其中工业 COD 和氨氮排放量约占全县 COD 和氨氮排放总量的 90% 左右，是水污染防治的重点领域，造纸行业、医药卫材是工业污染防治的重点。随着新乡县经济的发展，城镇人口和畜禽养殖数量不断增加，若按照目前的发展模式和管理水平，预测到 2020 年，COD 排放总量将增加 9 586.41 t，氨氮排放总量将增加 1 810.99 t，

生活和畜禽养殖污染的比重将逐步加大。

四、河道缺乏天然径流量，水质污染严重

新乡县的两条主要河流东孟姜女河和西孟姜女河，是其主要的纳污河流，尤其是东孟姜女河，一直承纳着全县 50%以上的污染源。但河道缺乏天然径流量，主要为污染源排放废水，且工业废水排放标准远远大于河流水质标准，断面达标难度很大，各主要河流出境断面水质类别均为劣Ⅴ类。河流基本上没有自净能力，无法保证河道的最小环境容量，部分河道成为事实上的排污渠，部分水体丧失使用价值，从而减少了可利用的水资源，加剧了水资源供需矛盾。

五、尚未建立统一高效的水资源与水环境管理体制

目前新乡县的涉水管理部门包括环保局、水利局、农业局和建设局，尽管新乡县现有的涉水管理机构在分工合作以及相互协调方面已经取得一定成效，但是尚未建立统一高效的水管理体制。现行的涉水规划主要是由水利局、环保局分别根据各自的职能范围制定的，存在规划重叠和矛盾问题。由于协调机制不完善，信息共享机制的缺乏，以及缺乏水资源与水环境综合管理法规体系，目前存在多部门管理协调不足，多部门分头、分段、分块管理，虽有分工，也难免出现工作交叉、政出多门等问题。

六、执法队伍能力薄弱

近年来，国家和地方出台了若干水资源与水环境的管理法规，但缺乏配套实施办法。有法不依，执法不严，执法队伍素质偏低仍然是管理中亟待解决的问题。

第二章　规划目标

一、指导思想

按照以人为本、全面协调可持续的科学发展观，统筹城乡经济协调发展的战略思想和实现水资源与水环境综合管理的要求，从改革水管理体制入手，加强各部门之间的合作，以知识管理（KM）工具和遥感监测（ET）技术作为技术支撑，制定出既符合实际，又符合时代要求的规划成果，实现水资源与水环境一体化管理。同时，采用先进的技术和方法，以节约水资源和改善水环境质量为根本出发点，通过各种工程和非工程措施，逐步提高新乡县水资源利用效率和水环境承载能力，有效地缓解水资源短缺的危机，从而改善生态环境，促进社会、经济和环境的可持续发展。

二、规划期限

基准年：2004 年。
规划第一阶段：2010 年以前。
规划第二阶段：2011—2015 年。

规划第三阶段：2016—2020 年。

三、规划目标指标

逐步建立起水资源与水环境综合管理体系与机制，减少新乡县污染物排放总量和蒸腾蒸发量（ET），保障河道生态流量，实现水资源与水环境的统一管理，不断改善地表水水质，以水资源可持续利用和良好的水环境促进新乡县经济和社会的可持续发展。具体规划指标如下：

——开发新乡县水资源与水环境综合管理信息系统。借助 Microsoft Office Access 管理数据，运用 C#语言，嵌入 GIS、SWAT 等功能组件，加载 DEM、土地利用图、土壤图、气象、水文、农业管理、用水管理及污染物等信息，建立了水资源与水环境综合管理的基础平台和联合管理的数据共享协调机制。开发简化的 SWAT 水量水质综合模型，进行水量水质联合评价，并嵌入到 KM 系统当中。

——主要污染物排放总量持续削减。到 2010 年，实现全县污染物入河量比 2004 年降低 10%以上；2015 年实现全县污染物入河量比 2004 年降低 15%以上；2020 年实现全县污染物入河量比 2004 年降低 20%以上。

——不断改善河流水质。到 2010 年东孟姜女河、西孟姜女河出境断面 COD 浓度控制到 65 mg/L，氨氮浓度控制到 2 mg/L；2015 年东孟姜女河、西孟姜女河出境断面 COD 浓度控制到 50 mg/L，氨氮浓度控制到 2 mg/L；2020 年，使东孟姜女河、西孟姜女河基本恢复生态功能，达到功能区水质标准 COD 浓度控制到 40 mg/L，氨氮浓度控制到 2 mg/L。

——不断降低水资源蒸腾蒸发量（ET）。以目标 ET 为控制指标，到 2010 年，ET 值比 2004 年降低 10%；到 2015 年，ET 值比 2004 年降低 15%；2020 年 ET 值满足天然与人工可补给水量水平，逐步实现耗水平衡。

——逐步减少地下水超采。到 2010 年漏斗区面积不再扩大，实现地下水超采量比 2004 年减少 10%；2015 年实现地下水超采量比 2004 年减少 15%的目标；2020 年力争实现零超采，使地下水位恢复到最佳状态。

专栏 1　新乡县 IWEMP 各规划水平年规划目标

分类	序号	指标名称	2010 年规划目标	2015 年规划目标	2020 年规划目标
水质目标	1	东孟姜女河出境断面水质	COD 65 mg/L 氨氮 2 mg/L	COD 50 mg/L 氨氮 2 mg/L	COD 40 mg/L 氨氮 2 mg/L
	2	西孟姜女河出境断面水质	COD 65 mg/L 氨氮 2 mg/L	COD 50 mg/L 氨氮 2 mg/L	COD 40 mg/L 氨氮 2 mg/L
污染物总量控制目标	3	COD 入河排放总量	8 958.45 t/a	7 992.21 t/a	6 281.69 t/a
	4	氨氮入河排放总量	847.03 t/a	591.98 t/a	563.45 t/a
ET 目标	5	目标 ET	694.87 mm	656.80 mm	586.95 mm
地下水超采目标	6	地下水超采量	削减 10%	削减 15%	实现零超采

第三章　规划主要任务

一、工业企业节水和污染控制方案

根据对新乡县现状年重点工业主要污染行业污染物排放情况的分析，规划水平年主要以造纸、医药卫材和化学化工等行业为重点，通过严格执行国家和地方的新标准，促使各重点行业加大污染深度治理和工艺改造力度，提高行业污染治理技术水平。严格限制新建造纸、医药卫材、化学化工等项目，推进重点行业清洁生产，有效降低污染物排放强度。

（一）推进新建企业入园建设

认真贯彻省委、省政府有关推进产业集聚区建设的有关要求，积极推进新乡经济技术产业集聚区和工业园区的建设，争取 80% 的新建企业入驻产业集聚区和专业园区。遵循"总量控制、动态管理、优进劣汰"的原则，切实加强产业集聚区和工业园区的环境保护，严格节能环保准入门槛，关闭淘汰落后工艺技术装备和环保不达标企业，促使园区资源合理利用，形成多级循环、梯级利用的水循环体系。

（二）调整产业结构

在严格执行国家相关产业政策的基础上，结合新乡县实际，制定各重点行业的落后产能淘汰目录和指导意见，对主要削减污染物排放量较大的造纸、医药卫材和化学化工等重点行业，通过实施结构调整。加强建设项目的水资源论证和取水管理，限制高耗水项目；对符合国家产业政策，但在生产过程中耗水量较高、万元产值取水量较大的产品，列入限制发展的目录，规定其耗水指标必须达到规定的节水定额要求；对既不符合国家产业政策，又在生产过程中耗水量较高、万元产值取水量较人的产品，列入禁止发展的目录，强行关闭，鼓励发展低耗水、高收益的产业。逐步淘汰耗水大、技术落后的工艺设备。

（三）推行清洁生产，控制用水定额，加强废水深度治理

贯彻落实国家发展循环经济、推行清洁生产的政策和措施，严格执行国家清洁生产技术要求，把清洁生产审核作为环保审批、验收、核算污染物减排量的重要因素，进一步提升清洁生产水平。加强造纸、医药卫材、化学化工和化纤纺织等重点行业的清洁生产审核，严格执行国家和地方的新标准，拟定行业用水定额和节水标准，执行取水许可证和排污许可证制度，促进企业技术升级、工艺改革，设备更新，逐步淘汰耗水大、污染物产生量大、技术落后的工艺设备，促使各重点行业工艺改造力度和加大污染深度治理，提高行业节水和污染治理技术水平，有效降低单位产品的用水量、污水排放量和污染物排放强度。大型企业要加强企业内部用水管理，实行目标管理和考核制度，建立和完善企业各部门计量体系，不断提高水的重复利用率。到 2020 年实现工业增加值万元用水量降至 $15~m^3$，工业用水的重复利用率达到 91%。

（四）重点行业节水和污染控制要求

造纸行业：2010 年前关闭以废纸为原料的年产 1 万 t 以下的造纸生产线、半化学浆生产线以及年生产能力 5 万 t 以下禾草类制浆企业及废纸造纸企业，逐步减少麦草制浆规模，扩大木浆、商品浆、废纸浆比例。积极推行清洁生产审计，80% 的造纸企业要达到相关清洁生产审核二级水平，工业用水重复利用率为 80%～85%。2015 年前，制浆造纸企业都要完善废水生化处理设施，配套建设相应碱回收工程、中段水处理工程和废水深度处理工程，污染物排放稳定达到国家或地方新的行业排放标准要求。要重点推广原料洗涤水循环使用系统，推广应用制浆封闭筛选、无氯漂白、中浓造作工艺、纸机白水回用、生化处理后污水回用等技术，以及超效浅层气浮白水回收、多圆盘白水回收等技术和工艺，淘汰落后生产工艺和装备。无碱回收的制浆造纸企业要限期建设碱回收，黑液提取率达到 90% 以上，完善中段水生化处理工艺，确保企业稳定达到国家或地方新的行业排放标准要求。进一步加大中水回用力度，采用循环供水工艺提高低浓度废水循环利用率，从源头上减少污染物的排放，保证 90% 的造纸企业达到相关清洁生产审核二级水平，工业用水重复利用率为 85%～90%。2020 年前，重点推进以新亚、龙泉、鸿达等骨干企业为主的造纸行业重组。大力发展造纸行业循环经济，延伸造纸产业链，构建多功能综合性链条产业基地。利用"动态平衡短流程"、"动态零排放造纸废水处理技术"等清洁生产技术，改进现有工艺，应用"分段式提取纤维制浆"等新工艺，保证所有造纸企业达到清洁生产一级水平，工业用水重复利用率为 90%～95%。

医药卫材行业：2010 年前，进一步探索污染治理新技术，提高治污设施管理水平，用成熟的污染治理技术和高水平的管理，进一步降低污染排放负荷。重点发展和推广循环用水系统和药剂、高效冷却节水技术等节水工艺技术，提高水的重复利用，工业用水重复利用率为 60%～70%。2015 年前，要按照国家产业结构调整要求，淘汰"三废"治理不能达到国家标准的原料药生产装置。提高清洁生产水平，从源头上控制污染的产生与排放，在企业内部充分实现中水回用，提高过程中处理水（如冷凝水等）的回用率等，工业用水重复利用率为 70%～80%。2020 年前，重点发展现代中药工业，加速中药技术成果产业化，积极发展化学和生物制药，大力推行药品生产质量管理规范（GMP），提升新乡县医药工业的技术水平；结合医药产业大力发展医药包装、医疗器械等配套产业。进一步探索污染治理新技术，提高治污设施管理水平，用成熟的污染治理技术和高水平的管理，进一步降低污染排放负荷，工业用水重复利用率为 80%～90%。

化学化工行业：2010 年前，化工行业需立足现有企业的技术改造，抓好现有化工产品的结构调整，开发高附加值的精细化工产品，发展下游系列产品，延伸产业链，不断提升市场竞争力，积极采用先进的清洁生产工艺，开展生产装置清洁生产审计，实施节水减污的清洁生产方案，工业用水重复利用率为 80%～85%。2015 年前，氮肥行业加大结构调整力度，规范环境管理，以心连心化肥为主的化工企业实施行业重组，实现规模扩张。加快技术升级步伐，重点提高粮食化工加工水平，提升合成材料技术层次，调优农药和化肥品种结构，拓展新型精细化工产品领域。实施污水单独收集、输送和分类分质处理，特殊水质的高浓度污水（含硫污水、含碱污水等）有独立的排水系统和预处理设施，开展污水回用，工业用水重复利用率为 85%～90%。2020 年前，加快推进超低废水排放技术，实现化工行业 COD 控制 50 mg/L 以下。延伸上下游产业链，重点开发精细化工产品，形成精细化工产业优势。实施废水深度治理及开展清洁生产，鼓励中水回用和废水综合利用。实现所有企业、新建项目的废水排放量下降到 10 m^3/t，工业用水重复利用率为 90%～95%。

化纤纺织业：2010 年底前，新乡县新建毛制品企业要开展深度治理；对主要河流两岸投产运营的印染生产企业通过搬迁、转产等方式逐步退出；毛制品制造开展清洁生产及深度治理。对骨干纺织企业实施重组，提升产业集中度和整体竞争力，利用新技术、优质原料进一步提高产品的附加值；新乡县新建毛制品企业要开展清洁生产，工业用水重复利用率为 70%～75%；2015 年前，所有棉、化纤印染精加工，毛染整精加工企业要进行深度治理。推动企业开展能源梯级使用、水分质利用；大力推广蒸汽冷凝水回收成套技术和工艺串联用水节水技术，实施生产废水的集中深度处理和再生水回用，努力实现废水"零排放"；棉、化纤印染精加工，毛染整精加工企业要加强清洁生产，工业用水重复利用率为 80%～85%；2020 年前，鼓励所有化纤纺织类企业开展清洁生产，争取达到国家先进水平，工业用水重复利用率为 85%～90%。

其他行业：关闭不符合产业政策的玻璃、水泥生产线；鼓励泰隆制版纤维板制造废水深度处理回用；皮革、毛皮、羽毛及其制品业不符合产业政策的给予关闭；保留企业进行深度治理。

二、城镇生活节水和污染控制方案

（一）改造供水管网，提高城镇水资源利用率

合理规划和科学管理供水管网建设，建立健全合理的供水运行模式，使供水流量，水压在合理的范围内，既能保障城市发展和人民生活的需要，又能保证供水管网的合理，安全运行。抓好管道工程安装质量，严格安装规范，做好管道基础的处理以及全程质量监理。做好管道试水试压工作，严格按验收规范进行，认真做好管道施工竣工图绘制，及时归档备案，以便管网维修管理。成立专业的测漏队，配备先进的探测设备，充实相应的技术人才。加强管网维修工作，调查地下管网的位置、管材、管径、消防栓和闸阀的位置等信息，当发生跑水漏水情况时，能及时找到跑漏点，及时发现及时抢修，提高维修及时率。加快老城区供水管网改造，根据城市建设发展制定供水管网改造方案，对于经常发生爆管漏水的管段和年代已久的老化管网，尽快实施改造。

（二）普及推广节水器具

结合节水器具市场准入制度建设，禁止使用国家明令淘汰的用水器具，大力普及推广住宅和公共节水便器、流量控制淋浴器、节水龙头出流调节器、小水量两挡冲洗水箱、节水型洗衣机等节水器具，使城镇耗水率降为 12%，农村生活耗水率降为 50%，2015 年全县节水器具普及率达到 75% 以上，2020 年全县基本普及节水型用水器具。

（三）实施用水定额管理

对新乡县各乡镇的城镇及农村生活用水实施定额管理，按照各乡镇生活用水定额控制生活用水过程中每个环节的耗水量。2015年城镇和农村用水户全部安置水表，加大生活用水的监督检测力度，通过控制规划年的生活用水定额和用水量从而减少生活用水中产生的无效损耗。同时在保障居民生活的情况下，通过制定阶梯式水价以及其他强制措施惩罚节水意识差的用户，加强居民节水意识，通过这些措施，可节水3%～10%。

（四）新建污水处理设施和现有设施的升级改造

为满足新乡县工业废水和生活污水处理需求，削减工业和城镇生活污染，降低对水体特别是东、西孟姜女河水体的污染负荷，在工业或生活污染负荷较大且未建设污水处理厂的区域新建污水处理厂，使污水得到有效的处理，进一步削减污染物排放量。同时，要严格污水处理厂监管，加强处理系统的运行管理和维护，所有污水处理厂必须安装在线监测装置，确保达标排放。加快现有污水处理厂升级改造、设备更新，包括二级处理脱氮除磷改造及二级处理升级为一级处理，2010年前对现有低于一级A排放标准的小尚庄污水处理厂进行升级改造。在产业集聚区和重点人口大镇，新建设3座污水处理设施，新增污水处理能力9万t/d。确保新乡县城镇生活污水处理率在2010年前达到80%，2015年前达到90%，2020年达到生活污水处理率100%。

（五）完善污水管网系统

进一步完善新乡县生活及工业污水处理厂的收水管网，扩大收水范围，提高收水率和处理率。优先建设配套管网，着力解决管网建设滞后的问题。坚持"厂网并举，管网先行"，合理确定城镇排水制度和污水处理规模的前提下，加强对配套管网的规划和建设，推进雨污分流系统的改造和完善，加快建设进度，到2015年末完善配套管网21 km，确保污水处理厂收水范围内的生活污水全部截流进入污水处理厂处理，能进污水处理厂的工业废水在企业治理达到相应行业或者综合排放标准要求后进入污水处理厂进行进一步深度治理。2010年收水范围覆盖面积达到90%以上，2015年收水范围覆盖面积达到95%以上，2020年收水范围覆盖面积达到100%。

（六）加大中水回用力度

要加大城镇生活污水处理，雨水利用和中水回用力度，特别是在学校学生住宅要大力推广再生水回用，经过中水管网处理后的中水可广泛用于景观用水、城市绿化、居民冲厕、道路卫生、汽车冲洗、企业设备冷却用水及施工用水等领域。逐步实现城乡水务统一管理，资源统一管理、综合利用，努力建成蓄水、供水、用水、节水、排水、清污、回用的城市节水型供用水体系。新乡市贾屯污水处理厂回用工程设计处理规模为8万t/d，设计出水水质为《城镇污水处理厂污染物排放标准》一级A标准[COD 50 mg/L，NH$_3$-N 5（8）mg/L]，2015年，力争污水处理厂再生水回用率达到20%以上。

三、畜禽养殖节水和污染控制方案

（一）科学规划，合理布局

做好畜禽养殖污染防治规划，合理确定畜禽养殖规模，科学划定畜禽禁养区、限养区和养殖区，改变人畜混居现象，改善农民生活环境。以综合利用优先为原则，引导养殖业适度规模、集中发展、种养结合。鼓励建设养殖小区，通过发展大型沼气、生产有机肥和无害化粪便还田等措施，重点治理规模化畜禽养殖污染，实现养殖废弃物的减量化、资源化和无害化。

（二）努力实现清洁和规范化养殖

大力推行清洁养殖，推广干清粪工艺，科学合理地采用饲料配方和饲养管理技术。采用的饲料要具有消化率高、增重快、排泄少、污染轻、无公害的特点。添加酶制剂、益生素等代谢调节剂，提高饲料的利用率；使用非淀粉多糖和除臭剂，减少动物粪便臭味的产生。采用干清粪工艺，实现"干湿分离"。减少污染源的处理数量和难度，实现干粪和污水的各自处理利用，干粪堆制成有机肥，污水经处理达标后还田或排放。建立规范化养殖场，使雨污分离、母仔分离、隔离圈舍设在下风方向，远离健康畜舍，充分满足了牲畜的生长和生产需求。

（三）加强畜禽养殖环境管理

按照《关于加强规模化畜禽养殖污染防治工作的意见》和《河南省水污染防治条例》等有关规定，督促禁养区内的规模化畜禽养殖场搬迁；将规模化养殖场纳入建设项目环境管理，必须严格执行环境影响评价和"三同时"制度，对不能达标排放的规模化畜禽养殖场实行限期治理等措施，达到国家规定规模的畜禽养殖场、养殖小区必须按照有关规定申领排污许可证。要与农业、畜牧部门密切配合，不断提高规模化畜禽养殖场排泄物治理和资源化利用水平。鼓励养殖小区、养殖专业户和散养户污染物统一收集和治理，完善雨污分离污水收集系统，推广干清粪工艺，实施规模化畜禽养殖场有机肥、沼气生产利用，禁止废水直接向水体排放。到2010年，50%以上的规模化畜禽养殖场和养殖小区配套完善固体废物和污水贮存处理设施，并正常运行；使粪便沼气处理率不小于80%；到2015年，80%以上以上的规模化畜禽养殖场和养殖小区配套完善固体废物和污水贮存处理设施，并正常运行；到2020年，100%规模化畜禽养殖场和养殖小区配套完善的固体废物和污水处理设置。

四、农业灌溉节水方案

（一）优化农业结构

在种植业方面，全县要逐步压缩耗水量大的水稻和产出效益较低的小麦、玉米的种植面积，增加高效益经济作物、新节水品种以及耗水量小的旱作物。

（二）制定科学的灌溉制度，实施定额管理

根据新乡县作物的需水规律和当地气候条件，将有限的灌溉水量在灌区内及作物生育期内进行优化分配，制定科学的灌溉制度并严格执行；利用信息监测站对土壤墒情和气象的预报，加强农业用水预报。在保证产量和产值的基础上，尽量减少农业用水的低效或无效 ET，提高农业总体节水水平。

对新乡县各乡镇农业用水实施定额计量管理，控制农业用水过程中每个环节的耗水量。灌溉制度采取非充分灌溉下的灌溉制度，即在灌水次数不变的情况下，2010 年将现状灌溉定额减少 10%，2015 年和 2020 年减少 20%。此外，对于农业用水的监测盲点增设监控点，实时计量，保证定额管理的有效实施。

（三）大力发展节水灌溉新技术

新乡县节水灌溉规划的总体布局建立在符合全县各乡镇实际的基础上，根据全县各乡镇水资源可承载能力确定不同时期的水资源利用量，并通过对规划区水源和作物栽培情况以及农业经济发展水平的调研，逐步建设各县镇相应的农业节水水利工程。对于农业节水的重点乡镇首先进行灌区的节水改造，扩大节水工程控制面积，因地制宜发展灌溉新技术，改善现有输配水方式，提高灌溉水利用效率，减少无效损耗。其中，灌溉新技术主要包括喷灌、滴灌、微灌等；输水方式要大力发展低压管道输水和防渗明渠灌溉。具体措施有：

新乡县节水工程型式渠道防渗为主，井灌以低压管道为主，辅以半固定式移动式喷灌。通过渠井结合灌溉，综合利用地表水和地下水，合理控制降低地下水位，配合其他农业措施，改良土壤。计划在该区内实施：2010 年新增防渗面积 0.8 万亩，2015 年新增低压管道面积 2.4 万亩；2020 年新增低压管道面积 5.4 万亩，喷灌面积 0.2 万亩。

五、河道综合整治方案

（一）开展县域内河流的综合整治

重点为东、西孟姜女河，人民胜利渠和共产主义渠的河道综合整治，主要措施为实施底泥清淤和水生态的修复，保证县区内无劣 V 类水体和黑臭现象。

（二）规范沿河排污口整治

开展东、西孟姜女河排污口的调查工作。对东、西孟姜女河工业废水，能够纳入污水处理厂处理的，一律纳入污水处理厂进行处理。对不能收入集中污水处理厂进行处理的化肥、造纸等重点企业，要规范其入河排污口，确保入河排污口水质浓度达标。加强农业灌溉期间的农灌退水排污口的规范和整治，减少农灌退水对水质的影响。

（三）生态引水工程

建设东孟姜女河、西孟姜女河两条排污河加湿地、农田马蹄形湿地等多种人工湿地，使之成为新乡县"绿肾"，强化新乡县生态调节功能，同时每年适量引入黄河生态水，改

善东、西孟姜女河水体生态指标，恢复一定的生态自净能力。结合该地区的水功能和水系等情况，设计东孟姜女河生态补水 9.73 万 m³/d，西孟姜女河生态补水 1.08 万 m³/d。

六、减少地下水开采方案

（一）严格划分地下水开采区

根据新乡县具体乡镇的地下水开采程度不同，将新乡县划分为地下水禁采区、限采区和适当限采区，不同规划区采取不同管理措施。禁采区（七里营镇，朗公庙镇等部分区域）严禁以各种形式开采地下水，必须封停现有超采机井；限采区在南水北调通水前，逐渐减少地下水开采量，减少地下取水工程修建，水源解决后，封停部分地下水井；适当限采区有限度地开采地下水，保证地下水采补平衡。

（二）开发利用咸水微咸水

为控制地下水超采，实现采补平衡，确保地下水资源的可持续利用，鼓励各行业发展新水源。新乡县的咸水区主要分布在合河乡、大召营镇和翟坡镇，其中合河乡有 5.6 km²，大召营镇有 18.5 km²，翟坡镇有 7.45 km²。结合新乡县未来水平年的需水情况，本次规划将地下水中未被充分利用的咸水微咸水作为新水源参与到水资源分配中，由于其特定的水质条件，主要将咸水微咸水用于补充农业灌溉用水或生态景观用水。

（三）新建当地地表水蓄水工程

为改善新乡县水利条件，有效提高地下水补给，促进农业经济和生态环境发展，拟修建七里营镇龙泉村、新乡经济开发区大兴村、新乡县心连心有限公司小河村、合河乡行洪区 4 座水库，工程共形成水库面积 652 万 m²，库容 1 859 万 m³，占地 0.98 万亩，2011 年开始实施其工程。

（四）开发非常规水源

作为重度资源型缺水地区，新乡县应着力开发利用再生水等非常规水源是提高水资源承载能力、实现水资源可持续发展的必要保障。新乡县非常规水源主要有污水处理厂再生水、雨水及咸水微咸水，其中咸水微咸水为地下水。

雨水的水利工程如下：规划期间在新乡县的北部和东北部的合河乡、大召营镇和古固寨等地势上略高的乡镇发展微型集蓄水工程 200 个左右，并配备相应的滴灌设备，改善农田灌溉条件和部分生态用水。另外，在条件较好工业企业进行雨水收集利用试点，2020 年在有条件的企业和小区全面实现雨水收集利用。

七、能力建设管理方案

（一）建立水资源与水环境综合管理监测体系

水资源与水环境综合管理监测体系主要从取水监测、用水监测、ET 监测及水质监测四个方面对水资源和水环境检测，并对监测结果进行评估，评估新乡县 IWEMP 建设的成效。

取水监测包括对引黄水及将来的南水北调引水工程要完善各乡镇取水闸口的监测、所有机井取水量的监测等；用水监测主要为完善新乡县各企事业单位、公共用水单位及城乡居民的生产、生活用水计量监测，实现"一户一表"制；ET 监测主要为完善遥感监测站的建设，对 ET 实施连续、实时监测，通过水量平衡计算和水文模型模拟计算的验证，以保证监测 ET 的准确性；水质监测主要为加强各排污河主要排污口的水质监测、完善东、西孟姜女河流断面水质自动检测、加强对牛屯村、关堤桥、秦村营桥、唐庄闸的水质自动监测。

（二）建立水资源与水环境综合管理评价体系

新乡县水资源与水环境综合管理规划是动态规划，IWEMP 建设是一个动态性的建设活动。因此，应当对监测结果进行评估，评估新乡县 IWEMP 建设的成效。

评价体系主要是分析规划实施后所能带来的污染物削减效益，水质、水量改善效益等，确定行动效益的优先性；了解示范项目所需要的技术是否成熟，建设项目所需要的建设费用和运行费用是否符合新乡县经济发展现状，由此评价行动的技术经济优先性；调查 IWEMP 指导委员会对行动计划的态度，了解示范项目能否得到强有力的支持，确定项目在保障方面的优先性。

（三）信息服务平台建设

加强信息服务平台建设，充分利用 KM 系统，建立共享数据库，使新乡县主要涉水部门的信息中心通过网络平台互联互通，建立业务协作关系。应用 KM 管理工具，对新乡县进行水质和水量的高效管理。包括土地管理单元、农作物类型和种植方式、非农业区域（如城区、工业区等）、地表水（包括河流、水库、引水点等）、地下水（包括含水层、水文地质条件、地下水管理单元、水井等）、污染区（包括点源污染、面源污染、污染程度分级系统）等信息的共享，计算机模型、地理信息系统（GIS）、遥感监测 ET 管理、取水和污水排放许可、排污监督活动的跟踪，同时包括违反排污条例及其处理措施和对违反行为的处罚以及罚金的收取。

（四）完善水资源水环境综合管理政策管理体系

全面贯彻基于 ET 的水资源管理理念，将控制 ET 量与取水结合起来，形成以 ET 为基础的取水许可制度；建立"总量控制、定额管理"的水权分配的方针，在水权分配水量内节余水量可以互相交易，节余水量用户与超用水量的用户进行水量交易。但交易必须在用水者协会监控和调控下进行，交易金额按用水者协会制定交易价格执行。

制定阶梯水价，实施用水计量，针对不同部门制定不同等级的水价，实行定额用水管理，用水单位按批准的用水量用水，超计划用水量 50%以内的，超过部分按基本价的两倍收费；超计划用水量一倍及以上的，超过部分按基本价加三倍收费；从对具体排污口排污量的控制出发，责任到具体的企业排放量的控制，实现排污总量控制目标，保证新乡县河流生态环境的恶化程度减轻。

八、公众参与机制建设方案

（一）社区驱动发展（CDD）机制建设

CDD 是一种发展模式，强调一种"自下而上"的方法减轻贫困和发展干预当地的社区参与项目的设计、融资、实施、管理和监测评价的所有方面。在本项目的准备过程引入 CDD 的初始目标是降低 ET 值和加强地下水的管理。

根据新乡县水权管理与打井许可等相关规范，可实行 CDD 试点，而后推广 CDD 试点的主要内容为：①分析新乡县内水危机状况、地方经济状况、人口统计信息以及其他的社会规章和环境政策；确认公众参与者及其在项目活动中的行为和扮演的角色。②开展 CDD 的机构能力建设，确定公共参与者提供的适宜环境，制定社区及技术训练框架。③通过可参与的农村评估（PRA）得到的社区居民的主动性和参与性。④采用"自下而上"的方法，制定与水资源管理相结合的社区/村庄（或者选定的城镇）的经济发展计划。⑤建立 CDD 参与的监测评估机制。

（二）推广农民用水者协会

用水者协会（WUA）是农民自己的组织，负责及时组织用水户进行农业灌溉协调各种用水矛盾等事务。引导农民自主参加用水者协会，可使广大农民用水者参与灌溉管理、实行按方收费、负责田间工程的运行管理与维护，树立农民对资源管理的主人翁意识。

新乡县用水协会推广具体包括：①搞好试点。可在用水者协会的统管下，下设 WUA 小组，负责管电、机井、管道和项目区的统一灌溉，统一机耕，统一机播，统一工程的运行维护和统一核定水价计收水费，制订村庄的《用水公约》，可对改变农民的用水观念和节水起到重要作用。②农民参与监测评价。推广由农民技术员进行地下水位、降雨、投入产出和部分土壤含水量的取样和监测，让农民逐步了解地下水的动态变化规律，能根据监测资料自行绘制年内地下水变化曲线图。③不断推广示范区已有村用水者协会的经验和做法。推广示范区农民用水者协会的做法，通过会议、现场参观和培训，不断向项目区和全县推广，为节水打下了广泛的群众参与基础。④积极推广标准较高的村级用水者协会，把灌溉管理交给用水者协会统管，并迅速落实组织、办公室和各种规章制度。各村用水者协会在县、乡（镇）项目办的带动下，在项目设计、施工和运行管理中发挥积极作用。

第四章　重点工程项目及示范工程

一、重点工程项目

为了全面完成各项规划指标，顺利实现新乡 IWEMP 规划任务，确定规划项目 37 个，总投资约 96 181.2 万元，其中申请上级财政 27 041.6 万元，地方政府投资 13 098.6 万元，社会和企业自筹 56 041 万元。重点投资项目有工业节水与污染防治工程、生活节水与污染防治工程、农业节水与污染控制工程、畜禽养殖节水与污染防治工程、河道综合整治工程、减少地下水开采工程、能力建设工程项目等。其中，工业节水与污染防治工程项目 12 个，总投资共 45 633 万元；生活节水与污染防治工程项目 9 个，总投资共 13 991 万元；农业节水与污染控制工程项目 1 个，总投资共 720 万元；畜禽养殖节水与污染防治工程项目 1 个，总投资共 500 万元；河道综合整治工程项目 3 个，总投资共 15 109.2 万元；减少地下水开采工程项目 5 个，总投资共 18 128 万元；能力建设工程项目 6 个，投资共 2 100 万元。规划项目投资汇总详见附表四。

2010 年前完成的项目共 20 个，总投资约 11 959.6 万元，其中申请上级财政 11 909.6 万元，地方政府投资 50 万元。

2015 年前完成的项目共 14 个，总投资约 24 547.6 万元，其中申请上级财政 15 132 万元，地方政府投资 4 487.6 万元，社会和企业自筹 4 928 万元。

2020 年前完成的规划项目共 3 个，总投资约 59 674 万元，其中申请地方政府投资 8 561 万元，社会和企业自筹 51 113 万元。详见附表四。

二、示范工程项目

新乡县水污染防治示范工程项目为河南省龙泉实业集团有限公司造纸企业废水深度治理示范工程项目。

河南省龙泉集团公司的支柱企业——河南省龙泉集团公司造纸总厂是麦草为主要原料，采用碱法制浆、CEH 三段漂白工艺生产各类高（中）档文化用纸的制浆造纸企业。生产文化用纸已有二十多年的历史，目前已发展成为拥有九条不同规格、不同机型造纸生产线和两条制浆生产线，环保设施及其他配套设施齐全，总固定资产 3 亿多元，产品总生产能力超过 9 万 t/年，年产值突破 5 亿元的大中型企业。目前漂白碱法麦草浆实际生产总产量 110～130 t/d，机制纸实际生产总产量 220～240 t/d。

（一）方案设计的基本思路

进一步降低 COD 难度越来越大，为保证达到目标要求，必须充分调研，确保治理效果。经过深度治理后的污水必须能够回用于对生产用水水质要求最高的抄纸工段，也就是说系统出水水质必须达到抄纸工段生产用水水质要求，从根本上取代清水；要充分考虑处理费用；回用率必须保证不低于 40%。

（二）治理标准和要求

治理标准：COD≤120 mg/L，色度 100 倍以下，中水回用 40% 以上。

（三）实施方案

经过多方考察和论证，最终确定采用的治理方案是：①在企业原有环保治理设施的基础上，通过新增水解酸化调节池、脱色车间、脱色沉淀池、人工湿地、浅层气浮等设施设备及配套管线建设来满足深度治理和中水回用的要求；②建成 30 万 t 废纸浆生产线，使废水回用率达 40%。

（四）项目投资汇总

项目总投资包括土建投资、机械、电气设备投资、配套服务费用，其中土建投资 900 万元，机械、电气设备投资 735 万元，配套服务费用 474 万元，共计投资 2 109 万元。

（五）运行效果分析

项目建设前，全厂排放污水总量 23 000 t/d 左右，COD 排放浓度 200～250 mg/L，全天 COD 排放总量 5 000～6 000 kg。BOD 排放浓度 100～120 mg/L，全天 BOD 排放总量 2 500～3 000 kg。SS 排放浓度 120～150 mg/L，全天 SS 排放总量 3 000～3 600 kg。

项目建成后，计划将处理后污水最大限度地回用于制浆造纸生产系统，考虑到生产系统用水量和排水量都存在一定的波动性，预计处理后污水平均回用率应该能达到 80%。暂按处理后污水平均回用率 70% 计算，项目建成后全厂排放污水总量 9 200 t/d。系统运行后排放的污水主要是浅层气浮机后蓄水池溢流水，也有少量为克服水量波动而从浅层气浮机前集水池排出的溢流水。按全部排放水来自于浅层气浮机前集水池排出的溢流水计算，治理后排放水中 COD 排放浓度 120 mg/L，全天 COD 排放总量 900 kg。BOD 排放浓度 60～75 mg/L，全天 BOD 排放总量 450～550 kg。SS 排放浓度 80～100 mg/L，全天 SS 排放总量 600～700 kg。

（六）运行成本

造纸污水深度治理项目运行成本由化学药剂费用、电费、人工工资、机械设备维修费用、固定资产折旧费用及综合管理费用构成。其中化学试剂为 8 500 元/日、电费 4 871.88 元/日、人工工资 800 元/日、固定资产折旧费 3 246.58 元/日、机械设备维修费用按 1 200 元/日、综合管理费用按 500 元/日，总计 19 118.46 元/日。

（七）项目建设

项目由河南省龙泉实业集团有限公司承担，于 2008 年 4 月开工，7 月完工，8 月通过新乡市环保局验收，在新乡市制浆造纸企业中率先实现了废水 COD 排放达到 120 mg/L 的标准，在全县造纸企业废水深度治理探索方面起到了示范表率作用。

（八）综合评定

本项目正常投运后，将使造纸污水中污染物的排放降低 80% 以上，每天将至少节约原生水资源 1.6 万～1.8 万 t。本项目节能减排效果显著，是缓解我国原生水资源危机的有效措施，是急需全力筹建的、行之有效的环保、节能项目。

第五章　保障措施

一、健全制度标准

完善水环境管理制度，建立基于 ET 的取水许可、地下水管理、排污许可、水环境和污水排放监测监督等制度，以便基于 ET 的水资源与水环境综合管理有法可依。修订完善取水、环境和排污等标准，实行取水总量控制，并根据水功能区划，实行排污总量控制，同时分解到各个用水和排污单位，实施河流水量水质跨地区断面达标管理。

二、建立目标责任制

落实新乡县 IWEMP 建设目标责任制，明确重大工程建设和管理的领导分工，列入干部政绩考核范围。建立新乡 IWEMP 建设的激励机制，表彰或奖励贡献突出的单位和个人，追究失职、渎职责任。各部门要把新乡县 IWEMP 建设列入议事日程，纳入本地区、本部门年度计划和中长期发展规划，认真组织，精心实施。建立新乡县 IWEMP 建设的审计制度，确保重大工程的投资效益。

三、完善经济政策

制定和完善各种经济优惠政策，多元化筹集资金，建立稳定的环境保护资金来源渠道，引导、鼓励企业和民众将资金投入到新乡县 IWEMP 建设中来，对有利于 IWEMP 建设并具有良好市场前景的项目，在税收、土地使用权转让、出口退税等方面，给予一定的优惠；对企业进行的技术履行和升级活动，可采取某些灵活的资金筹措措施。

四、建立多元化投入机制

鼓励不同经济成分和各类投资主体，以独资、合资、承包、租赁、拍卖、股份制、股份合作制、BOT 等多种形式参与生态县建设。积极争取国家、市财政的各项建设资金，加大对水资源建设及水环境保护与监测等项目的投资力度。县财政各项基本建设、产业发展资金都要围绕新乡县 IWEMP 建设合理安排使用。拓宽外资利用渠道，积极争取世行、亚行等国际组织以及各国政府贷款、赠款等外资投入。依法完善与之相配套的资金、信贷、土地、税收等优惠政策，为扩大国际交流与合作提供良好的软环境，加快 IWEMP 建设进程。

五、加强公众参与

完善新乡县社会公众参与机制，建立、健全城镇用水者协会、农民用水者协会、农村社区驱动发展（CDD）机制等组织，提高项目区广大人民群众实现自身发展计划的能力，增加其进入社会和生产部门及下属组织机构的途径。加强节水宣传教育，树立公众的水资源稀缺、用水有偿意识。在参与项目管理的同时，扩大人民群众的权利，提高其生活水平、社会地位，为其发展提供新的机会。

六、增强科技支撑

坚持"科学技术是第一生产力",依靠科技进步实现区域经济增长方式的转变。重视发挥人力资本作用,完善用人机制,鼓励高等院校和科研院所积极参与新乡县 IWEMP 建设。放宽政策,创造条件,吸引国内外专业人才,加快培养与引进急需高层次管理人才和科技创新人才。依托高等院校和科研院所围绕水资源管理、水污染防治等领域中的重点、难点问题,进行深入研究,对技术含量高、市场潜力大并可供形成产业化的项目,优先予以发展和扶持。

七、开展动态监测与评估

新乡县水资源与水环境综合管理规划是动态规划,IWEMP 建设是一个动态性的建设活动。因此,应在县环保局内建立 IWEMP 动态监测中心,拨出专款,配备专职人员,各有关部门应配备相关设备与人员。开展监测工作,并对监测结果进行评估,评估新乡县 IWEMP 建设的成效。

附表一 ET 分配结果

新乡县各乡镇规划年 ET 分配结果 单位：mm

乡镇名称	2010 年	2015 年	2020 年
合河乡	584.64	546.58	476.48
大召营镇	584.64	546.58	473.09
翟坡镇	719.77	681.71	610.06
小冀镇	771.43	733.36	685.18
七里营镇	734.94	696.88	632.14
朗公庙镇	713.32	675.26	600.67
古固寨镇	706.34	668.28	590.53
高新区	584.64	546.58	468.82
合计	694.87	656.80	586.95

附表二 污染物排放总量分配结果

规划年各乡镇污染物排放总量分配

乡镇名称	2010 年		2015 年		2020 年	
	COD/（t/a）	氨氮/（t/a）	COD/（t/a）	氨氮/（t/a）	COD/（t/a）	氨氮/（t/a）
七里营镇	7 772.99	883.83	10 893.75	925.19	6 779.94	729.26
高新西区	291.68	82.24	408.79	86.09	254.42	67.86
朗公庙镇	585.94	34.91	821.19	36.55	511.08	28.81
小冀镇	281.19	32.60	394.08	34.12	245.26	26.90
翟坡镇	989.09	100.27	1 386.20	104.96	862.73	82.73
大召营镇	265.17	30.54	371.64	31.96	231.30	25.20
合河乡	96.62	9.33	135.42	9.76	84.28	7.70
古固寨	475.60	30.36	666.55	31.99	414.84	25.21
合计	10 758.30	1 204.29	15 077.62	1 260.65	9 383.85	993.68

附表三 污染物入河总量分配结果

规划年各乡镇污染物入河总量分配

乡镇名称	2010 年		2015 年		2020 年	
	COD/（t/a）	氨氮/（t/a）	COD/（t/a）	氨氮/（t/a）	COD/（t/a）	氨氮/（t/a）
七里营镇	6 858.44	660.49	6 118.70	461.61	4 809.16	439.36
高新西区	208.77	59.73	186.25	41.74	146.39	39.73
朗公庙镇	440.42	15.19	392.92	10.62	308.83	10.11
小冀镇	65.61	5.66	58.54	3.96	46.01	3.77
翟坡镇	867.67	72.86	774.09	50.92	608.42	48.46
大召营镇	81.95	9.29	73.11	6.49	57.46	6.18
合河乡	22.54	1.74	20.11	1.22	15.81	1.16
古固寨	443.62	22.04	395.77	15.40	311.07	14.66
合计	8 958.45	847.03	7 992.21	591.98	6 281.69	563.45

附表四　重点工程项目

重点工程项目投资及建设计划

分类	序号	项目类别	建设内容	投资/万元	责任单位	资金来源/万元			最终完成年限/年
						上级财政	地方财政	自筹、银行贷款	
1 工业节水与污染防治工程	1	工业水污染治理工程	新乡县造纸行业、化工行业、医药行业等重点企业进行废水深度治理，提标改造及回用，开展清洁生产工程，产业结构调整等	44 133	环保局			44 133	2020
	2	工业节水工程	企业节水工程，主要为抓好改造工程，以及强化高耗水行业水、企业节水，强化水的结构调整，医药、化工、印染行业的循环利用和重复利用，提高工业用水重复利用率，降低用水定额	1 000	水利局			1 000	2020
	3	工业节水工程	积极推进工业园区、工业集聚区建设，促使园区资源合理利用多级循环、梯级利用的水循环体系，工业区中水回用率达到50%以上	500	水利局		500		2015
工业节水与污染防治工程小计				45 633			500	45 133	
2 生活节水与污染防治工程	1	城市污水处理工程	新乡县大召营污水处理厂，新乡县小冀镇污水处理厂，古固寨镇祥和新村污水处理厂	8 330	建设局		5 500	2 830	2020
	2	城市污水处理工程	新乡县城区污水管网，小尚庄区污水处理厂	4 661	建设局		2 961	1 700	2020
	3	生活节水工程	供水管网改造工程，加强新乡县节水型城市的创建，城市供水管网漏失率小于8%	500	建设局			500	2015
	4	生活节水工程	推广节水型器具和设备，现有住宅普及率70%以上，新建的建筑全面普及	150	水利局			150	2020
	5	生活节水工程	城市雨水利用工程	300	水利局			300	2015
	6	生活节水工程	节水宣传工程	50	水利局		50		2010

分类	序号	项目类别	建设内容	投资/万元	责任单位	资金来源/万元				最终完成年限/年
						上级财政	地方财政	自筹	银行贷款	
生活节水与污染防治工程小计				13 991			8 511		5 480	
3 农业节水与污染控制工程	1	节水灌溉工程	重点在田间的渠道防渗、低压管道、喷灌和微灌。改造节水灌溉面积1.6万亩，新建节水灌溉面积2.4万亩，修建硬化渠道60 km，埋低压管道128 km	720	农业局	532	88		100	2015
农业节水与污染控制工程小计				720		532	88		100	
4 畜禽养殖节水与污染防治工程	1	规模化畜禽养殖污染治理工程	提高畜禽养殖粪便处理率以及生物质能源工程建设，对现有210家规模化养殖场污水、废渣、恶臭进行治理，实行达标排放	500	畜牧局			500		2020
畜禽养殖节水与污染防治工程小计				500				500		
5 河道综合整治工程	1	河流综合整治工程	防洪除涝工程	3 199.6	水利局		3 199.6			2015
	2	河流综合整治工程	东、西孟姜女河治理改造工程	11 009.6	水利局	11 009.6				2010
	3	河流综合整治工程	人民胜利渠新乡县段生态、景观衬砌项目工程	900	水利局	900				2010
河道综合整治工程小计				15 109.2		11 909.6	3 199.6			
6 减小地下水开采工程	1	地表水利用工程	平原水库建设	14 600	水利局	14 600				2015
	2	地下水利用工程	河南心连心化肥有限公司引黄补源替代地下水工程	3 528	水利局			3 528		2012
减小地下水开采工程小计				18 128		14 600		3 528		
7 能力建设工程	1	管理体系建设工程	水资源与水环境综合管理体系建设，主要包括加强各涉水部门之间的定期沟通与交流，管理队伍建设，管理人员定期培训与交流等	200	环保局和水利局		200			2015
	2	管理体系建设工程	地方相关政策的制定，水资源、水环境相关政策的制定，执法能力建设	100	环保局和水利局		100			2020

分类	序号	项目类别	建设内容	投资/万元	责任单位	资金来源/万元				最终完成年限/年
						上级财政	地方财政	自筹、行政	银行贷款	
	3	制度与科技支撑体系建设	水权制度建设、水价、水费、排污费等制度建设、科技支撑体系建设	200	环保局和水利局		200			2015
	4	公众参与体系建设	组织多形式、多层次的社会公众参与机制，在市区建立用水者协会，在农村建立自主管理灌区和农民用水者协会等组织	300	环保局和水利局		300			2015
	5	监测评价与信息化建设项目	完善取水监测、用水监测、生活用水计量监测、完善重要县界断面的水量监测、ET监测、水质监测、出境及入海断面的水量监测。建设水资源与水环境综合管理中心，监控全县取水、用水、ET及水质变化情况	500	环保局			500		2015
7 能力建设工程	6	信息服务平台建设	加强互联网建设，充分利用 KM 系统，建立共享数据库，使新乡县主要涉水部门的信息中心通过网络平台互联互通，建立业务协作关系	800	环保局		800	800		2020
能力建设工程小计				2 100						
			工程项目合计	96 181.2		27 041.6	13 098.6	56 041	1 300	

参考文献

[1] 沙金霞. ET 技术在水资源与水环境综合管理规划中的应用研究[D]. 河北工程大学，2008.

[2] 周忠生，张纪广，高飞，张红丽，郜书杰. ET 理论与应用[J]. 地下水，2006，28（5）.

[3] 中国 GEF 海河流域水资源与水环境综合管理项目，战略研究 4：海河流域节水和高效用水战略研究. 水利部发展研究中心、农村水利设计研究所，2008.

[4] 罗慈兰，叶水根，李黔湘. SWAT 模型在房山区 ET 的模拟研究[J]. 节水灌溉，2008，10.

[5] 王文生，齐建怀，朱新军，邹洁玉. 海河流域 ET 耗水量分布特征研究[J]. 海河水利，2010，6.

[6] 钟玉秀. 基于 ET 的水权制度探析[J]. 水利发展研究，2007，2.

[7] 汤万龙，钟玉秀，吴涤非，邓丽. 基于 ET 的水资源管理模式探析[J]. 中国农业水利水电，2007，10.

[8] 周祖昊，秦大庸，桑学锋. 基于 ET 的水资源水环境综合规划研究（I）—理论[J]. GEF 项目国际研讨会中文论文集，2009.

[9] 赵瑞霞，李娜. 基于 ET 管理的水资源供耗分析——以河北省临漳县为例[J]. 海河水利，2007，8.

[10] 杨薇，杨志峰，毕小雪. 基于 ET 管理的水资源配置方案研究——以山西省潞城市为例[J]. GEF 项目国际研讨会中文论文集，2009.

[11] 王晓燕，杨翠巧，谷媛媛，朱红玉. 基于 ET 技术的水权分配[J]. 地下水，2008，30（5）.

[12] 雷宏军，潘红卫，徐建新，杨宝中，魏义长. 基于供耗平衡的区域水资源规划实例研究[J]. 水资源与水工程学报，2010，21（4）.

[13] 周祖昊，王浩，秦大庸，桑学锋. 基于广义 ET 的水资源与水环境综合规划研究 I：理论[J]. 水利学报，2009，40（9）.

[14] 桑学锋，周祖昊，秦大庸，陈强. 基于广义 ET 的水资源与水环境综合规划研究 II：模型[J]. 水利学报，2009，40（10）.

[15] 桑学锋，秦大庸，周祖昊，葛怀凤. 基于广义 ET 的水资源与水环境综合规划研究III：应用[J]. 水利学报，2009，40（12）.

[16] 彭致功，刘钰，许迪，王蕾. 基于遥感 ET 数据的区域水资源状况及典型农作物耗水分析[J]. 灌溉排水学报，2008，27（6）.

[17] 蒋云钟，赵红莉，甘治国，胡明罡. 基于蒸腾蒸发量指标的水资源合理配置方法[J]. 水利学报，2008，39（6）.

[18] 李彦东. 控制 ET 是海河流域水资源可持续利用的保障[J]. 海河水利，2007，1.

[19] 雷波. 农业水资源效用评价研究[D]. 中国农业科学研究院，2010.

[20] 北京市水利科学研究所. 北京市平谷区水资源与水环境综合管理规划（IWEMP）. 全球环境基金（GEF）海河流域水资源与水环境综合管理项目，2010，5.

[21] 秦大庸，吕金燕，刘家宏，王明娜. 区域目标 ET 的理论与计算方法[J]. 科学通报，2008，53（19）.

[22] 刘家宏，秦大庸，王明娜. 区域目标 ET 的理论与计算方法：应用实例[J]. 中国科学 E 辑：技术科学，2009，39（2）.

[23] 北京中水科工程总公司. 天津市水资源与水环境综合管理规划制订（征求意见稿）. 中国 GEF 海河流域水资源与水环境综合管理项目，天津市 GEF 水资源与水环境综合管理项目专题，2009，9.

[24] 甘治国，蒋云钟. 以 ET（蒸腾蒸发）为核心理念的水资源配置模型[C]. 中国水利学会第三届青年科技论坛论文集.

[25] 梁建义，李永根. 引进 GEF 先进理念提高水资源管理水平[J]. 河北水利，2004，12.

[26] 魏怀斌. 基于 SWAT 模型的天津市水资源评价[D]. 华北水利水电学院，2008，4.

[27] 刘晋. SWAT 分布式水文模型的应用及与新安江模型的对比研究[D]. 河海大学，2008.

[28] 郑捷. SWAT 模型的改进及在平原灌区的应用研究[D]. 中国农业大学，2009.

[29] 丁飞. SWAT 模型小尺度流域模拟的适宜性研究——以淮河上游迎河小流域为例[D]. 南京农业大学，2007.

[30] 康杰伟. SWAT 模型运行结构及文件系统研究[D]. 南京师范大学，2008.

[31] 代俊峰. SWAT 模型在赣东北红壤丘岗区林草系统水量平衡研究中的应用[D]. 华中农业大学，2004.

[32] 贺维. SWAT 模型在晋西黄土区小流域中的应用研究[D]. 北京林业大学，2007.

[33] 原杰辉. SWAT 模型在农业非点源污染研究中的应用[D]. 吉林大学，2009.

[34] 庞靖鹏. 非点源污染分布式模拟——以密云水库水源地保护为例[D]. 北京师范大学，2007.

[35] 刘彬. 河北省临漳县水资源与水环境开发利用与保护研究[D]. 河北工程大学，2007.

[36] 田旭. 基于 ArcSWAT 的松华坝水源保护区流域模拟及农业非点源污染控制[D]. 昆明理工大学，2008.

[37] 王培. 基于 GIS 的 SWAT 模型在农业面源污染模拟中的应用[D]. 安徽农业大学，2008.

[38] 朱琴. 基于 SWAT 模型的北京市房山区 ET 及水质模拟[D]. 中国农业大学，2009.

[39] 秦福来. 基于 SWAT 模型的非点源污染模拟研究——以密云水库北部流域为例[D]. 首都师范大学，2006.

[40] 王林. 基于 SWAT 模型的晋江流域产流产沙模拟[D]. 福建师范大学，2008.

[41] 潘杰. 基于 SWAT 模型的辽西走廊海岸带无观测流域地表径流模拟[D]. 吉林大学，2008.

[42] 陈腊娇. 基于 SWAT 模型的土地利用——覆被变化产流产沙效应模拟[D]. 浙江师范大学，2006.

[43] 孔凡哲. 基于数字化平台的分布式流域水文模型和流域汇流研究[D]. 河海大学，2003.

[44] 王鹏. 基于数字流域系统的平原河网区非点源污染模型研究与应用[D]. 河海大学，2006.

[45] 张明旭. 晋江西溪流域降雨径流的 SWAT 模型模拟[D]. 福建师范大学，2007.

[46] 王晓云. 流域土地利用变化对径流影响问题的研究[D]. 天津大学，2008.

[47] 侯志强. 内蒙古核桃灌区水文循环特征与模拟研究[D]. 中国农业大学，2009.

[48] 万超. 潘家口水库上游流域面源污染的模拟研究[D]. 清华大学，2002.

[49] 金树权. 水库水源地水质模拟预测与不确定性分析[D]. 浙江大学，2008.

[50] 刘健. 渭河流域非点源氮污染分布式模拟研究[D]. 西安理工大学，2008.

[51] 王素芬. 杂木河出山径流对变化环境响应的研究[D]. 中国农业大学，2008.

[52] 刘铭环. 竹竿河流域非点源污染研究[D]. 清华大学，2005.

[53] 成结. 成都市双流县水污染防治规划研究[D]. 四川大学，2005.

[54] 赵雁冰. 广元市嘉陵江流域水污染防治规划研究[D]. 西南交通大学，2007.

[55] 沈林玲. 海安县淮河流域水污染现状及防治对策[D]. 南京农业大学，2005.

[56] 张尚义. 湖州苕溪流域水环境质量分析与规划[D]. 重庆大学，2005.

[57] 周静，杨桂山. 江苏省工业废水排放与经济增长的动态关系[J]. 地理研究，2007，26（5）.

[58] 朱国宇. 拉萨市区地表水环境功能区划分及达标控制方案研究[D]. 四川大学，2003.

[59] 张淼. 马龙县环境规划及污染防治[D]. 昆明理工大学，2006.

[60] 郜延华. 石羊河流域水污染防治案例研究[D]. 兰州大学，2006.

[61] 方燕. 渭河陕西段水污染控制与管理技术研究[D]. 西安理工大学，2005.

[62] 许丽忆，金荣. 我国生活度水排放的预测和控制对策[J]. 华侨大学学报（哲社版），1999.

[63] 肖建红，施国庆，毛春梅，邢贞相. 中国造纸工业废水排放强度降低的因素分析[J]. 中国造纸，2006，25（10）.

[64] 高鹏飞. 基于情景分析方法的流域水污染控制决策支持系统研究[D]. 哈尔滨工业大学，2007.

[65] 易征，李蜀庆，周丹丹. 情景分析法在长江上游环境污染治理中的应用[J]. 环境科学与管理，2009，34（12）.

[66] 钱程，苏德林，姚瑶. 情景分析法在黑龙江省水环境污染防治工作中的应用[J]. 环境科学与管理，2006，30（1）.

[67] 户作亮. GEF 海河流域水资源与水环境综合管理知识管理系统[J]. 水利信息化，2010，（4）.

[68] 王培，马友华，赵艳萍. SWAT 模型及其在农业面源污染研究中的应用[J]. 环境管理，2008（5）.

[69] 陈强，秦大庸，苟思，周祖昊，桑学锋. SWAT 模型与水资源配置模型的耦合研究[J]. 灌溉排水学报，2010，29（1）.

[70] 朱新军，王中根，李建新，于磊，王金贵. SWAT 模型在漳卫河流域应用研究[J]. 地理科学进展，2006，25（5）.

[71] 陈梁擎. 北京市大兴区水环境现状评价与保护对策研究[D]. 中国农业大学，2004.

[72] 李道峰，吴悦颖，刘昌明. 分布式流域水文模型水量过程模拟——以黄河河源区为例[J]. 地理科学，2005，25（3）.

[73] 桑学锋，周祖昊，秦大庸，魏怀斌. 改进的 SWAT 模型在强人类活动地区的应用[J]. 水利学报，2008，39（12）.

[74] 王中根，朱新军，夏军，李建新. 海河流域分布式 SWAT 模型的构建[J]. 地理科学进展，2008，27（4）.

[75] 李道峰，田英，刘昌明. 黄河河源区变化环境下分布式水文模拟[J]. 地理学报，2004，59（4）.

[76] 许时光. 基于 ArcGIS Server 的县级水资源管理工具的设计与实现[D]. 中国地质大学，2009.

[77] 苏东彬，姚琪，戴枫勇，陈美丹. 基于 GIS 的 SWAT 模型原理及其在农业面源污染中的应用[J]. 水利科技与经济，2006，12（10）.

[78] 梁钊雄，王兮之. 基于 GIS 与 SWAT 模型集成的水资源管理信息系统设计[J]. 佛山科学技术学院学报（自然科学版），2009，27（4）.

[79] 代俊峰，崔远来. 基于 SWAT 的灌区分布式水文模型Ⅱ. 模型应用[J]. 水利学报，2009，40（3）.

[80] 秦耀民，胥彦玲，李怀恩. 基于 SWAT 模型的黑河流域不同土地利用情景的非点源污染研究[J]. 环境科学学报，2009，29（2）.

[81] 李家科，刘健，秦耀民，李怀恩. 基于 SWAT 模型的渭河流域非点源氮污染分布式模拟[J]. 西安理工大学学报 2008，24（3）.

[82] 于磊，邱殿明. 基于 SWAT 模型的漳卫南流域水量模拟[J]. 吉林大学学报（地球科学版），2007，27（5）.

[83] 郭怀成，尚金城，张天柱. 环境规划学[M]. 高等教育出版社，2009，8.

[84] 逄勇 陆桂华. 水环境容量计算理论及应用[M]. 科学出版社，2010，9.

[85] 李绍飞. 区域水资源水环境综合评价方法研究[D]. 天津大学，2006.

[86] 王红宇. 天津市水资源与水环境综合管理规划和机构评估研究[D]. 天津大学，2009.

[87] 李晓峰. 天津市水资源与水环境综合管理体制及管理部门绩效评价指标体系研究[D]. 河北工业大学，2006.

[88] 张苏艳. 我国流域水环境与水资源一体化管理研究[D]. 山东科技大学，2009.

[89] 范国辉. 县级 KM 水资源管理工具开发[D]. 天津大学，2008.

[90] 华春岭. 基于可变模糊集理论的水文水资源系统模拟——评价与决策方法及应用[D]. 大连理工大学，2008.

[91] 柯劲松，桂发亮. 模糊决策和层次分析法在水权初始分配中的应用[J]. 中国农村水利水电，2006（5）.

[92] 吕辉. 南淝河水污染控制的模糊规划的研究[D]. 合肥工业大学，2009.

[93] 李亚伟. 水资源系统模糊决策——评价与预测方法及应用[D]. 大连理工大学，2005.

[94] 王彬，印庭勇，聂建中. 多目标决策在群水污染治理方案中的应用[J]. 中国给水排水，1992，8（4）.

[95] 王静，石来元. 基于改进的多目标决策的水环境质量综合评价[J]. 中国环境监测，2009，25（5）.

[96] J. P. Richards，G. A .Glegg，S Cullinane，H. E. Wallace. Research on the policy，principle and practice of industrial pollution control[J]. Digest of Foreign Social Sciences，2002，（9）：1-5.

[97] LI Yong-you，SHEN Kun-rong. The effect of pollution control policies on emission reduction in China—Empirical analysis based on the provincial data of industrial pollution[J]. Management World，2008，（7）：7-17.

[98] Ciszewski D. Channel processes as a factor controlling accumulation of heavy metals in river bottom sediments：consequences for pollution monitoring（Upper Silesia，Poland）. Environmental Geology，1998，36（1-2）：45-54.

[99] Cheve M，1999. Irreversibility of Pollution Accumulation-New Implications for Sustainable Endogenous Growth. Environmental and Resource Economics，2000，16：93-104.

[100] Dikshit A K，Loucks D P. Estimating non-point loadings（Ⅱ）：A case study in the Fall Creek watershed [J]. Journal of Environmental Systems，1997，25（1）：81-95.

[101] Bhuyan S J，Marzen L J. Assessment of runoff and sediment yield using remote sensing，GIS, and AGNPS [J]. Soil and Water Conservation，2002，57（6）：1329-1335.

[102] M.H. Ali，M.S.U. Talukder. Increasing water productivity in crop production-a synthesis[J]. Agricultural Water Management，2008，95：1201-1213.

[103] Sander J.Zwart，Wim G.M.Bastiaanssen. Review of measured crop water productivity values for irrigated wheat，rice，cotton and maize[J]. Agricultural Water Management，2004，69：115-133.

[104] Su Z. The Surface Energy Balance System（SEBS）for estimation of turbulent heat fluxes. Hydrol Earth

Syst Sc，2002，6（1）：85-99.

[105] Lin W. J，Su Z. B，Dong H et al. Regional Evapotranspiration Estimation Based on MODIS Products and Surface Energy Balance System（SEBS）in Hebei Plain，Northeastern China. Journal of Remote Sensing，2008，12（4）：663-672.

[106] David，J. M.，Gary，D. C.，et al. 2004. Comparison of aerodynamically and model-derived roughness lengths over diverse surfaces. Geinirogikigt，63：103-113.

[107] Brutsaert，W.，and D. Chen. 1996. Diurnal variation of surface fluxes during thorough drying（or severe drought）of natural prairie. Water Resources Res，32，2013-2019.

[108] Porté-Agel F，Parlenge M B，Cahill A T et al. 2000. Mixture of time scales in evaporation：Desorption and self-similarity of energy fluxes，Agron. J，92，832-836.

[109] Cleugh H. A，Leuning R，Mu Q. Z et al. 2007. Regional evaporation estimates from flux tower and MODIS satellite data. Remote Sens Environ，106：285-304.

[110] Mu Q. Z，Heinsch F. A，Zhao M. S et al. 2007. Development of a global evapotranspiration algorithm based on MODIS and global meteorology data. Remote Sens Environ，111：519-536.

[111] Yu G R，Wen X F，Sun X M，Tanner B D，Lee X H，Che J Y. 2006. Overview of ChinaFLUX and evaluation of its eddy covariance measurement. Agricultural and Forest Meteorology，137：125-137.

[112] Wan Z M，Li Z L. 1997. A physics-based algorithm for retrieving land-surface emissivityand temperature from EOS/MODIS data. Geoscience and Remote Sensing，IEEE Transactions on 35（4）：980-996.

[113] Venturini V，Bisht G. 2004. Comparison of evaporative fractions estimated from AVHRR and MODIS sensors over South Florida. Remote Sensing of Environment，93（1-2）：77-86.

[114] Arnold，J.G.，Srinivasan，R.，Muttiah，R.S.，Williams，J.R. 1998. Large area hydrologic modeling and assessment part I：model development. Journal of American Water Resources Association，34（1），73-89.

[115] S.L. Neitsch，J.G. Arnold，J.R. Kiniry，R，etl. Soil and water assessment tool user's manual：version 2000[M]. Texas water resources institute，college station，texas twri report tr-192.

[116] Kati L White，Indrajeet，Chaubey. Sensitivity analysis，calibration，and validations for a multisite and multivariable swat model. [J] journal of the american water resources association（jawra），2005，41：1077-1089.

[117] P.W.Gassman，M.R.Reyes，C.H.Green，et al. The soil and water assessment tool：historical development，applications，and future research directions[J]. Transactions of the ASABE，2007，50（4）：1211-1250.

[118] CSanthi，JGArnold，JRWilliams. application of a watershed model to evaluate management effects on point and nonpoint source pollution. Journal of Electronic Packaging，2001：1559-1570.

[119] Arnold JG，Williams，JR，Srinivasan，R，et al. Large area hydrologic modeling and assessment part I：Model development [J]. Journal of the American Water Resources Association，1998，34（1）：73-89.

[120] S.L. Neitsch，J.G. Arnold，J.R.Kiniry，J.R. Williams，K.W. King，soil and water assessment tool theoretical documentation. Grassland，Soil and Water Research Laboratory & Agricultural Service，2002.

[121] C. H. Green，M. D. Tomer，M. Di Luzio，J. G. Arnold. Hydrologic evaluation of the soil and water assessment tool for a large tile-drained watershed in Iowa. Transactions of the ASAE，2006，49（2）.